舰船现代化

国家出版基金项目
NATIONAL PUBLICATION FOUNDATION

C^3I 系统中的数据融合技术

主　编　王小非
副主编　周永丰

哈尔滨工程大学出版社

内容简介

本书以C^3I系统工程实践为背景，系统地介绍了数据融合的理论及其应用。全书共六章：第1章介绍数据融合的定义、级别、功能和结构模型，提出C^3I系统中数据融合的主要任务；第2章集中罗列了研究数据融合涉及到的一些数学基础知识；第3~5章分别叙述了C^3I系统中的具有实际应用背景的三个重点问题，即目标的跟踪与滤波、数据关联、目标综合识别；第6章简单介绍了态势评估和威胁评估的一些概念性内容。

本书可供从事数据融合研究的工程技术人员参考，也可作为研究生的教材和参考书。

图书在版编目(CIP)数据

C^3I系统中的数据融合技术/王小非主编. —哈尔滨：哈尔滨工程大学出版社，2012.12

ISBN 978-7-5661-0494-6

Ⅰ.①C… Ⅱ.①王… Ⅲ.①指挥工程-数据融合 Ⅳ.①E917

中国版本图书馆CIP数据核字(2012)第301954号

出版发行 哈尔滨工程大学出版社
社　　址 哈尔滨市南岗区东大直街124号
邮政编码 150001
发行电话 0451-82519328
传　　真 0451-82519699
经　　销 新华书店
印　　刷 哈尔滨市石桥印务有限公司
开　　本 787mm×1 092mm 1/16
印　　张 10
字　　数 250千字
版　　次 2012年12月第1版
印　　次 2012年12月第1次印刷
定　　价 55.00元
http://press.hrbeu.edu.cn
E-mail:heupress@hrbeu.edu.cn

前　　言

作为军事指挥、控制、通信和情报（C^3I）系统的一个专门领域，数据融合描述这样一门技术，它处理各类传感器和各种来源的情报数据，实时获取目标的运动状态和身份估计，进行态势评估和威胁估计，为军事指挥人员提供一个作战需要的完整、连续的态势图形以便指挥人员及时地作出准确的判断与决策。

本书旨在向研究人员和工程技术人员介绍 C^3I 系统中数据融合的基本理论及其应用，以期对实际系统的研制有所裨益，本书也可用作研究生教材。

全书共分 6 章。第 1 章由雷达信息系统处理的发展引入数据融合的定义、级别、功能和结构模型，提出 C^3I 系统中数据融合的主要任务，以便读者对数据融合技术有一个基本的了解。第 2 章集中罗列了研究数据融合涉及到的一些数学基础知识，包括线性代数和概率论，以便阅读后续各章。第 3 ~ 5 章占用了本书大部分篇幅，分别叙述 C^3I 系统中的具有实际应用背景的三个重点问题：目标的跟踪与滤波、数据关联、目标综合识别。第 6 章简单介绍了态势评估和威胁评估的一些概念性内容。

本书由王小非同志任主编，周永丰同志任副主编，负责全书写作的组织、结构安排和内容审阅。

参加本书编写工作的人员，依章节次序有：第 1 章由周永丰编写；第 2 章由黄登斌编写；第 3 章由陈世友编写；第 4 章由周永丰编写；第 5 章由王元斌编写；第 6 章由孙为民编写。

书中引用了一些作者的论著及其研究成果，编者在此向他们表示感谢！

耿伯英教授、刘轼研究员、孙潮义研究员等仔细地审阅了本书的内容，提出了许多有益的意见和建议，在此特致谢意！

本书得以出版，还应感谢哈尔滨工程大学出版社领导和责任编辑，他们为提高全书的质量花费了很多精力。

限于编者的水平和参考资料的局限，书中定有不当之处，欢迎读者批评指正。

编　者

2012 年 2 月

目　录

第1章 概 述

1.1 引 言

1.1.1 概况

在20世纪80年代初,有关数据融合方面的文献尚且少见,但到80年代末,美国便每年举行两个涉及数据融合领域的会议。它们是由美国国防部联合指导实验室C^3I技术委员会和国际光学工程学会分别赞助召开的,每年发表大量的关于电子信息系统和多传感器数据融合方面的论文。随着科学技术的发展,特别是微电子技术、集成电路及其设计技术、计算机技术、近代信号处理技术和传感器技术的发展,多传感器数据融合已经发展成为一个新的学科方向和研究领域。由于人类在各种不同电子信息系统中采用了大量的不同类型的传感器,因此,有时也将多传感器数据融合称为多传感器融合。

实际上,在第二次世界大战期间就已经把多传感器数据融合应用到实际系统中了,当时在高炮火控雷达上加装了光学测距系统,综合利用雷达和光学传感器给出的两种信息,不仅大大地提高了系统的测距精度,同时也大大提高了系统的抗干扰能力。不过那时没有使用计算机,对数据的处理、综合、判断都是由人工完成的。从这种意义上说,多传感器数据融合系统在二战期间就达到了实用程度,但数据融合(Data Fusion)一词是20世纪70年代出现的。另外,在民航的交通管制系统中,一次雷达和二次雷达配对也应用的是数据融合的概念,所以,在20世纪70年代之前,多传感器数据融合在民用领域也已经得到了应用。

近30年来,随着各种先进武器系统的出现与发展,世界各国都在发展或完善自己的C^3I(Command, Control, Communication, Intelligence)系统,以完成指定的战略和战术任务。C^3I系统如何将利用各类传感器所收集的大量信息和情报进行分析、处理、综合,作出正确的决策,就成了数据处理的一个新的和重要的分支,即C^3I系统的数据融合技术。

到20世纪90年代初,美国已经研制了几十个军用数据融合系统。如“军用分析系统”、“多传感器多平台跟踪情报相关处理系统”、“海洋监视融合专家系统”和“雷达与ESM情报关联系统”、“超级座舱”、“自主式地面车辆系统”等。美国国防部将“多传感器数据融合”列为20世纪90年代重点研究、开发的主要关键技术之一,从1992年起,每年投巨资用于数据融合技术的开发与研究。其他国家的研发成果,如英国的“炮兵智能数据融合示范系统”等,也早已面世。从目前看到的资料,诸如此类已经应用的系统已超过80个,涉及陆、海、空各军兵种,这还没有考虑其他领域的各种应用系统。从国外的这些系统看,没有哪一个系统是完善的,或者说开始就有一个完善的多传感器数据融合系统。实际上,这都是一点一点逐步地发展起来的,由不完善到完善,由功能少到功能多。通过对国外的80多个系统的分析可以看出,目前的数据融合系统大约有以下几个特点:

(1)所采用的传感器类型,一般以雷达、电子情报(ELINT)接收机、电子支援测量(ESM)系统、红外、激光和可见光、声音传感器为主;

(2)所采用的融合算法,应用最多的是数据关联和多目标跟踪算法,其次是身份估计和基于知识系统的技术;

(3)所采用的系统按融合级别分,状态与身份估计、态势评估和威胁评估的比例约为8:5:1。威胁评估目前应用最少,可能是因为它最贴近战争,出于保密的原因,报道很少。

国内的研究是20世纪90年代以后才被重视起来的,可以说起步较晚,但目前已经有部分高校和研究所从事此领域的研究工作,已有部分专著面世,每年约有几百篇学术论文在国内、外学术刊物和会议上发表。

多传感器信息融合研究的对象是各类传感器提供的信息,这些信息是以信号、波形、图像、数据、文字或声音等形式给出的。传感器本身对数据融合系统来说是非常重要的,它们的工作原理、工作方式、给出的信号形式和给出测量数据的精度,都是我们研究、分析和设计多传感器信息系统,甚至研究各种信息处理方法所要了解或掌握的。各种类型的传感器是电子信息系统最关键的组成部分,它们是电子信息系统的信息源。如气象信息,可能是由气象雷达提供的;遥感信息可能是由合成孔径雷达(SAR)提供的;敌方用弹道导弹对我某战略要地的攻击信息可能是由预警雷达提供的,等等。之所以说“可能”,是因为对每一种信息的获得,不一定只使用一种传感器。我们将各种传感器直接给出的信息称作源信息。如果传感器给出的信息是已经数字化的信息,就称作源数据;如果给出的是图像,就是源图像。源信息是信息系统处理的对象。信息系统的功能就是把各种各样的传感器提供的信息进行加工、处理,以获得人们所期待的、可以直接使用的某些波形、数据、图像或结论。基础理论的发展和技术的进步,使传感器技术更加成熟,特别在20世纪80年代之后,各种各样的具有不同功能的传感器如雨后春笋般相继面世,有无线电的、红外的、激光的、可见光的、声音的、电磁的,等等。它们有非常优良的性能,已经被用于人类生活的各个领域。

源信息、传感器与环境之间的关系如图1-1所示。

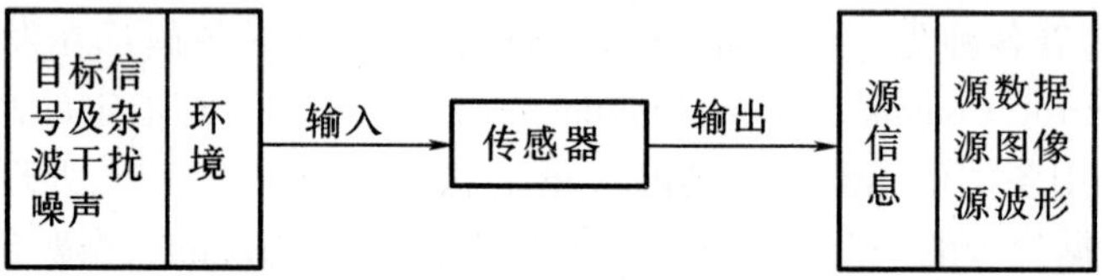

图1-1 传感器、源信息与环境的关系

各种传感器的互补特性为获得更多的信息提供了技术支撑。但是,随着多传感器的利用,又出现了如何对多传感器信息进行联合处理的问题。消除噪声与干扰,实现对观测目标或实体的连续跟踪和测量,并对其属性进行分类与识别,分析敌我双方的兵力对比,提供敌方各类平台的瞬时位置及其企图,作出威胁判断等一系列多层次的处理,就是多传感器数据融合技术,有时也称作多传感器信息融合(Multi-Sensor Information Fusion)技术或多传感器融合(Multi-Sensor Fusion)技术,它是对多传感器信息进行处理的最关键技术。它在军事和非军事领域的应用都非常广泛。其在军事领域的应用包括海上监视、地面防空、战略防御与监视等,其中最典型的就是 C^3I 系统;在非军事领域的应用包括机器人系统、生物医学工程系统和工业控制自动监视系统等。在多传感器系统中所用到的各种传感器又分有源传感器和无源传感器。有源传感器发射某种形式的辐射或信息,然后接收环境和目标对此的反射、散射或应答,形成源信息,如各种类型的有源雷达、激光测距系统和敌我识别系统等;而无源传感器则不发射任何形式的辐射或信息,完全靠接收环境和目标的辐射来形成源信息,如红外无源探测器、被动接收无线电定位系统和电视跟踪系统等,它们分别接收目标发出的热辐射、无线电信号和可见光信号。

前面已经指出,数据融合在军事领域最典型的应用是 C^3I 系统,而 C^3I 系统中最主要的传感器是具有不同体制和功能的雷达。尽管第二次世界大战之后雷达有了很大的发展,但真正大的进步还是最近二十几年的事情。采用各种先进技术的各种不同体制的现代雷达已数不胜数。现代雷达信息处理技术已成为现代雷达技术的核心。

1.1.2 雷达信息处理系统的发展过程

C^3I 系统的一个重要使命是实时情报的接收、处理、显示和分发,数据融合则是情报处理的核心。情报的起源地应该是各类传感器,这些传感器中,最早使用、应用最广的是各种型号的雷达,因此,本节以雷达信息处理技术的发展为线索,叙述数据融合技术的发展。

在雷达应用早期,它完全依靠操纵员在荧光屏上对目标的有无进行人工判断。如发现目标,由操纵员根据雷达荧光屏上的刻度估计目标的距离和方位(目标的点迹),并对每个刚发现的目标由人工给予一个批号,然后向上级站口报所发现目标的坐标和批号。上级站在收到各雷达站报来的数据的同时,根据相应的坐标和批号,在标图板上进行标图。若干周期之后,便可在标图板上绘出目标的航迹。从这里可以看出,早期雷达的点迹与航迹的关联是由人工完成的,每条航迹都是由同一个批号的点迹形成的,对目标的跟踪是由操纵员和标图员在标图板上完成的。随着科学技术的发展,雷达体制越来越多样化,雷达发射波形越来越复杂,特别是电子计算机的普及和应用,使雷达的数据处理发生了革命性变化。雷达信号处理、信号检测和数据处理的技术、方法和手段更丰富、更先进,在干扰背景中能提取的信息越来越多;不仅能发现空中目标,而且能自动录取目标的坐标,并把它们连成航迹,判断目标是否机动,判断目标的类型、架次、飞行的意图及携带的武器等。要完成这些任务,就需要有坚实的理论基础、新的信息处理方法和其他高新技术,这些是雷达系统乃至 C^3I 系统的核心技术,因此几十年来一直都是国内外研究的热点。从技术的角度来说,目前都采用雷达组网来提高系统发现目标的能力,这就必然导致从单雷达多目标数据处理演变到多雷达多目标数据处理,即多雷达数据融合。随着区域性的现代 C^3I 系统的研制,进而发展为多源数据的融合。

1. 在雷达发展过程中,雷达信号的检测、录取和数据处理可以概括为如下几个阶段。

(1)在雷达站,由操纵员在荧光屏上通过人工的方法进行目标有无的判断,并估计目标的坐标,同时给予新目标一个批号。若目标存在,加上目标的坐标便是我们所说的目标点迹或测量。在雷达站的标图板上进行标图,并向上级站进行口头报告,在上级站的标图板上也按相同的方式进行人工标图。经多个扫描周期之后,在标图板上根据上报的目标形成若干条航迹,没有形成航迹的那些点迹通常称为孤立点迹,若在后续若干扫描周期中没有延续点迹与它相关,则认为是噪声或杂波剩余所形成的虚警。

(2)在雷达站,由操纵员在荧光屏上通过人工的方法进行目标有无的判断,如果是两坐标雷达,操纵员利用摸球或操纵杆产生一个瞬时信号,在距离和方位传感器上读出当时的坐标,给予一个批号,并同时将批号和坐标数据显示在荧光屏上该目标附近,然后将坐标数据和批号送往电子标图板进行自动标图,同时通过数传机或口报将该点迹送往上级站。这种录取方式便称为半自动录取。经多个扫描周期之后,最后在电子标图板上形成若干条航迹,没有形成航迹的那些点迹可能是虚警或新目标的点迹。这种工作方式的点迹与航迹的关联也是通过批号完成的,即每条航迹的各个点迹的批号是相同的。

(3)在雷达站,由雷达信号处理机通过雷达目标检测器自动判断目标的有无。如果存在目标,便自动在各种坐标传感器上读取坐标数据,这种工作方式便称作自动检测与录取。然后将坐标数据送往上级站进行数据处理,在上级站的综合显示器上显示目标的航迹和一些假点迹或孤立点迹。

(4)对多部雷达组成的雷达网,每部雷达均进行自动检测与录取,然后将各自的坐标数据送往信息处理中心,进行数据融合,这就是所谓的集中式处理方式。

以上过程就是雷达数据处理由人工向自动化发展的过程。这个发展过程,是科学发展的必然,也是战争发展的需要。我们知道,一个熟练的操纵员,在典型搜索雷达的一个扫描周期中,通过人工录取和口报的目标个数是有限的,而在现代战争中,目标可能有几十到几百批,甚至上千批,加上大量的杂波和干扰,传统的方法已经不能适应现代战争的需要。另一方面,由于战争的需要使雷达有了突飞猛进的发展,这主要体现在新的体制、新的技术和计算机的应用等方面。现代雷达的功能、抗杂波和抗干扰能力更强了,信息处理速度更快了,处理容量更大了。特别是,在现代战争中广泛使用具有不同功能、不同覆盖范围、不同频段的各种传感器以获取更多的信息,这就必须利用现代信号与数据处理的手段,实时处理来自多传感器大容量的雷达目标的回波和杂波数据。这就是多雷达/多传感器多目标数据融合技术。

2. 现代雷达信息处理技术是现代雷达系统的核心技术。通常,人们把现代雷达信息处理技术分成三个层次,即雷达信号处理与目标检测、单部雷达的数据处理和多部雷达系统的数据处理,有时也分别称其为雷达信息一次处理、雷达信息二次处理和雷达信息三次处理。在雷达信息处理的基础上,人们又进一步发展了多传感器数据处理和多源数据处理。

(1)雷达信号处理和目标检测

通常,经典的雷达信号处理主要是指雷达中频信号经相干检波或包络检波后,经动目标显示(MTI)、自适应动目标显示(AMTI)、动目标检测(MTD)、脉冲压缩(PC)、恒虚警处理(CFAR)、视频积累等一系列的处理过程。经信号处理之后,根据尼曼-皮尔逊准则给出有无目标的判断,如有目标存在,则录取其坐标,给出状态码,以形成点迹(Plot),也称测量。前者称为信号检测,后者称为信号录取。当然,目标的存在是在虚警概率一定的情况下,以概率出现的,这就是我们所说的发现概率。

20世纪80年代后期发展起来的阵列信号处理技术、自适应波束形成技术、自适应旁瓣相消技术、多普勒波束锐化(DBS)技术、各种成像技术和时-空二维处理技术等均属信号处理的范畴。通常把雷达信号处理与检测称作雷达信息一次处理。雷达信息一次处理是在每一部雷达的雷达站进行的,通常它利用的是同一部雷达、同一扫描周期、同一距离单元或距离门的信息。

雷达信息一次处理的作用是在杂波、噪声和各种有源或无源干扰的背景中,提取有用信息,即提升信号,抑制杂波、噪声和干扰,提高信噪比,以较高的概率发现目标。尽管现代雷达采用了很多信号处理技术,包括各种滤波技术,但由于杂波谱特性和滤波器特性不是很完美,总会有一小部分杂波和干扰信号漏过去,即滤波滤得不是很干净。这一部分杂波和干扰信号，我们称其为杂波剩余。

一次处理之后，有时为了减轻后续处理计算机的负担和防止计算机饱和，提高系统性能，还要对一次处理所给出的点迹（测量）进行过滤，以便进一步去掉或减少信号处理所产生的杂波剩余、噪声或远区杂波形成的假点迹。由于去野值及距离分割和目标检测准则等因素引起的目标分裂，也需要在这里进行目标合并处理。这些工作也可以看作是二次处理的预处理。

（2）单雷达数据处理

单雷达多目标的航迹处理是一个重要的而且是基础的课题。这里主要介绍边扫描边跟踪（Track While Scan）系统中单雷达多目标航迹处理过程。

将雷达信息一次处理中获得的目标回波视频信号转换为数字信号，就形成数字形式的目标点迹，这就是单部雷达数据处理的对象，构成数据处理单元的输入。航迹就是目标的运动轨迹，它们是由录取到的多个点迹按一定的准则连接而成的。一条完整的目标航迹通常包括航迹的时间参数、坐标参数、运动参数和属性参数等。单雷达目标的航迹处理（以下简称航迹处理），是指系统对单一雷达获取的目标信息进行的航迹处理。由于现代战争复杂而且条件恶劣，这种处理常是在多目标密集环境下进行的，从而也推动了航迹处理理论的发展。值得指出的是，尽管人们已提供了各种各样的方法，但目前这方面的工作尚无统一的理论，仍处于边研究边应用的状态。

通过录取获得的目标信息是在时间和空间上离散的一些孤立点迹。由于环境噪声、探测器材噪声等的影响，在这些录取到的点迹中，还可能存在大量的虚假点迹。如何根据这些离散的、存在虚警的点迹来建立、保持航迹，是航迹处理最基本的任务。具体地说，航迹处理包括以下的一些基本内容：点迹与点迹相关，目标航迹的起始；点迹与航迹的相关，即对新录取到的点迹与已有航迹的相关处理；滤波计算，即根据已有的点迹数据求取目标当前的坐标和运动参数；外推计算，即根据已有的航迹数据外推下一周期目标可能出现的位置，形成目标的下一周期的预测点；以预测值为中心建立一个波门，以限制其他目标和杂波进入该波门，等待下一采样周期该航迹对应目标的点迹的到来，进行新的相关，相关上之后，再进行滤波计算，更新目标的位置和运动状态，周而复始，直至确认无该目标点迹的到来；航迹的质量管理，包括对航迹质量的评估和撤销；如果雷达工作环境是多目标环境，还要考虑航迹的交叉等处理。上述的一系列工作过程也叫跟踪，参见图1－2。通过这种方法，我们实现了单一搜索雷达对多个目标边扫描边自动跟踪，摆脱过去用人工标图获取战场态势图的落后方法，从而大大缩短系统的反应时间，极大地提高了系统处理的目标批数。

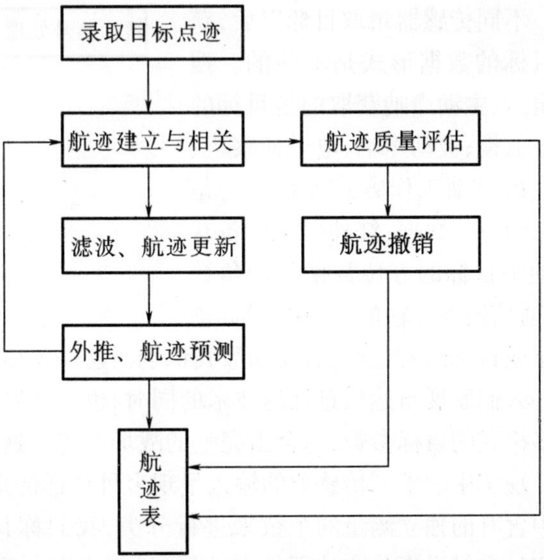

图1－2　航迹处理流程

单雷达数据处理单元的输出是

所形成的(多)目标航迹。数据处理时所用到的主要滤波技术包括:$\alpha-\beta$ 滤波器、自适应 $\alpha-\beta$ 滤波器、$\alpha-\beta-\gamma$ 滤波器、卡尔曼滤波器、扩展卡尔曼滤波器、自适应卡尔曼滤波器、多模型滤波器等。通常把雷达数据处理称作雷达信息二次处理。二次处理是在一次处理的基础上,针对同一部雷达、不同扫描周期的信息,实现对多目标的滤波、跟踪,对多目标的运动参数和特征参数的估计。它可以在各个雷达站的雷达录取终端上进行,也可以在雷达网的信息处理中心或 C^3I 系统指挥中心进行。

(3)多雷达数据融合

雷达信息的三次处理通常是在信息处理中心完成的,它所完成的是多雷达或多传感器的信息处理。信息处理中心接收各部雷达送来的点迹或航迹,对它们继续进行数据处理。对多部雷达或传感器的点迹或航迹的处理通常称作多雷达数据处理或多传感器数据融合。每部雷达送来的航迹,通常称作局部航迹;对各雷达的局部航迹要进行相关判定,确定它们是否表示现实中的一个目标;如果是一个目标,则要对多雷达的数据进行合成处理,形成供本地指挥员使用的航迹,称作全局航迹或系统航迹,也称为合成航迹。根据不同的雷达网络结构,融合又分点迹融合和航迹融合。有时融合系统的结构确定了信息处理的关系,甚至影响其系统的性能。一般集中式网络结构采用点迹融合,分布式结构采用航迹融合。信息处理中心所接收的是多雷达的一次处理后的点迹或二次处理后的航迹,它们是三次处理的对象。三次处理不像二次处理是在一次处理之后进行的,有一个严格的时间顺序,它与二次处理之间没有严格的时间界限,它是二次信息处理的扩展和自然延伸,主要表现在空间和维数上。因此,三次处理所采用的技术,如数据关联方法、滤波方法等也是二次处理的扩展。三次处理用的是多部雷达或多传感器不同扫描周期的信息。

三次处理的功能是通过多部雷达或多传感器的多目标关联,进行目标的状态估计、属性或身份估计或识别,以便后续处理时实现态势和行为与威胁评估,为指挥员提供决策方案,即实现辅助决策。

图 1-3 所示为雷达信息处理的层次示意图。

(4)多传感器数据融合

不同传感器录取目标以后,获得目标的数据形式是不同的。搜索雷达、主动声呐获取的是目标的点迹数据;被动声呐、电子侦察机、雷达的被动工作方式等获得的是目标的方位数据;红外探测设备获得的是目标的方位数据和仰角数据;通信网络传输的是目标的点迹数据或目标的航迹数据;而如敌我识别器这一类传感器获得的是目标的一些属性参数。

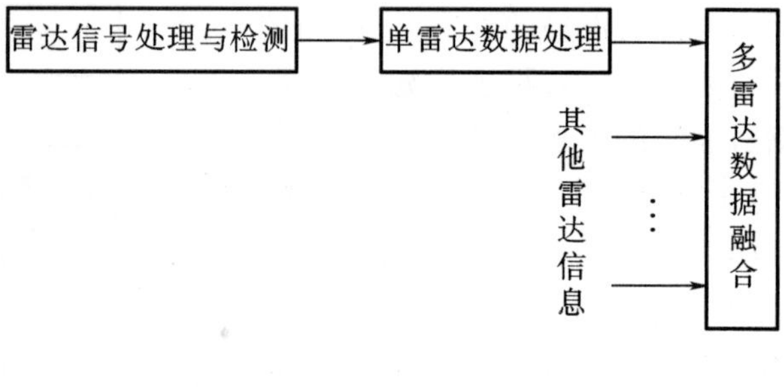

图 1-3 雷达信息处理层次图

人们发展雷达信息处理技术的同时,也关注着如何综合利用这众多类型传感器获得的众多格式的目标参数,综合出完整的战场态势。这就是多传感器数据融合。

现实中的不同传感器的输入呈现多种多样的形态。为研究方便,我们按传感器输出信息中含有的独立测量的个数来进行分类,我们称其为维数。某些传感器,如电子侦察设备(ESM)和被动工作方式下的声呐等,只能报出所测目标的方位(角度量)测量值,我们将它们的数据概括为一维数据;工程中大量使用的岸基、舰载、机载二坐标雷达能报出目标的方位、距离测量值,其特征是给出了目标的水平位置,我们称其为二维数据;二个具有不同地理位置的一维传感器对同一目标的方位测量,经交叉定位解算,可以得到目标的水平位置,此时也就是获得了一个二维数据;岸基、舰载、机载三坐标雷达能报出目标的方位、距离、仰角的测量值,其特征是给出了目标的空间位置,我们称其为三维数据;红外设备是一种特殊的探测器,它能报出目标的方位、仰角(均为角度量)测量值,但得不到目标的水平位置估计;它在本质上是多个一维数据,为便于研究,将其单列,称为双一维数据。

多传感器数据融合就是判定各个同类、不同类传感器数据是否表示同一个目标,特别是判定不同维数数据的相关性;如果表示同一个目标,如何将它们合成起来,特别是将不同维数的数据合成。前者为多传感器数据的相关判定,后者为多传感器数据的合成。

(5)多源数据融合

在 C^3I 系统中,以数据融合为主要工作内容的各级军事情报处理中心一般附着于各级指挥所。一个国家、一个军种的军事指挥体制是由多级指挥所构成的。各类传感器则按预定的情报报知关系将传感器信息报送指挥所。例如,海上舰载各类传感器将探测信息报送本舰指控系统、岸基雷达站报送基地或直送舰队等。而某一级指挥所不仅可能接收传感器信息,还可能接收经下级指挥所数据融合处理的综合情报。我们称前者为直接情报源信息,后者为间接情报源信息。

多源数据融合既包含直接情报源信息与直接情报源信息的融合,又包含间接情报源信息与间接情报源信息的融合,也包含直接情报源信息与间接情报源信息的融合。研究多源数据融合是符合 C^3I 系统的特点和需要的。

1.1.3 数据融合系统中的主要传感器

科学技术的发展使现代战争的层次越来越高,反过来战争又推动科学技术的发展。特别是20世纪70年代之后发展起来的高科技兵器,如精确制导武器和远程打击武器等的出现,使现代战场扩大到了陆、海、空、天和电磁五维空间。目标探测传感器也从单一类型发展到多种类型,并可安装在多种武器平台上,以收集战场目标和环境信息,对目标或事件及时准确地定位和识别,准确地给出战场的态势和威胁评估,这就必须对所获得的信息进行综合处理、分析、判断,给指挥员提供高质量的决策信息。目前,在 C^3I 系统中的各类传感器主要有以下几种。

1.1.3.1 雷达

1. 按环境分

空中:机载脉冲多普勒(PD)雷达、机载预警雷达、机载火控雷达、合成孔径雷达(SAR)、逆合成孔径雷达(ISAR)等。

地面:地面搜索雷达、地面跟踪雷达、地面火控雷达、引导雷达等。

水面:舰载火控雷达、舰载搜索雷达、舰载导航雷达等。

水下:各种类型的声呐。

2. 按技术分

相控阵雷达、动目标指示雷达、脉冲压缩雷达、单脉冲雷达、天波或地波超视距雷达、双基地雷达、连续波雷达等,是对所采用的技术而言的,它们都可能用在不同的环境中。

1.1.3.2 其他

电子情报(ELINT)接收机、电子支援测量(ESM)系统、红外(IR)探测与跟踪器、通信情报接收机、雷达告警机、激光测距及告警机、电视跟踪和光电(EO)传感器、敌－我－中识别器(IFFN)等。

从这些传感器可以看出,它们所利用的频谱范围是很宽的。从音频、视频、微波、毫米波,一直到紫外和 γ 射线频段。其中紫外频段还分近紫外和远紫外频段;红外频段分近红外、短波红外、中波红外、长波红外和远红外频段;微波频段分 Ka,K,Ku,X,C,S,L 频段。需要注意的是,不同国家和不同技术领域对频段的定义可能略有差别。

有源和无源声呐、地震仪和直接声音探测仪利用的是音频信号,它可以从零点几赫兹到几十千赫兹;雷达所用的频段更宽,从短波一直到毫米波;红外频段尽管很宽,但云雨杂波衰减严重,红外探测器只有 3～5 μm 和 8～12 μm 的两个窗口利用较多。表 1－1 给出了各个频段的名称、相对应的波长和频率范围。

表 1－1 信号波谱图

名称	波长	频率范围
γ 射线	0.003～0.1 nm	$3\times10^{12}\sim10^{14}$ MHz
紫外线	10 nm～0.4 μm	$7.5\times10^{8}\sim3\times10^{10}$ MHz
可见光	0.38～0.76 μm	$3.95\times10^{8}\sim7.5\times10^{8}$ MHz
红外线	0.76～1 000 μm	$3\times10^{5}\sim3.95\times10^{8}$ MHz
毫米波	0.1～1.0 cm	30～300 GHz
厘米波	1.0～10.0 cm	3～30 GHz
分米波	10.0～100.0 cm	300～3 000 MHz
米波	1.0～10.0 m	30～300 MHz
短波	10.0～100.0 m	3～30 MHz
中波	100.0～1 000 m	0.3～3 MHz
长波	1.0～10.0 km	30～300 kHz
超长波	10.0～100.0 km	3～30 kHz

这些传感器可能分布在空间的各种运动平台上,但在性能上,它们可能有很大的差异,以雷达为例说明如下。

(1)有不同的精度。不同体制和功能的雷达,可能有不同的测距、测角、测高和测速精度。影响雷达精度的误差主要有两部分,即系统误差和随机误差。不同的雷达可能有不同的误差,这就使雷达有精度上的差异。

(2)有不同的分辨率。不同体制和功能的雷达的天线波束宽度和发射脉冲宽度不可能相同,必然有着不同的距离和角度分辨率。

(3)有不同的维数。根据战术和技术用途的不同,雷达有两坐标雷达和三坐标雷达之分,甚至还有专门用于测距、测角和测速的雷达。

(4)有不同的频段。如有米波雷达、分米波雷达、厘米波雷达、毫米波雷达等,其中每个频段又可能分成很多波段。如厘米波雷达,又分 X 波段、C 波段、S 波段等;毫米波雷达又分 35 mm和 96 mm 等。

(5)有不同的覆盖范围。根据用途不同,各种雷达的覆盖范围可能相差很大,远程雷达可探测几千千米,近程可能只有几十千米,某些特殊用途的雷达可能只能探测几米到几十米,如探地雷达等。

实践证明,到目前为止还没有哪一个传感器能够取代一切其他传感器。传感器所提供的数据包含各种各样的信息,如目标的位置(距离、方位和仰角或高度)、速度、机型、架次、航班号、飞行方向以及它们所携带的电子装备、武器类型等。这些信息是数据融合中状态估计、身份估计、态势评估和威胁评估以及指挥员辅助决策非常重要的依据。每个传感器都是一个信息源,它们为多传感器系统提供多源数据。

在未来的战争中有非常多的武器装备运载平台,它们又都携带各种各样的传感器,这样就出现了需求。如何对它们所收集到的各种信息进行处理,去掉冗余信息,滤掉杂波和干扰,把有用的信息提取出来,这是一个非常艰巨的任务。解决这一问题的唯一手段就是数据融合或信息融合。实际上,对多传感器多目标进行融合的过程就是对多源数据进行处理的过程,它是单传感器多目标处理的扩展。

实际上,进行多传感器多目标数据融合是科学技术发展的必然结果,是科学技术的发展适应了现代战争在战术和战略上的需要。我们知道,现代战争的进攻策略多采用多批次、多层次、多方向的进攻,不仅目标数量多,而且类型也多样化,因此就要采用多种传感器搜集这些信息或数据。

图1-4所示为数据融合技术在C^3I系统中应用的示例。

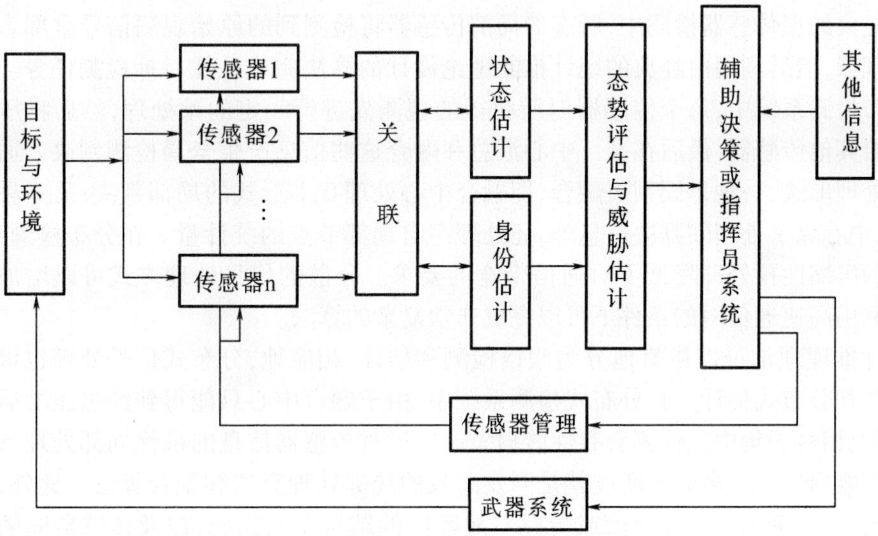

图1-4 数据融合技术在C^3I系统中的应用

1.2 数据融合的定义和级别

1.2.1 数据融合的定义

从军事角度上讲,数据融合最容易理解的定义恐怕要算是“对来自多源的信息和数据进行检测、关联、相关、估计和综合等多级多方面的处理,以得到精确的状态和身份估计和完整、及时的态势和威胁估计"。这个定义强调数据融合的三个主要方面:

(1)数据融合是在几个层次上对多源数据的处理,每个层次表示不同的数据提取级别;

(2)数据融合的过程包括数据的检测、关联、相关、估计和组合;

(3)数据融合的结果包括低层次的状况和身份估计,和较高层次的整个战术态势的评估。

因此,数据融合的基本目标简单说来就是通过组合获得比从任何单个输入元素更多的信息。这是最佳协调的结果:即通过多传感器协调和联合运行的优势来提高传感器系统的有效性。

1.2.2 数据融合的级别

按照信息抽象的五个层次,融合可分为五级,即检测级融合、位置级融合、属性(目标识别)级融合、态势评估与威胁估计。

1.2.2.1 检测级融合

检测级融合是直接在多传感器分布检测系统中检测判决或信号层上进行的融合。它最初仅应用在军事指挥、控制和通信中,现在它的应用已拓广到气象预报、医疗诊断和组织管理决策等众多领域。它在多雷达系统中的应用可以提高反应速度和生存能力、增加覆盖区域和监视目标数,并且提高系统在单个传感器情况下的可靠性。

在经典的多传感器检测中,所有的局部传感器将检测到的原始观测信号全部直接送给中心处理器,然后利用由经典的统计推断理论设计的算法完成最优目标检测任务。在多传感器分布检测系统中,每个传感器对所获得的观测先进行一定的预处理,然后将压缩的信息传送给其他传感器,最后在某一中心汇总和融合这些信息产生全局检测判决。通常有两种信号处理形式,一种是硬判决融合,即融合中心处理 0,1 形式的局部判决;另一种是软判决融合,中心除了处理硬判决信息外,还处理来自局部节点的统计量。在分布检测系统中,对信息的压缩性预处理降低了对通信带宽的要求。分散的信号处理方式可以增加计算容量。在利用高速通信网的条件下可以完成非常复杂的算法。

统计推理理论可以粗略地分为假设检测和估计,相应地,分布式信号处理也可分为分布式检测和分布式估计。在分布式检测系统中,由于融合中心只能得到经过压缩后的观测信息,因此相对于集中式检测会有性能损失。通过对传感器信息的最优局部处理和融合可以减小性能损失。大多数的研究就是开发高效的局部处理算法和融合算法。此外,还有网络结构的研究,例如网络在通信或传感器故障时的结构重构问题,以及传感器间的通信及传感器与融合中心间的通信问题。

1.2.2.2 位置级融合

位置级融合是直接在传感器的观测报告或测量点迹和传感器的状态估计上进行的融合,包括时间和空间上的融合,是跟踪级的融合,属于中间层次,也是最重要的融合。对单传感器跟踪系统来说,主要是按时间先后对目标在不同时间的观测值即检测报告的融合,如边扫描边跟踪(TWS)雷达系统,红外和声呐等传感器的多目标跟踪与估计技术都属于这类性质的融合。在多传感器跟踪系统中,主要有集中式、分布式、混合式和多级式结构。

在集中式多传感器跟踪系统中,首先按对目标观测的时间先后对测量点迹进行时间融合,然后对各个传感器在同一时刻对同一目标的观测进行空间融合,它包括了多传感器综合跟踪与状态估计的全过程。这类系统常见的有多雷达综合跟踪和多传感器海上监视与跟踪系统。

在分布式多传感器跟踪系统中,各传感器首先完成单传感器的多目标跟踪与状态估计,也就是完成时间上的信息融合,接下来各传感器把获得的目标航迹信息送入融合节点,并在融合节点完成坐标变换、时间校准或对准,然后基于这些传感器的目标状态估计进行航迹关联(相关)处理,最后对来自同一目标的航迹估计进行航迹融合,即实现目标航迹估计的空间融合。这类系统常见的有空中交通管制系统、舰载多传感器分布跟踪系统和机载多传感器信息综合系统等。

混合式位置信息融合是集中式和分布式多传感器系统相组合的混合结构。传感器的检测报告和目标状态估计的航迹信息都被送入融合中心,在那里既进行时间融合,也进行空间融合。由于这种结构要同时处理检测报告和航迹估计,并进行优化组合,它需要复杂的处理逻辑。混合式方法也可以根据所运行问题的需要,在集中式和分布式结构中进行选择变换。这种结构的通信和计算量都比其他结构大,因为控制传感器同时发送探测报告和航迹估计信息,通信链路必须是双向的;另外,在融合中心除加工来自局部节点的航迹信息外,还要处理传感器送来的探测报告,使计算量成倍增加。

多级式位置信息融合是上述三种结构的直接发展,它主要根据来自下一层融合中心的航迹估计信息,通过坐标变换、时间对正和航迹关联后,完成高层次空间融合,即航迹间的状态融合。这类系统主要是指海上多平台、各种战略和战役 C^3I 系统。

1.2.2.3 目标识别级融合

目标识别亦称属性分类或身份估计。在军事上,信息融合的目的是对观测实体进行定位、表征和识别。一个具体的例子是在一架作战飞机上装载威胁告警传感器,以便确定武器制导装置何时照射到该飞机;另一个例子是使用雷达截面积(RCS)数据来确定一个实体是不是一个火箭体、碎片或再入大气层的飞船。敌-我识别(IFF)设备使用特征波形和有关数据来识别敌我飞机;有时需要进行更详细和耗时的分析以辨别或识别发射机或武器平台。身份估计的非军事运用包括复杂系统设备故障的识别和隔离,使用传感器数据监视生产过程,及借助医学监示器对人的健康状况进行半自动监视等。用于目标识别的技术主要有模板法、聚类分类、自适应神经网络,或识别实体身份的基于知识的技术。

目标识别(属性)层的信息融合有三种方法,即决策级融合、特征级融合和数据级融合。

1. 决策级融合

在决策级融合方法中,每个传感器都完成变换以便获得独立的身份估计,然后再对来自每个传感器的属性分类进行融合。用于融合身份估计的技术包括表决法、Bayes 推理、Dempste-Shafer 方法、推广的证据处理理论、模糊集法以及其他各种特定方法。

2. 特征级融合

在特征级融合方法中,每个传感器观测一个目标并完成特征提取以获得来自每个传感器的特征向量。然后融合这些特征向量并基于获得的联合特征向量来产生身份估计。在这种方法中,必须使用关联处理把特征向量分成有意义的群组。由于特征向量很可能是具有巨大差别的量,因而位置级的融合信息在这一关联过程中通常是有用的。

3. 数据级融合

在数据级融合方法中,对来自同等量级的传感器原始数据直接进行融合,然后基于融合的传感器数据进行特征提取和身份估计。为了实现这种数据级的信息融合,所有传感器必须是同类型的(例如若干个红外(IR)传感器)或是相同量级的(如红外(IR)和可见光图像传感器)。通过对原始数据进行关联,来确定已融合的数据是否与同一目标或实体有关。有了融合的传感器数据之后就可以完成像单传感器一样的识别处理过程。对于图像传感器,数据级融合一般涉及到图像画面元素级的融合,因而数据级融合也常称为像素级融合。像素级融合主要用于多源图像复合、图像分析和理解、同类雷达波形的直接合成等。

1.2.2.4 态势评估

态势评估(Situation Assessment,简称 SA)是对战场上战斗力量分配情况的评价过程。它通过综合敌我双方及地理、气象环境等因素,将所观测到的战斗力量的分布与活动和战场周围环境、敌作战意图及敌机动性能有机地联系起来,分析并确定事件发生深层原因,得到关于敌方兵力结构、使用特点的估计,最终形成战场综合态势图。在综合电子战系统中,态势评估的功能是对战场监视区域内所有目标的状态与其先验的可能情况加以比较,以便获得战场兵力、电子战武器部署情况、军事活动企图及敌我双方平台的分布、航向、速度等变化趋势的综合文件。

现代战争是信息化的战争,敌我双方都将采用一系列手段破坏对方 C^3I 系统的正常工作,以达到控制战场上兵力布局的目的。态势评估不仅可以识别观测到的敌方事件和行为的可能态势,给出一个具有实际意义的评估形式,而且还能对抗敌方的包括伪装、隐蔽和欺骗在内的破坏手段,帮助指挥员作出正确的判断。因而,态势评估在现代战争中起着非常重要的作用。

态势评估首先要确定态势要素,态势要素的估计结果实际上是提供给指挥员的战场态势综合视图,它包括红色视图——我方态势,蓝色视图——敌方态势,白色视图——天气、地理等战场环境,它们合成一幅战场综合态势图,并为威胁估计提供依据。在态势评估要素的确定过程中还必须进行某些对抗要素的估计,然后努力确定上下关系环境、社会政治背景及双方的兵力布局、使用和定位。

SA 的理想结果为:反映真实的战场态势;提供事件、活动的预测,并由此提供最优传感器管理的依据。因而,SA 处理的是正在发生的以及前面已经发生且现在正在进行的事件或活动,它重点描述所关心区域内的行为样式。目前的研究结果一般只包含了这些功能的一部分,并且各功能的复杂性和适用性会随着应用领域的不同而变化。

关于态势评估目前尚无完整的定义,但可以明确,它具有以下的几个特点:

(1)态势评估是分层假设描述和评估处理的结果,每个备选假设(态势)都有一个不确定性关联值;

(2)认为不确定性最小的假设是最好的;

(3)态势评估是用认为最好的态势要素的当前值来描述;

(4)态势评估是一个动态的、按时序处理的过程,其结果水平将随时间的增长而提高。

1.2.2.5 威胁估计

同态势评估的概念一样,“威胁”的定义同样存在差异。通常,威胁判定是通过将敌方的威胁能力,以及敌人的企图进行量化来实现的。可见,态势评估建立了关于作战活动、事件、机动和位置以及兵力要素组织形式的视图,并由此估计出发生的和正在发生的事情。威胁估计的任务是在此基础上,综合敌方破坏能力、机动能力、运动模式及行为企图的先验知识,得到敌方兵力的战术含义,估计出作战事件出现的程度或严重性,并对作战意图作出指示与告警。其重点是定量表示敌方作战能力,并估计敌方企图。

威胁估计也是一个多层视图的处理过程,该处理用我方兵力有效对抗敌方的能力来说明致命性与风险估计。威胁估计也包括对我方薄弱环节的估计,以及通过对技术、军事条令数据库的搜索来确定敌方意图。

态势与威胁评估(Situation and Threat Assessment,简称 STA)作为战场中的高层次信息处理过程,具有以下特点:

(1)STA 是多级的活动,其信息流几乎总是跨越不同的层次来进行融合处理,并且在不同的层次上进行控制,这就要求 STA 的分析处理必须对级内或跨级的控制有较敏感的操作;

(2)STA 是多功能的处理技术,它包括概念和信息管理、决策生成和实现等,其核心是推理技术。因此,需要大范围的辅助系统和方法库,以得到精确、合理的推论,以及易理解、易管理、易通信的选择集合。STA 包括和平时刻、危急关头和战争期间的多级工作态势。此外,STA 还受心理学等因素的影响。

STA 的这些特征使其变得非常复杂,是信息融合技术研究的薄弱环节。目前,对这类很复杂的问题只能部分解决,所实现的部分算法有:多样本假设检验、经典推理、模糊集理论、模板技术、品质因数法、专家系统技术、黑板模型和基于对策论与决策论的评估方法等。

1.3 数据融合的功能模型和结构模型

1.3.1 数据融合的功能模型

20 世纪 90 年代初期,美国国防部实验室联合指导委员会数据融合小组(DFS)给出了一个数据融合在军事领域应用的通用模型。该模型开始分三级,后来发展成四级。

我国的学者根据融合的功能层次,把信息融合分为五级,即五个层次。在信息融合的五级模型中,第一个层次为检测判决融合;第二个层次为位置融合;第三个层次为目标识别(属性)信息融合;第四个层次为态势评估;第五个层次为威胁估计。在这种功能模型描述中,前三个层次的信息融合适合于任意的多传感器信息融合系统,而后两个层次主要适用于军事应用系统中的信息融合。这是一种广义的信息融合功能分级法,这种从信息融合功能的角度出发把它分为五个层次,更有利于信息融合技术的研究。图 1 - 5 是这种分级方法的功能框图。

在图 1 - 5 中左边是传感器的监视跟踪环境及数据的采集源。辅助信息包括人工情报、先验信息和环境参数。融合功能主要包括第一级处理,预滤波,采集管理,第二级,第三级,第四级,第五级处理,数据库管理,支持数据库,人机接口和性能评估。

第一级处理是信号处理级的信息融合,也是一个分布检测问题,它通常是根据所选择的检测准则形成最优化门限,以产生最终的检测输出。近几年的研究方向是,传感器向融合中心传送经过某种处理的检测和背景杂波统计量,然后在融合中心直接进行分布式恒虚警(CFAR)检测。

预滤波根据观测时间、报告位置、传感器类型、信息的属性和特征来分选和归并数据,这样可控制进入第二级处理的信息量,以避免融合系统过载。

数据采集管理用于控制融合的数据收集,包括传感器的选择、分配及传感器工作状态

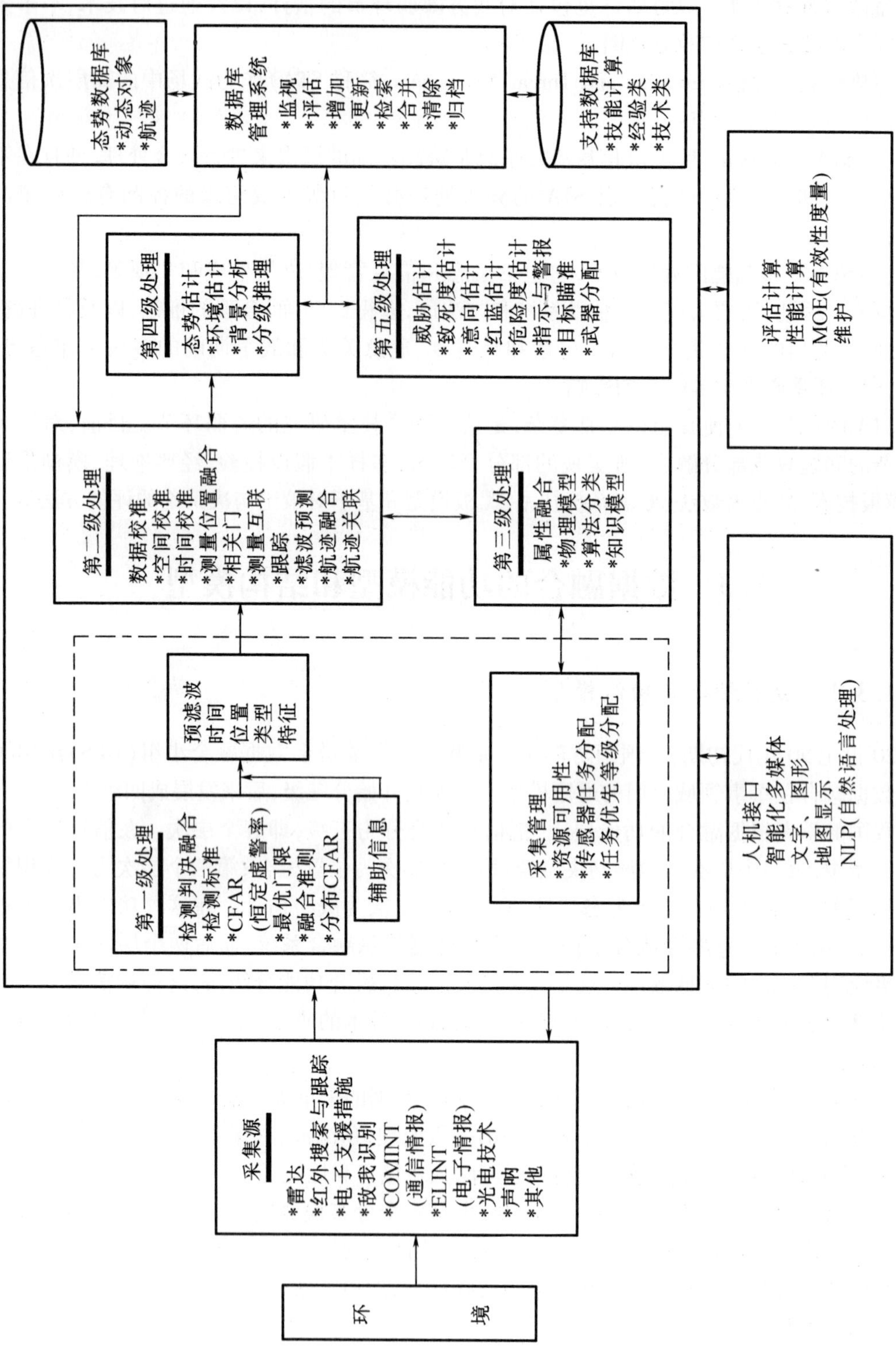

图1-5 信息融合系统功能框图

的优选和监视等。传感器任务分配要求预测动态目标的未来位置,计算传感器的指向角,规划观测和最佳资源利用。

第二级处理是为了获得目标的位置和速度,它通过综合来自多传感器的位置信息建立目标的航迹和数据库,主要包括数据校准、互联、跟踪、滤波、预测、航迹关联及航迹融合等。

第三级处理是属性信息融合,它是指对来自多个传感器的目标识别(属性)数据进行组合,以得到对目标身份的联合估计,用于目标识别(属性)融合的数据包括雷达横截面积(RCS)、脉冲宽度、重复频率、红外谱或光谱等。

第四级处理包括态势的提取与评估。前者是指由不完整的数据集合建立一般化的态势表示,从而对前几级处理产生的兵力分布情况有一个合理的解释;后者是通过对复杂战场环境的正确分析和表达,导出敌我双方兵力的分布推断,绘出意图、告警、行动计划与结果。

第五级是威胁程度处理。即从我方有效地打击敌人的能力出发,估价敌方的杀伤力和危险性,同时还要估计我方的薄弱环节,并对敌方的意图给出提示和告警。

辅助功能包括数据库管理、人机接口与评估计算,它们也是融合系统的重要组成部分。

从处理对象的层次上看,第一级属于低级融合,它是经典信号检测理论的直接发展,是近十几年才开始研究的领域,目前绝大多数多传感器信息融合系统还不存在这一级,仍然保持集中式检测,而不是分布式检测,但是分布式检测是未来的发展方向。第二和第三级属于中间层次,是最重要的两级,他们是进行态势评估和威胁估计的前提和基础。实际上,融合本身主要发生在前三个级别上,而态势评估和威胁估计只是在某种意义上与信息融合具有相似的含义。第四和第五级是决策级融合,即高级融合,它们包括对全局态势发展和某些局部形势的估计,是 C^3I 系统指挥和辅助决策过程中的核心内容。

1.3.2 C^3I 融合系统的结构模型

本节介绍 C^3I 融合系统中应用较广的位置级和目标识别级融合结构。

1.3.2.1 位置融合结构

从多传感器系统的信息流通形式和综合处理层次上看,在位置融合级,其系统结构模型主要有四种,即集中式、分布式、混合式和多级式。图 1-6、图 1-7、图 1-8、图 1-9 分别是集中式、分布式、混合式和多级式融合系统的结构框图。

集中式结构将传感器录取的检测报告传递到融合中心,在那里进行数据对准、点迹相关、数据互联、航迹滤波、预测与综合跟踪。这种结构的最大优点是信息损失最小,但数据互联较困难,并且要求系统必须具备大容量的能力,计算负担重,系统的生存能力也较差。

分布式结构的特点是:每个传感器的检测报告在进入融合以前,先由它自己的数据处理器产生局部多目标跟踪航迹,然后把处理后的信息送至融合中心,中心根据各节点的航迹数据完成航迹关联和航迹融合,形成全局估计,这类系统应用很普遍。特别是在军事 C^3I 系统,它不仅具有局部独立跟踪能力,而且还有全局监视和评估特征的能力。系统的造价也可限制在一定的范围内,并且有较强的自下而上能力。分布式结构可以进一步细分成分级式和委员会结构。在委员会结构中各节点联结成类似于环形的结构,或许还有相互交叉的信息传输。

混合式同时传输探测报告和经过局部节点处理后的航迹信息,它保留了上述两类系统的优点,但在通信和计算上要付出昂贵的代价。对于安装在同一平台上的不同类型传感

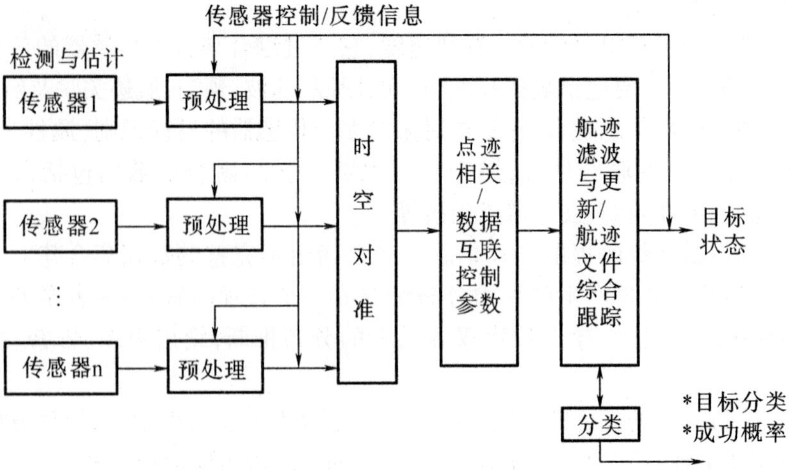

图 1－6 集中式融合

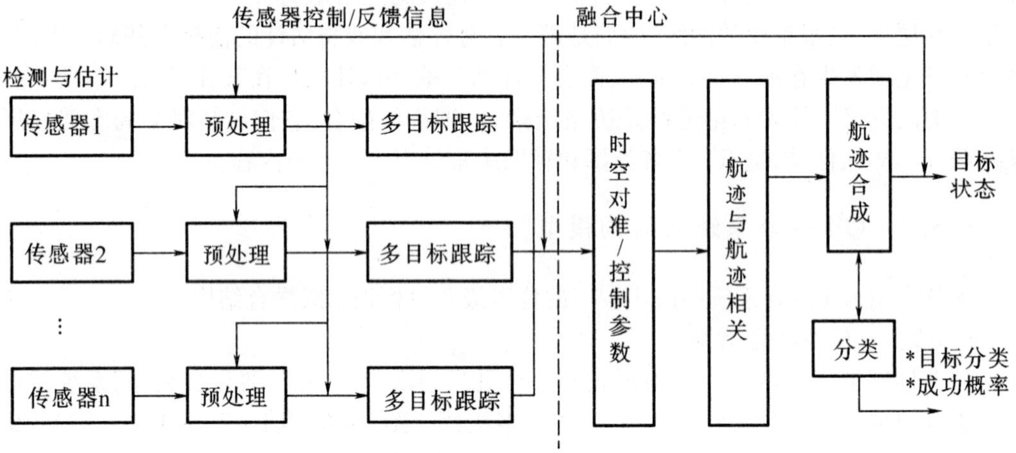

图 1－7 分布式融合

器,如雷达、敌我识别(IFF)、红外搜索与跟踪、电子支援措施(ESM)组成的传感器群也许用混合式结构更合适。例如机载多传感器数据融合系统。

在多级式结构中,各局部节点可以同时或分别是集中式、分布式或混合式的融合中心,它们将接收和处理来自多个传感器的数据或来自多个跟踪器的航迹,同时系统的融合节点要再次对各局部融合节点传送来的航迹数据进行关联和融合,也就是说目标的检测报告要经过两级以上的位置融合处理,因而把它称作多级式系统。

1.3.2.2 目标识别融合结构

如前所述,目标识别(属性)的数据融合结构主要有三类:决策层属性融合,特征层属性融合和数据层属性融合。

图 1－10 给出了决策层属性融合结构。在这种方法中,每个传感器为了获得一个独立

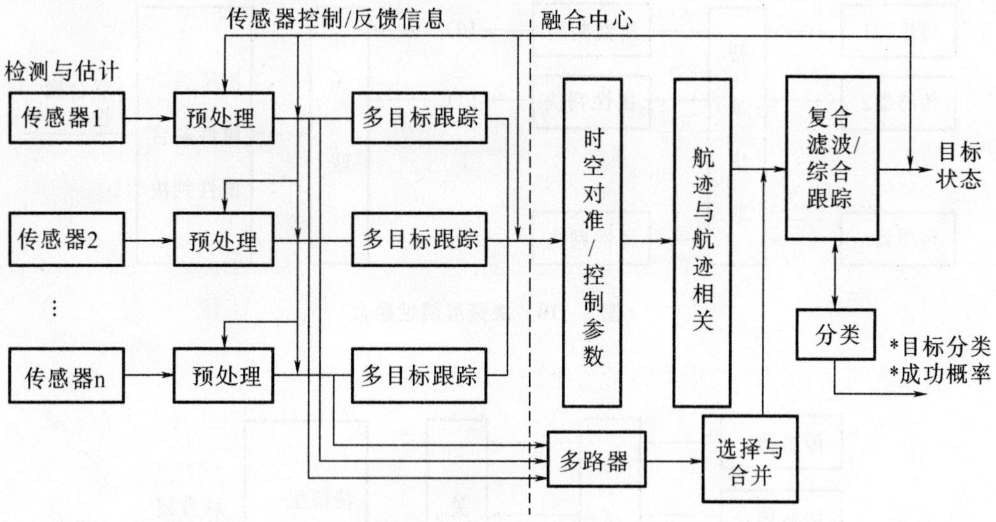

图1-8 混合式融合

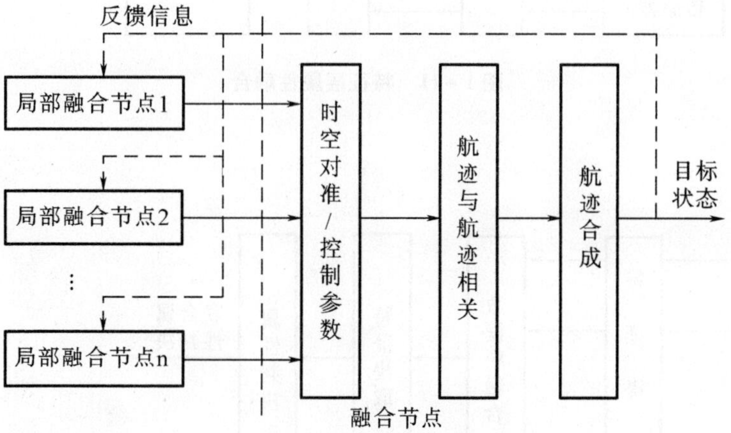

图1-9 多级式融合

的属性判决要完成一个变换,然后顺序融合来自每个传感器的属性判决。其中I/Di是来自第i个传感器的属性判决结果。

图1-11表示了特征层属性融合的结构。在这种方法中,每个传感器观测一个目标,并且为了产生来自每个传感器的特征向量要完成特征提取,然后融合这些特征向量,并基于联合特征向量做出属性判决。另外,为了把特征向量划分成有意义的群组必须运用关联过程,对此,位置信息是有用的。

属性融合的最后一种结构表示在图1-12。在这种数据层融合方法中,直接融合来自同类传感器的数据,然后是特征提取和来自融合数据的属性判决。为了完成这种数据层融合,传感器必须是相同的(如几个红外(IR)传感器)或者是同类的(例如一个红外传感器和一个视觉图像传感器)。为了保证被融合的数据对应于相同的目标或客体,关联要基于原

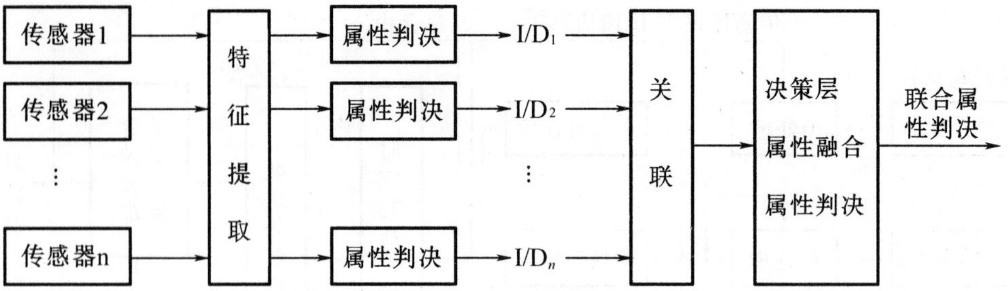

图 1－10 决策层属性融合

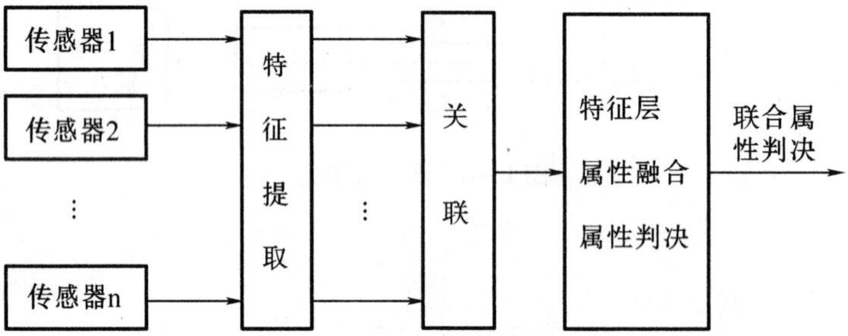

图 1－11 特征层属性融合

始数据完成。

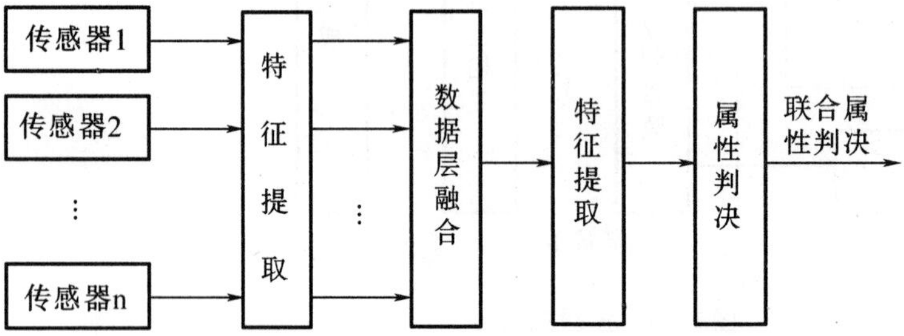

图 1－12 数据层属性融合

与位置融合结构类似，通过融合靠近信源的信息可获得较高的精度，即数据层融合可能比特征层精度高，而决策层融合可能最差。但数据层融合仅对产生同类观测的传感器是适用的。当然通过这三种方法也可以组成其他混合结构。另外，就融合的结构而论，位置与属性融合是紧密相关的，并且常常是并行同步处理的，这就是有人把它们看成是一级融合的原因。

1.4　当前 C^3I 系统中数据融合的主要任务

在 C^3I 系统中,数据融合技术目前应用最广的是位置级和目标识别级的融合。

在位置级融合中,C^3I 系统主要解决两类技术问题:单传感器的多目标跟踪技术和数据关联技术。单传感器多目标跟踪技术的核心是滤波,滤波的目的是为了获得优于传感器测量的目标位置和运动状态的估计。数据关联技术包括单传感器/单雷达的点点相关和点航相关以及多传感器/多源数据的相关技术两大部分,前者主要为了在多目标环境中,特别是在目标密集的环境中,正确地完成雷达测量点迹与目标航迹的配对,维持目标的自动跟踪;后者主要是为了完成融合中心的目标"去重复"任务。

在目标识别级融合中,C^3I 系统主要解决目标的军事属性、种类和类型的判定。军事属性判定是为了区分目标是敌方、我方、中立或是不明,这是 C^3I 系统首先要明确的任务;种类判定是为了区分目标为空中目标、水面目标还是水下目标;类型判定则是进一步判定目标的机型或舰型。

在位置级融合中,C^3I 系统当前主要采用多级式结构模型,因为它与军队的指挥体制和情报报知关系一致,也符合当前计算机技术的发展水平。

随着 C^3I 系统的发展,在态势评估和威胁估计方面,数据融合技术将提供越来越多的技术支持,有越来越多的实用技术在 C^3I 系统中获得应用。

本书围绕着 C^3I 系统中的数据融合技术的应用,重点介绍了滤波(第3章)、数据关联(第4章)、目标识别(第5章)、态势评估和威胁估计(第6章)等五项技术,有关的数学基础知识则集中在第2章介绍。

参 考 文 献

[1] 赵宗贵,耿立贤,周中元. 多传感器数据融合[M]. 南京:机械电子工业部第二十八研究所,1993.
[2] 戴自立,谢荣铭,虞汉民. 现代舰艇作战系统[M]. 北京:国防工业出版社,1999.
[3] 何友. 多传感器数据融合及其应用[M]. 北京:电子工业出版社,2000.
[4] 杨万海. 多传感器数据融合及其应用[M]. 西安:西安电子科技大学出版社,2004.

第2章 数学基础知识

2.1 线性代数

本节主要给出一些常用的符号约定和线性代数的一些基础知识，证明均忽略，可参考各线性代数教科书。

2.1.1 向量、矩阵和行列式的概念

设 $\boldsymbol{P}$ 是一个由一些数组成的集合，如果 $\boldsymbol{P}$ 中任意两个数(可以相同)的和、差、积、商(除数不为零)仍在 $\boldsymbol{P}$ 中，那么 $\boldsymbol{P}$ 就称为一个数域。数域 $\boldsymbol{P}$ 中的 n 个数组成的有序数组

$$(a_1, a_2, \cdots, a_n)$$

称为数域 $\boldsymbol{P}$ 上的一个 n 维向量。

一个规模为 $n \times m$ 的矩阵就是一个二维阵列(第一维是行数，第二维是列数)

$$\boldsymbol{A} = (a_{ij}) = \begin{bmatrix} a_{11} & \cdots & a_{1m} \\ \vdots & & \vdots \\ a_{n1} & \cdots & a_{nm} \end{bmatrix} \tag{2-1}$$

矩阵 $\boldsymbol{A}$ 的每一行称为 $\boldsymbol{A}$ 的行向量，$\boldsymbol{A}$ 的每一列称为 $\boldsymbol{A}$ 的列向量。若约定所有的向量均指列向量，则 n 维向量可以看作是规模为 $n \times 1$ 的矩阵

$$\boldsymbol{a} = \mathrm{col}(a_i) = \begin{bmatrix} a_1 \\ \vdots \\ a_n \end{bmatrix} \tag{2-2}$$

矩阵(2-1)的转置是

$$\boldsymbol{A}^{\mathrm{T}} = \boldsymbol{A}' = \begin{bmatrix} a_{11} & \cdots & a_{n1} \\ \vdots & & \vdots \\ a_{1m} & \cdots & a_{nm} \end{bmatrix} \tag{2-3}$$

由此，行向量可从(2-2)转置得到

$$\boldsymbol{a}^{\mathrm{T}} = \mathrm{row}(a_i) = [a_1 \quad \cdots \quad a_n] \tag{2-4}$$

我们称规模为 $n \times n$ 的矩阵为方阵。如果 $\boldsymbol{A} = \boldsymbol{A}^{\mathrm{T}}$，$(a_{ij} = a_{ji}, \forall i, j)$，那么我们称方阵 $\boldsymbol{A}$ 是对称阵。

记方阵 $\boldsymbol{A}$ 的行列式为 $|\boldsymbol{A}|$，即定义 n 阶行列式为

$$|\boldsymbol{A}| = \begin{vmatrix} a_{11} & \cdots & a_{1n} \\ \vdots & & \vdots \\ a_{n1} & \cdots & a_{nm} \end{vmatrix} = \sum_{j_1 j_2 \cdots j_n} (-1)^{\tau(j_1, j_2, \cdots, j_n)} a_{1j_1} a_{2j_2} \cdots a_{nj_n} \tag{2-5}$$

式中 $\sum\limits_{j_1 j_2 \cdots j_n}$ —— 对所有 n 阶排列求和；

$\tau(j_1,j_2,\cdots,j_n)$——表示 $j_1,j_2,\cdots,j_n$ 的排列。

在 n 阶行列式 $|\boldsymbol{A}|$ 中,划去 a_{ij}所在的第 i 行和第 j 列,剩下的元素按原来的排法,得到一个 $n-1$ 阶的行列式并称之为元素 a_{ij}的余子式,记为 $\boldsymbol{M}_{ij}$。再定义 $\boldsymbol{A}_{ij}=(-1)^{(i+j)}\boldsymbol{M}_{ij}$为元素 a_{ij}的代数余子式。可以证明,n 阶行列式 $|\boldsymbol{A}|$ 等于它任意一行的所有元素与它们的对应代数余子式的乘积之和,即

$$|\boldsymbol{A}| = \sum_{i=1}^{n} a_{ki}\boldsymbol{A}_{ki} \qquad (k = 1,2,\cdots,n) \tag{2-6}$$

2.1.2 矩阵的计算

矩阵 $\boldsymbol{A}$ 和 $\boldsymbol{B}$ 相加,首先要求矩阵 $\boldsymbol{A}$ 和 $\boldsymbol{B}$ 规模相同,都是 $n\times m$,则它们的和 $\boldsymbol{C}$ 也是 $n\times m$ 的矩阵,且 $\boldsymbol{C}$ 的元素就是矩阵 $\boldsymbol{A}$ 和 $\boldsymbol{B}$ 对应元素的和;矩阵的数乘就是数和矩阵的每个元素相乘得到的矩阵,可表示如下:

$$\boldsymbol{C}=a\boldsymbol{A}+b\boldsymbol{B},\quad c_{ij}=aa_{ij}+bb_{ij},\quad i=1,\cdots,n;\quad j=1,\cdots,m$$

矩阵 $\boldsymbol{A}$ 和 $\boldsymbol{B}$ 的乘积为

$$\boldsymbol{C}=\boldsymbol{A}\boldsymbol{B}$$

则

$$c_{ij} = \sum_{k=1}^{m} a_{ik}b_{kj} \qquad i = 1,\cdots,n;j = 1,\cdots,p \tag{2-7}$$

其中 $\boldsymbol{A}$、$\boldsymbol{B}$、$\boldsymbol{C}$ 的规模分别为 $n\times m,m\times p,n\times p$。一般情况下,$\boldsymbol{AB}$ 不等于 $\boldsymbol{BA}$。

矩阵积的转置是

$$\boldsymbol{C}^{\mathrm{T}}=(\boldsymbol{AB})^{\mathrm{T}}=\boldsymbol{B}^{\mathrm{T}}\boldsymbol{A}^{\mathrm{T}}$$

2.1.3 内积、范数和正交性

两个 n 维向量的内积是

$$\boldsymbol{a}^{\mathrm{T}}\boldsymbol{b} = \sum_{i=1}^{n} a_i b_i \tag{2-8}$$

一般记为$\langle a,b\rangle$,特别

$$\boldsymbol{a}^{\mathrm{T}}\boldsymbol{a} = \|a\|^2 = \sum_{i=1}^{n} a_i^2$$

称为向量 $\boldsymbol{a}$ 的平方范数。

一个有用的不等式:许瓦兹不等式

$$|\boldsymbol{a}^{\mathrm{T}}\boldsymbol{b}| \leqslant \|a\|\|b\| \tag{2-9}$$

如果两个向量的内积为零,则称它们是正交的。即若

$$\boldsymbol{a}^{\mathrm{T}}\boldsymbol{b}=0$$

则说向量 $\boldsymbol{a}$ 和 $\boldsymbol{b}$ 是正交的,一般记作 $\boldsymbol{a}\perp\boldsymbol{b}$。

向量 $\boldsymbol{a}$ 在 $\boldsymbol{b}$ 上的投影是

$$\prod_b(\boldsymbol{a}) = \frac{\boldsymbol{a}^{\mathrm{T}}\boldsymbol{b}}{\|\boldsymbol{b}\|^2}\boldsymbol{b} \tag{2-10}$$

并且

$$[\boldsymbol{a} - \prod_b(\boldsymbol{a})] \perp \boldsymbol{b} \tag{2-11}$$

即向量 $\boldsymbol{a}$ 与它在 $\boldsymbol{b}$ 上的投影的差向量和向量 $\boldsymbol{b}$ 正交。

向量 $\boldsymbol{a}$ 与 $\boldsymbol{b}$ 的外积则是矩阵

$$\boldsymbol{C}=\boldsymbol{a}\boldsymbol{b}^{\mathrm{T}}$$

2.1.4 矩阵的迹、秩、逆、特征值和特征向量的概念

(1)矩阵的迹

n 阶方阵 $\boldsymbol{A}$ 的迹定义为

$$\mathrm{tr}(\boldsymbol{A}) = \sum_{i=1}^{n} a_{ii} \tag{2-12}$$

若 $\boldsymbol{B}$ 为另一个 n 阶方阵，显然有

$$\mathrm{tr}(\boldsymbol{AB})=\mathrm{tr}(\boldsymbol{BA})$$

定义标量，即规模为 1×1 的矩阵的行列式就是本身。乘以标量 a 的 n 阶方阵 $\boldsymbol{A}$ 的行列式为 $|a\boldsymbol{A}|=a^n|\boldsymbol{A}|$，并且有 $|\boldsymbol{AB}| = |\boldsymbol{BA}|$。

(2)矩阵的秩

在一个 $n\times m$ 矩阵 $\boldsymbol{A}$ 中，任取 k 行 k 列（$k\leqslant\min(n,m)$），位于这些行与列交点处的 $k\times k$ 个元素按原来的相对位置所构成的 k 阶行列式称为矩阵 $\boldsymbol{A}$ 的一个 k 阶子式。而 $n\times m$ 矩阵 $\boldsymbol{A}$ 的所有不等于 0 的子式的最高阶数，称为矩阵 $\boldsymbol{A}$ 的秩，记为 $R(\boldsymbol{A})$。

显然，$R(\boldsymbol{A})\leqslant\min(n,m)$，$R(\boldsymbol{A})=\boldsymbol{R}(\boldsymbol{A}^{\mathrm{T}})$。

(3)矩阵的逆矩阵

若有 n 阶矩阵 $\boldsymbol{A}$ 和 $\boldsymbol{B}$，使得 $\boldsymbol{AB}=\boldsymbol{BA}=\boldsymbol{I}$，其中 $\boldsymbol{I}$ 为 n 阶单位矩阵，即

$$\boldsymbol{I}=\begin{bmatrix}1 & 0 & \cdots & 0\\ 0 & 1 & \cdots & 0\\ \vdots & \vdots & & \vdots\\ 0 & 0 & \cdots & 1\end{bmatrix}$$

则称 $\boldsymbol{A}$ 是可逆的，并称 $\boldsymbol{B}$ 为 $\boldsymbol{A}$ 的逆矩阵，记作 $\boldsymbol{A}^{-1}$。同时，$\boldsymbol{A}$ 也是 $\boldsymbol{B}$ 的逆矩阵。

当且仅当矩阵 $\boldsymbol{A}$ 是非奇异的即它的行列式不为零时，$\boldsymbol{A}$ 矩阵可逆；否则称其是奇异的。当矩阵 $\boldsymbol{A}$ 可逆时，其逆矩阵表示为

$$\boldsymbol{A}^{-1}=\frac{1}{|\boldsymbol{A}|}\boldsymbol{A}^{*} \tag{2-13}$$

其中，$\boldsymbol{A}^{*}$ 是 $\boldsymbol{A}$ 的伴随矩阵，即

$$\boldsymbol{A}^{*}=\begin{bmatrix}\boldsymbol{A}_{11} & \cdots & \boldsymbol{A}_{1n}\\ \vdots & & \vdots\\ \boldsymbol{A}_{n1} & \cdots & \boldsymbol{A}_{nn}\end{bmatrix} \tag{2-14}$$

其中 $\boldsymbol{A}_{ij}$ 是 a_{ij} 的代数余子式。

(4)可逆矩阵的性质

① $(\boldsymbol{A}^{-1})^{-1}=\boldsymbol{A}$；

② $(\boldsymbol{A}^{\mathrm{T}})^{-1}=(\boldsymbol{A}^{-1})^{\mathrm{T}}$；

③ $(\boldsymbol{AB})^{-1}=\boldsymbol{B}^{-1}\boldsymbol{A}^{-1}$；

④ $(\lambda\boldsymbol{A})^{-1}=\lambda^{-1}\boldsymbol{A}^{-1}$，其中 λ 为不等于 0 的数；

⑤ $|\boldsymbol{A}^{-1}|=|\boldsymbol{A}|^{-1}$。

(5)求逆矩阵的方法

①非奇异的分块矩阵($n \times m$)的逆阵是

$$\begin{bmatrix} \boldsymbol{A} & \boldsymbol{B} \\ \boldsymbol{C} & \boldsymbol{D} \end{bmatrix}^{-1} = \begin{bmatrix} \boldsymbol{E} & \boldsymbol{F} \\ \boldsymbol{G} & \boldsymbol{H} \end{bmatrix} \tag{2-15}$$

其中,$\boldsymbol{A}$、$\boldsymbol{B}$、$\boldsymbol{C}$、$\boldsymbol{D}$ 的规模分别是 $n_1 \times n_1, n_1 \times n_2, n_2 \times n_1, n_2 \times n_2$,并且有 $n_1 + n_2 = n$。而 $\boldsymbol{E}$、$\boldsymbol{F}$、$\boldsymbol{G}$、$\boldsymbol{H}$ 则由下列式子确定

$$\begin{aligned} \boldsymbol{E} &= (\boldsymbol{A} - \boldsymbol{B}\boldsymbol{D}^{-1}\boldsymbol{C})^{-1} \\ \boldsymbol{F} &= -\boldsymbol{E}\boldsymbol{B}\boldsymbol{D}^{-1} \\ \boldsymbol{G} &= -\boldsymbol{D}^{-1}\boldsymbol{C}\boldsymbol{E} \\ \boldsymbol{H} &= \boldsymbol{D}^{-1} + \boldsymbol{D}^{-1}\boldsymbol{C}\boldsymbol{E}\boldsymbol{B}\boldsymbol{D}^{-1} \end{aligned} \tag{2-16}$$

②利用初等变换

可逆矩阵 $\boldsymbol{A}$ 可以写成 $\boldsymbol{A} = \boldsymbol{P}_1\boldsymbol{P}_2\cdots\boldsymbol{P}_l$,其中 $\boldsymbol{P}_1, \boldsymbol{P}_2, \cdots, \boldsymbol{P}_l$ 是初等矩阵。所以有

$$\boldsymbol{P}_l^{-1}\cdots\boldsymbol{P}_2^{-1}\boldsymbol{P}_1^{-1}\boldsymbol{A} = \boldsymbol{I}$$

以及

$$\boldsymbol{P}_l^{-1}\cdots\boldsymbol{P}_2^{-1}\boldsymbol{P}_1^{-1}\boldsymbol{I} = \boldsymbol{P}_l^{-1}\cdots\boldsymbol{P}_2^{-1}\boldsymbol{P}_1^{-1} = \boldsymbol{A}^{-1}$$

于是可以用分块矩阵的形式有

$$\boldsymbol{P}_l^{-1}\cdots\boldsymbol{P}_2^{-1}\boldsymbol{P}_1^{-1}[\boldsymbol{A} \mid \boldsymbol{I}] = [\boldsymbol{I} \mid \boldsymbol{A}^{-1}] \tag{2-17}$$

注意:以上形式只能进行行变换。

(6)特征值与特征向量

设 $\boldsymbol{A}$ 是 n 阶方阵,若数 λ 和 n 维非零列向量 $\boldsymbol{x}$ 使关系式 $\boldsymbol{A}\boldsymbol{x} = \lambda\boldsymbol{x}$ 成立,则数 λ 称为方阵 $\boldsymbol{A}$ 的特征值,非零向量 $\boldsymbol{x}$ 称为 $\boldsymbol{A}$ 的对应于特征值 λ 的特征向量。关于特征值和特征向量的一些结论:

①当且仅当 $\boldsymbol{A}$ 的所有特征值非零时,矩阵 $\boldsymbol{A}$ 是非奇异的;

②矩阵的秩等于矩阵的非零特征值的数目,称非奇异矩阵是满秩的;

③实数阵的特征值为实数或复数,但是,对称的矩阵的特征值都是实数;

④矩阵的迹就等于矩阵特征值的和;

⑤矩阵的行列式就等于矩阵特征值的积。

2.1.5　二次型和正定矩阵

定义含有 n 个变量 $x_1, x_2, \cdots, x_n$ 的二次函数

$$f(x) = a_{11}x_1^2 + a_{22}x_2^2 + \cdots + a_{nn}x_n^2 + 2a_{12}x_1x_2 + 2a_{13}x_1x_3 + \cdots + 2a_{n-1,n}x_{n-1}x_n = \sum_{i,j=1}^{n} a_{ij}x_ix_j = \boldsymbol{x}^{\mathrm{T}}\boldsymbol{A}\boldsymbol{x} \quad (\text{其中 } a_{ij} = a_{ji}, i,j = 1,2,\cdots,n) \tag{2-18}$$

为二次型。其中矩阵 $\boldsymbol{A}$ 是对称矩阵,并称 $\boldsymbol{A}$ 为二次型 f 的系数矩阵,$\boldsymbol{A}$ 的秩称为二次型 f 的秩。

设有二次型 $f(x) = \boldsymbol{x}^{\mathrm{T}}\boldsymbol{A}\boldsymbol{x}$,若对任意的 $x \neq 0$,都有 $f(x) > 0$,则称 f 为正定二次型,并称对称矩阵 $\boldsymbol{A}$ 为正定矩阵,记作 $\boldsymbol{A} > 0$;若对任意的 $x \neq 0$,都有 $f(x) < 0$,则称 f 为负定二次型,并称对称矩阵 $\boldsymbol{A}$ 为负定矩阵,记作 $\boldsymbol{A} < 0$;若对任意的 $x \neq 0$,都有 $f(x) \geqslant 0$,则称对称矩阵 $\boldsymbol{A}$ 为半正定或非负定矩阵。实对称矩阵 $\boldsymbol{A}$ 为正定矩阵的充要条件是:$\boldsymbol{A}$ 的 n 个特征值全为

正数。

2.1.6 梯度向量和雅克比矩阵

假设 $\boldsymbol{X}$ 为一个 n 维列向量,则以 $\boldsymbol{X}$ 为自变量的函数记为

$$f(\boldsymbol{X})=f(x_1,x_2,\cdots,x_n)$$

$f(\boldsymbol{X})$ 可以是一个向量,也可以为一个标量。当 f 为一个标量时,称 f 为映射向量 $\boldsymbol{X}$ 到标量的一个函数,而 $f(\boldsymbol{X})$ 对于向量 $\boldsymbol{X}$ 的梯度定义为

$$\frac{\partial f(\boldsymbol{X})}{\partial \boldsymbol{X}}=\begin{bmatrix}\dfrac{\partial f(X)}{\partial x_1}\\ \vdots \\ \dfrac{\partial f(X)}{\partial x_n}\end{bmatrix} \tag{2-19}$$

当 f 为一个 m 维向量时,为区别上面的标量 f,将它记为 $F(\boldsymbol{X})$,称为映射 n 维向量 $\boldsymbol{X}$ 到另一个 m 维向量的函数,这种情况下,$F(\boldsymbol{X})$ 可记成 $F(\boldsymbol{X})=[f_1(x)\cdots f_m(x)]^{\mathrm{T}}$,而 $F(\boldsymbol{X})$ 对于向量 $\boldsymbol{X}$ 的梯度定义为

$$\frac{\partial F(\boldsymbol{X})}{\partial \boldsymbol{X}}=\begin{bmatrix}\dfrac{\partial f_1(X)}{\partial x_1} & \cdots & \dfrac{\partial f_1(X)}{\partial x_n}\\ \vdots & & \vdots \\ \dfrac{\partial f_m(X)}{\partial x_1} & \cdots & \dfrac{\partial f_m(X)}{\partial x_n}\end{bmatrix} \tag{2-20}$$

上式就是雅克比矩阵。对于 n 阶方阵 $\boldsymbol{A}$,如果 $F(\boldsymbol{X})=\boldsymbol{AX}$,则

$$\frac{\partial F(\boldsymbol{X})}{\partial \boldsymbol{X}}=\frac{\partial}{\partial \boldsymbol{X}}(\boldsymbol{AX})=\boldsymbol{A} \tag{2-21}$$

根据内积定义和梯度向量的定义,当 Y 为 n 维向量时,可得如下有用的关系:

$$\begin{gathered}\frac{\partial}{\partial \boldsymbol{X}}\langle \boldsymbol{X},\boldsymbol{Y}\rangle=\boldsymbol{Y}\\ \frac{\partial}{\partial \boldsymbol{X}}\langle \boldsymbol{X},\boldsymbol{AY}\rangle=\boldsymbol{AY}\\ \frac{\partial}{\partial \boldsymbol{X}}\langle \boldsymbol{AX},\boldsymbol{Y}\rangle=\frac{\partial}{\partial \boldsymbol{X}}(\boldsymbol{X}^{\mathrm{T}}\boldsymbol{A}^{\mathrm{T}}\boldsymbol{Y})=\boldsymbol{A}^{\mathrm{T}}\boldsymbol{Y}\end{gathered} \tag{2-22}$$

2.1.7 转移矩阵

2.1.7.1 转移矩阵的概念和性质

对于一个定常系统,其状态方程为

$$\dot{\boldsymbol{X}}(t)=\boldsymbol{AX}(t)+\boldsymbol{BU}(t) \tag{2-23}$$

式中 $\boldsymbol{X}(t)$——n 维向量;

$\boldsymbol{A}$——$n\times n$ 矩阵;

$\boldsymbol{U}$——r 维向量;

$\boldsymbol{B}$——$n\times r$ 矩阵。

结合初始条件 $t=0,\boldsymbol{X}(0)$ 解此方程,得解函数

$$X(t) = \boldsymbol{\Phi}(t,t_0)X(t_0) + \int_0^t \boldsymbol{\Phi}(t,\tau)BU(\tau)\mathrm{d}\tau \tag{2-24}$$

当 $U(\tau),\tau\in(t_0,t)$ 为恒值函数时，解函数变成

$$X(t) = \boldsymbol{\Phi}(t)X(t_0) + \int_{t_0}^t \boldsymbol{\Phi}(t,\tau)BU(\tau)\mathrm{d}\tau \tag{2-25}$$

其中

$$\boldsymbol{\Phi}(t) = \mathrm{e}^{At}$$

这里，$\boldsymbol{\Phi}(t)$ 是决定系统由一个状态转移到另一个状态的基本关系，故称为基本矩阵或状态转移矩阵。状态转移矩阵是 e 的指数型矩阵，具有下列性质：

①$\boldsymbol{\Phi}(t_2-t_1)\boldsymbol{\Phi}(t_1-t_0) = \mathrm{e}^{A(t_2-t_1)}\mathrm{e}^{A(t_1-t_0)} = \mathrm{e}^{A(t_2-t_0)} = \boldsymbol{\Phi}(t_2-t_0)$；

②$\boldsymbol{\Phi}(t-t_0)^{-1} = \mathrm{e}^{-A(t-t_0)} = \mathrm{e}^{A[-(t-t_0)]} = \boldsymbol{\Phi}[-(t-t_0)] = \boldsymbol{\Phi}(t_0-t)$；

③$\boldsymbol{\Phi}(t-t_0)^n = \mathrm{e}^{nA(t-t_0)} = \mathrm{e}^{A[n(t-t_0)]} = \boldsymbol{\Phi}[n(t-t_0)]$；

④$\boldsymbol{\Phi}(t-t_0)\boldsymbol{\Phi}(t_0-t) = \mathrm{e}^{A(t-t_0)}\mathrm{e}^{A(t_0-t)} = \boldsymbol{I}$。

通常，$\boldsymbol{\Phi}(t-t_0)$ 记作 $\boldsymbol{\Phi}(t,t_0)$。

2.1.7.2　转移矩阵的求法

对于一般的矩阵函数 $f(\boldsymbol{A})$，我们有如下方法求解。

(1) Jordan 标准型法

设 $f(z)$ 是复变量 z 的解析函数，$\boldsymbol{A}\in \boldsymbol{C}^{n\times n}$，且存在可逆矩阵 $\boldsymbol{P}$，使得

$$\boldsymbol{A} = \boldsymbol{PJP}^{-1} = \boldsymbol{P}\mathrm{diag}(J_1,J_2,\cdots,J_n)\boldsymbol{P}^{-1}$$

则

$$f(\boldsymbol{A}) = \boldsymbol{P}f(\boldsymbol{J})\boldsymbol{P}^{-1} = \boldsymbol{P}\mathrm{diag}[f(J_1),f(J_2),\cdots,f(J_n)]\boldsymbol{P}^{-1} \tag{2-26}$$

其中

$$f(J_i) = \begin{bmatrix} f(\lambda_i) & f'(\lambda_i) & \frac{1}{2!}f''(\lambda_i) & \cdots & \frac{1}{(n_i-1)!}f^{(n_i-1)}(\lambda_i) \\ & f(\lambda_i) & f'(\lambda_i) & & f'(\lambda_i) \\ & & & \ddots & f'(\lambda_i) \\ & & \ddots & & f(\lambda_i) \end{bmatrix}_{(n_i\times n_i)}$$

(2) 最小多项式计算法

设 n 阶矩阵 $\boldsymbol{A}$ 的最小多项式为

$$m_A(\lambda) = (\lambda-\lambda_1)^{n_1}(\lambda-\lambda_2)^{n_2}\cdots(\lambda-\lambda_s)^{n_s}$$

其中 $\lambda_1,\lambda_2,\cdots,\lambda_s$ 为 $\boldsymbol{A}$ 的所有不同特征值，$\sum_{i=1}^{s} n_i = m$，$f(\lambda)$ 是复变量 λ 的解析函数，令

$$g(\lambda) = c_0 + c_1\lambda + \cdots + c_{m-1}\lambda^{m-1}$$

则 $f(\boldsymbol{A}) = g(\boldsymbol{A})$ 的充要条件是

$$g^{(j)}(\lambda_i) = f^{(j)}(\lambda_i),\ i=1,2,\cdots,s;\quad j=0,1,2,\cdots,n_i-1 \tag{2-27}$$

对于转移矩阵 $\boldsymbol{\Phi}(t) = \mathrm{e}^{At}$，只要把 t 当作参数，应用上述方法，即可求出转移矩阵。另外，可以利用 e^{At} 的指数函数展开方法求之。因为

$$\mathrm{e}^{At} = \boldsymbol{I} + \boldsymbol{A}t + \frac{1}{2!}(\boldsymbol{A}t)^2 + \cdots + R_n(\boldsymbol{A}) = \sum_{k=0}^{\infty}\frac{(\boldsymbol{A}t)^k}{k!}$$

其中 $R_n(\boldsymbol{A}) = \sum_{k=n}^{\infty}\frac{(\boldsymbol{A}t)^k}{k!}$ 表示上述级数的余项。所以，当 $R_n(\boldsymbol{A})$ 收敛于零时，e^{At} 可以用

有限次的级数和来代替。

2.2 概　率　论

2.2.1 随机事件

对自然现象进行观察或进行一次科学试验,统称为一个试验。一个试验如果满足如下条件:

(1)试验可以在相同情形下重复进行;

(2)试验的所有可能结果是明确可知道的,并且不止一个;

(3)每次试验总是恰好出现这些可能结果中的一个,但在一次试验之前却不能肯定这次试验会出现哪一个结果。

称这样的试验为一个随机试验,也简称为实验。

定义　样本点:试验 E 的每一个可能的结果记为 e;

样本空间(S):试验 E 的所有样本点,一般也记作 Ω;

基本事件:样本空间中的每个样本点所组成的单点集;

随机事件:样本空间 S 的某个子集 A;

必然事件:试验中确信的或必然的事件记作 S;

不可能事件:在每次试验中都不会发生的事件记作 Φ。

对任何事件 A,必有 $S \supset A \supset \Phi$。

事件的补:样本空间中不属于 A 的样本点组成的事件集称为事件 A 的补集,记作$\overline{A}$。

对于事件 A、B、C,有事件运算的性质:

(1)交换律:$A \cup B = B \cup A, AB = BA$;

(2)结合律:$(A \cup B) \cup C = A \cup (B \cup C), (AB)C = A(BC)$;

(3)分配律:$(A \cup B) \cap C = (AC) \cup (BC), (A \cap B) \cup C = (A \cup C) \cap (B \cup C)$;

(4)德莫根定律:$\overline{A \cup B} = \overline{A} \cap \overline{B}, \overline{A \cap B} = \overline{A} \cup \overline{B}$。

设 E 是随机试验,S 是其样本空间,对 E 的每一个事件 A 赋予一个实数,记为 $P(A)$,称为事件 A 的概率,如果集合函数 $P(\cdot)$ 满足下列条件:

(1)非负性:$0 \leqslant P(A) \leqslant 1$;

(2)规范性:$P(S) = 1$;

(3)可列可加性:$P(\bigcup_{i=1}^{\infty} A_i) = \sum_{i=1}^{\infty} P(A_i)$ (其中 $A_1, A_2, \cdots, A_m, \cdots$ 两两互不相容);

概率事实上就是一个定义在事件集上的实值函数。

由以上的三个条件,可以推出概率的其他一些性质:

性质1　$P(\Phi) = 0$;

性质2　$P(\bigcup_{i=1}^{m} A_i) = \sum_{i=1}^{m} P(A_i)$ (其中 $A_1, A_2, \cdots, A_m$ 两两互不相容);

性质3　$P(\overline{A}) = 1 - P(A)$;

性质 4　若 $A \supset B$，则 $P(A-B)=P(A)-P(B)$；

推论 1　若 $A \supset B$，则 $P(A) \geqslant P(B)$；

性质 5　$P(A \cup B)=P(A)+P(B)-P(AB)$。

2.2.2　随机变量的一些概念

设 E 是随机试验，$S=\{e\}$ 为其样本空间，若对每一个 $e \in S$，都有一个实数 $X(e)$ 与之对应，则得到一个在集合 S 上，取值于实数集 R 上的单值实值函数 $X=X(e)$，称其为随机变量，分为连续型随机变量和离散型随机变量。

2.2.2.1　随机变量

定义在样本空间 Ω 上，取值于实数域的函数 $\xi(\omega)$，称为是样本空间 Ω 上的实值随机变量，并称

$$F(x)=P(\xi(\omega)<x), \quad x \in (-\infty,+\infty)$$

是随机变量 $\xi(\omega)$ 的概率分布函数。简称为分布函数或分布。

(1)概率密度函数(PDF)

在 $\xi=x$ 的随机变量 ξ 的概率密度函数(PDF)$p_\xi(\boldsymbol{A})$ 由下式定义

$$p_\xi(x)\,\mathrm{d}x=P\{x<\xi \leqslant x+\mathrm{d}x\} \geqslant 0 \tag{2-28}$$

其中，$P\{A\}$ 是事件 $\{A\}$ 的概率，一般记作 $p_x(x)=p(x)$。这里，自变量确定了函数，并通常用密度代替 PDF。根据(2-28)和概率定义，得出

$$P\{\eta<x \leqslant \xi\}=\int_\eta^\xi p(x)\,\mathrm{d}x \tag{2-29}$$

函数

$$F(x)=P\{\xi \leqslant x\}=\int_{-\infty}^x p(\xi)\,\mathrm{d}\xi \tag{2-30}$$

被称作在 x 上随机变量 ξ 的概率分布函数。易知

$$\int_{-\infty}^\infty p(x)\,\mathrm{d}x=1 \tag{2-31}$$

根据(2-30)，如果导数存在的话，那么密度和分布函数之间的关系就是

$$p(\xi)=\frac{\mathrm{d}}{\mathrm{d}x}F(x)\Big|_{x=\xi} \tag{2-32}$$

PDF 必须具有性质(2-31)(归一性)，否则，就不是一个正常密度。值得注意的是，在某些情况下，非正常密度可能是有用的。引入 PDF 的严密的方法是首先要确定(2-30)的分布，然后是(2-28)和(2-32)要遵循适当的可微条件。

(2)概率质量函数

离散随机变量 ξ(在集合 $\{\xi_i, i=1,\cdots,n\}$ 中取值)的概率质量函数是

$$P_\xi(\xi_i)=P\{\xi=\xi_i\}=p_i \quad i=1,\cdots,n \tag{2-33}$$

上式也称为离散随机变量的概率分布或分布律。由概率定义，有

$$\sum_{i=1}^n p_i=1 \quad (\text{归一性}) \tag{2-34}$$

若引入脉冲函数 $\delta(x)$($\delta(x)=0, \forall x \neq 0$，且 $\int_{-\infty}^\infty \delta(x)=1$)，我们就能把对应(2-33)的 PDF 写成

$$p(\xi) = \sum_{i=1}^{n} p_i \delta(\xi - \xi_i) \tag{2-35}$$

且上式满足归一性,即可积分到1。

对应上述密度函数的分布,在 ξ_i 中有跳跃:它是一个阶梯函数,并且它的导数除了在跳跃的地方处处是零外,是一个脉冲函数。

(3)混合随机变量

能够在连续集 X 以及在离散点集 $\{\xi_i, i=1,\cdots,n\}$ 上取值的随机变量 ξ 具有 PDF

$$p(\xi) = p_c(\xi) + \sum_{i=1}^{n} p_i \delta(\xi - \xi_i) \tag{2-36}$$

则

$$\int p(x)\,\mathrm{d}x = \int_{x \in X} p_c(x)\,\mathrm{d}x + \sum_{i=1}^{n} p_i = 1 \tag{2-37}$$

(4)随机变量的数字特征

随机变量的期望值也叫做均值,或一阶原点矩

$$\bar{x} = E(x) = \int_{-\infty}^{\infty} x p(x)\,\mathrm{d}x \tag{2-38}$$

n 阶(原点矩)的矩是

$$E(x^n) = \int_{-\infty}^{\infty} x^n p(x)\,\mathrm{d}x \tag{2-39}$$

n 阶中心矩是

$$c_n = E(x - Ex)^n \tag{2-40}$$

方差也即二阶中心矩

$$\mathrm{var}(x) = \sigma_x^2 = E[(x - E(x))^2] = \int_{-\infty}^{\infty} (x - E(x))^2 p(x)\,\mathrm{d}x = E[x^2] - [E(x)]^2 \tag{2-41}$$

其中,σ 叫做标准差。对于随机变量 x 的任意函数 $g(x)$ 的期望是

$$E[g(x)] = \int_{-\infty}^{\infty} g(x)p(x)\,\mathrm{d}x \tag{2-42}$$

(5)两个随机变量的联合 PDF

把两个随机变量 X 和 Y 的联合 PDF 定义为联合事件的概率,即

$$p_{X,Y}(\xi,\eta)\,\mathrm{d}\xi\mathrm{d}\eta = P\{\{\xi < x \leqslant \xi + \mathrm{d}\xi\} \cap \{\eta < y \leqslant \eta + \mathrm{d}\eta\}\} \tag{2-43}$$

在两个随机变量的联合 PDF 中,对其中一个变量积分得出第二个随机变量的 PDF。即

$$\int_{-\infty}^{\infty} p_{X,Y}(\xi,\eta)\,\mathrm{d}\eta = p_X(\xi) \tag{2-44}$$

可以简记为

$$\int_{-\infty}^{\infty} p(x,y)\,\mathrm{d}y = p(x) \tag{2-45}$$

所得的 PDF 属于单随机变量,因此也叫做边缘 PDF 或边际分布密度。

具有均值 Ex_1 和 Ex_2 的两个随机变量 x_1 和 x_2 的协方差是

$$E[(x_1 - Ex_1)(x_2 - Ex_2)] = \int_{-\infty}^{\infty} (x_1 - Ex_1)(x_2 - Ex_2)p(x_1,x_2)\,\mathrm{d}x_1 x_2 = \sigma_{x_1x_2}^2 \tag{2-46}$$

这两个随机变量的相关系数是

$$\rho_{12}=\frac{\sigma_{x_1x_2}^2}{\sigma_{x_1}\sigma_{x_2}} \tag{2-47}$$

上式中，σ_{x_i}是 x_i 的标准差。任何两个随机变量的相关系数都遵循如下不等式

$$|\rho_{12}|\leqslant 1$$

2.2.2.2 随机向量

设 $\xi_1(\omega),\xi_2(\omega),\cdots,\xi_n(\omega)$ 是定义在同一个样本空间 Ω 上的随机向量，则 n 维向量 $(\xi_1(\omega),\xi_2(\omega),\cdots\xi_n(\omega))$ 称为是样本空间 Ω 上的 n 维随机变量或 n 维随机向量。则可以定义随机向量

$$\boldsymbol{x}=[x_1,\cdots,x_n]^{\mathrm{T}}$$

的 PDF 为它的分量的联合密度，即

$$p_{x_1\cdots x_n}(\xi_1,\cdots,\xi_n)\mathrm{d}\xi_1\cdots\mathrm{d}\xi_n=p_{\boldsymbol{x}}(\boldsymbol{\xi})\mathrm{d}\boldsymbol{\xi}=p\{\bigcap_{i=1}^{n}\{\xi_i<x_i\leqslant\xi_i+d\xi_i\}\} \tag{2-48}$$

上式中，利用集的交符号表示联合事件。

$\boldsymbol{x}$ 的均值是 n 重积分的结果，即

$$\bar{\boldsymbol{x}}=E[\boldsymbol{x}]=\int\boldsymbol{x}p(\boldsymbol{x})\mathrm{d}x$$

$\boldsymbol{x}$ 的协方差矩阵是

$$\boldsymbol{P}_{xx}=E[(\boldsymbol{x}-\bar{\boldsymbol{x}})(\boldsymbol{x}-\bar{\boldsymbol{x}})^{\mathrm{T}}]=\int(\boldsymbol{x}-\bar{\boldsymbol{x}})(\boldsymbol{x}-\bar{\boldsymbol{x}})^{\mathrm{T}}p(\boldsymbol{x})\mathrm{d}\boldsymbol{x} \tag{2-49}$$

这个协方差矩阵是一个正定或半正定矩阵。其对角元素是 $\boldsymbol{x}$ 分量的方差，而它的非对角元素则是它的分量之间的协方差。

2.2.2.3 特征函数和矩母函数

对随机变量 $\boldsymbol{X}$ 及其分布函数 $F(x)$，相应的特征函数为

$$\varphi(t)=E[\mathrm{e}^{itX}]=\int_{-\infty}^{\infty}\mathrm{e}^{itX}\mathrm{d}F(x)\qquad -\infty<t<\infty \tag{2-50}$$

对随机向量 $\boldsymbol{X}=(X_1,X_2,\cdots,X_n)$，设其分布函数为 $F(x_1,x_2,\cdots,x_n)$，则其特征函数为

$$\varphi(t_1,\cdots,t_n)=E[\mathrm{e}^{i\sum_{j=1}^{n}t_jX_j}]=\int_{-\infty}^{\infty}\cdots\int_{-\infty}^{\infty}\mathrm{e}^{i\sum_{j=1}^{n}t_jX_j}\mathrm{d}F(x_1,\cdots,x_n) \tag{2-51}$$

特征函数实质上是 PDF 的傅里叶变换。

对随机变量 $\boldsymbol{X}$ 及其分布函数 $F(x)$，若积分 $\int_{-\infty}^{\infty}\mathrm{e}^{tx}\mathrm{d}F(x)$ 在某一区间 A 上存在且有限，则定义区间 A 上的函数

$$m(t)=\int_{-\infty}^{\infty}\mathrm{e}^{tx}\mathrm{d}F(x)=E(\mathrm{e}^{tx}) \tag{2-52}$$

为 $\boldsymbol{X}$ 的矩母函数。

2.2.3 事件和随机变量的独立性

设 A,B 为两个事件，满足

$$P\{A\cap B\}=P(AB)=P(A)P(B)$$

则称事件 A 与事件 B 相互独立，简称事件 A 与 B 独立。也就是说，如果两个事件的联合事

件概率等于他们的边缘概率的乘积，那么，这两个事件是独立的。

如果

$$P\{\bigcap_{i=1}^{n} A_i\} = \prod_{i=1}^{n} P(A_i)$$

那么，这组 n 个事件 $A_i(i=1,\cdots,n)$ 是独立的。

同样，设 $X_1,X_2,\cdots,X_n$ 为一组随机变量，若对任意的 n 个实数集合 $A_1,A_2,\cdots,A_n$ 有

$$\boldsymbol{P}(X_1 \in A_1,\cdots,X_n \in A_n) = \prod_{i=1}^{n} \boldsymbol{P}(X_i \in A_i)$$

则称 $X_1,X_2,\cdots,X_n$ 是相互独立的随机变量。

2.2.4　条件概率和概率密度函数

在事件 B 发生的条件下事件 A 发生的条件概率定义为

$$P(A \mid B) = \frac{P(AB)}{P(B)} \tag{2-53}$$

同样，给定一个随机变量的另一个随机变量的条件 PDF 是

$$p(x \mid y) = \frac{p(x,y)}{p(y)} \tag{2-54}$$

对于以一个随机变量为条件的事件 A，我们能得到

$$P(A \mid x) = \frac{P[A,x]}{p(x)} \tag{2-55}$$

上式中，分子的方括号表示混合概率。反之，随机变量可以以事件为条件

$$p(x \mid A) = \frac{P[A,x]}{P(A)} \tag{2-56}$$

如果条件事件是

$$A = \{x \leqslant a\}$$

那么就可以得到约束的或截尾的 PDF

$$p(x \mid x \leqslant a) = \frac{p\{x,x \leqslant a\}}{P\{x \leqslant a\}} = \begin{cases} \dfrac{p(x)}{P\{x \leqslant a\}} & x \leqslant a \\ 0 & x > a \end{cases} \tag{2-57}$$

这是限制到 $x \leqslant a$ 的一种情况，经过适当的重新归一化，可使其积分到 1。

2.2.5　全概率定理

设事件 $A_i(i=1,\cdots,n)$ 是样本空间 Ω 的一个分割，即 A_i 两两互不相容

$$p\{A_i,A_j\} = 0, \quad \forall i \neq j$$

且

$$\sum_{i=1}^{n} A_i = \Omega$$

这样，$B = \sum_{i=1}^{n} A_iB$，这里 A_iB 也两两互不相容。根据概率的完全可加性和乘法定理，有

$$P(B) = \sum_{i=1}^{n} P(A_i)P(B \mid A_i) \tag{2-58}$$

对于随机变量，上述结果的对应结果为

$$p(x) = \int_{-\infty}^{\infty} p(x,y)\,\mathrm{d}y = \int_{-\infty}^{\infty} p(x \mid y)p(y)\,\mathrm{d}y \tag{2-59}$$

对于混合事件和随机变量的情况，我们有

$$p(x) = \sum_{i=1}^{n} p(A_i)p(x \mid A_i) \tag{2-60}$$

和

$$P(A) = \int_{-\infty}^{\infty} P(A \mid x)p(x)\,\mathrm{d}x \tag{2-61}$$

在所有概率中附加共同条件是允许的，例如

$$P(B \mid C) = \sum_{i=1}^{n} P\{B,A_i \mid C\} = \sum_{i=1}^{n} P\{A_i \mid C\}P\{B \mid A_i,C\} \tag{2-62}$$

或

$$P\{A \mid y\} = \int_{-\infty}^{\infty} P(x \mid y)P\{A \mid x,y\}\,\mathrm{d}x \tag{2-63}$$

2.2.6　贝叶斯法则

若事件 B 能且只能与两两互不相容事件 $A_i(i=1,\cdots,n)$ 之一同时发生，即

$$B = \sum_{i=1}^{n} BA_i$$

因为

$$P(A_iB) = P(B)P(A_i \mid B) = P(A_i)P(B \mid A_i)$$

故

$$P(A_i \mid B) = \frac{P(A_i)P(B \mid A_i)}{P(B)} = \frac{P(A_i)P(B \mid A_i)}{\sum_{i=1}^{n} P(A_i)P(B \mid A_i)} \tag{2-64}$$

此即为贝叶斯(Bayes)公式。称 $P(A_i)$ 为先验概率，而条件概率 $P(A_i \mid B)$ 称为后验概率。且分母显然是归一化因子，有

$$\sum_{i=1}^{n} P(A_i \mid B) = 1$$

对于随机变量，可以把贝叶斯法则写成

$$p(x \mid y) = \frac{p(y \mid x)p(x)}{p(y)} = \frac{p(y \mid x)p(x)}{\int_{-\infty}^{\infty} p(y \mid x)p(x)\,\mathrm{d}x} \tag{2-65}$$

在这种情况下，$P(x)$ 也叫做先验 PDF，$P(x \mid y)$ 是后验 PDF。对于混合情况

$$P(A_i \mid x) = \frac{P(A_i)p(x \mid A_i)}{\sum_{i=1}^{n} P(A_i)p(x \mid A_i)} \tag{2-66}$$

注：当有许多条件随机变量或事件时，贝叶斯法则只能用于转换其中的一些。

2.2.7　条件期望和平滑特性

条件数学期望和期望的定义相似，只是关于条件 PDF 的。设 X,Y 为两个随机变量，给

定 Y 时,X 的条件分布函数为 $F(x \mid Y)$。定义给定 Y 时 X 的条件期望为

$$E[X \mid Y] = \int_{-\infty}^{\infty} x\mathrm{d}F(x \mid Y) \tag{2-67}$$

期望的平滑特性指明条件期望的期望值是无条件期望值

$$E[E[x \mid y]] = \int_{-\infty}^{\infty}\left[\int_{-\infty}^{\infty} xp(x \mid y)\,\mathrm{d}x\right]p(y)\,\mathrm{d}y = \int_{-\infty}^{\infty} x\left[\int_{-\infty}^{\infty} p(x,y)\,\mathrm{d}y\right]\mathrm{d}x =$$

$$\int_{-\infty}^{\infty} xp(x)\,\mathrm{d}x = E[x]$$

在上式中,内期望是 y 的函数,那是由外期望平均的。当条件是有关事件或混合随机变量时,相同特性成立。

2.2.8 均匀分布随机变量

均匀分布于$[a,b]$的随机变量 ξ 的 PDF 是

$$f(x) = \begin{cases} \dfrac{1}{b-a} & a \leqslant x \leqslant b \\ 0 & \text{其他} \end{cases} \tag{2-68}$$

一般记作 $\xi \sim U(a,b)$,又由上式易知:

(1) $P\{\xi < a\} = P\{\xi > b\} = 0$;

(2) $P\{c < \xi < d\} = \int_c^d \dfrac{\mathrm{d}x}{b-a} = \dfrac{1}{b-a}(d-c)$,其中,$a \leqslant c \leqslant d \leqslant b$。

2.2.9 正态(高斯)分布随机变量

正态(高斯)分布随机变量的概率密度函数是

$$p(x) = \frac{1}{\sqrt{2\pi}\sigma}\mathrm{e}^{\frac{-(x-\mu)^2}{2\sigma^2}}, -\infty < x < \infty \tag{2-69}$$

上式中,均值 $\mu \in R$ 和方差 $\sigma > 0$,这两个量也完全表征了高斯随机变量。把一阶和二阶矩称为它的统计量,一般高斯分布也记为

$$X \sim N(\mu,\sigma^2)$$

它说明 X 是具有相应期望和方差的正态分布。它一般具有如下特征:

(1) $E(X) = \mu$, $\mathrm{var}(X) = \sigma^2$;

(2)矩母函数为

$$m(t) = \exp\left(\mu t + \frac{\sigma^2 t^2}{2}\right)$$

特征函数为

$$\varphi(t) = \exp\left(i\mu t - \frac{\sigma^2 t^2}{2}\right) \quad -\infty < t < +\infty$$

(3) k 阶中心矩

$$u_k = E(X-\mu)^k = \begin{cases} 0 & k \text{ 为奇数} \\ (k-1)!!\ \sigma^k & k \text{ 为偶数} \end{cases} \tag{2-70}$$

(4)设 $X \sim N(\mu,\sigma^2)$,则 $(X-\mu)/\sigma \sim N(0,1)$。

高斯随机向量 $\xi = (\xi_1,\xi_2,\cdots,\xi_n)$ 具有的密度为

$$p(x,\boldsymbol{D})=\frac{1}{(\sqrt{2})^{n}|D|^{1/2}}\exp\left\{-\frac{1}{2}(x-\boldsymbol{\mu})^{\mathrm{T}}\boldsymbol{D}^{-1}(x-\boldsymbol{\mu})\right\} \tag{2-71}$$

式中 μ——它的均值；

$\boldsymbol{D}$——它的协方差矩阵，且是正定方阵。

如果分层向量

$$\boldsymbol{y}=\begin{bmatrix}x\\z\end{bmatrix}$$

是服从高斯分布的，即

$$P(\boldsymbol{x},z)=P(\boldsymbol{y})=P(\boldsymbol{y},P_{yy})$$

那么这两个向量是联合高斯分布的随机变量。关于 $\boldsymbol{x}$ 和 z 向量的均值和协方差以及 $\boldsymbol{y}$ 的均值和协方差阵是

$$E\boldsymbol{y}=\begin{bmatrix}E\boldsymbol{x}\\Ez\end{bmatrix},\quad P_{yy}=\begin{bmatrix}P_{xx} & P_{xz}\\P_{zx} & P_{zz}\end{bmatrix} \tag{2-72}$$

上式中

$$P_{xx}=E[(\boldsymbol{x}-E\boldsymbol{x})(\boldsymbol{x}-E\boldsymbol{x})^{\mathrm{T}}]$$
$$P_{xz}=E[(\boldsymbol{x}-E\boldsymbol{x})(z-Ez)^{\mathrm{T}}]=P_{zx}^{\mathrm{T}}$$
$$P_{zz}=E[(z-Ez)(z-Ez)^{\mathrm{T}}]$$

给定 z 的 x 的条件概率密度

$$P(\boldsymbol{x}\mid z)=\frac{P(\boldsymbol{x},z)}{P(z)} \tag{2-73}$$

也是服从高斯分布的。

给定 z 的 $\boldsymbol{x}$ 的条件期望和协方差分别是

$$\hat{\boldsymbol{x}}=E[\boldsymbol{x}\mid z]=\boldsymbol{x}+P_{xz}P_{zz}^{-1}(z-Ez)$$
$$P_{xx}|_{z}=E[(\boldsymbol{x}-\hat{\boldsymbol{x}})(\boldsymbol{x}-\hat{\boldsymbol{x}})^{\mathrm{T}}\mid Z]=T_{xx}^{-1}=P_{zz}-P_{xz}P_{zz}^{-1}P_{zx} \tag{2-74}$$

下面给出高斯随机变量的二次型和四次型的期望值。设

$$X\sim N(Ex,P)$$

那么

$$E[x^{\mathrm{T}}Ax]=E[\mathrm{tr}(Axx^{\mathrm{T}})]=\mathrm{tr}(AP) \tag{2-75}$$

$$E[x^{\mathrm{T}}Axx^{\mathrm{T}}Bx]=\mathrm{tr}(AP)\mathrm{tr}(BP)+2\mathrm{tr}(APBP) \tag{2-76}$$

取 $A=B=I,p=\sigma^2$，则得到高斯随机变量的四阶矩表达式

$$E[x^4]=3\sigma^4 \tag{2-77}$$

2.2.10 χ^2 分布随机变量

设 $X_1,X_2,\cdots,X_n$ 独立，$X_i\sim N(a_i,1)(i=1,2,\cdots,n)$，则 $X=\sum_{i=1}^{n}X_i^2$ 的分布称为具有自由度 n，非中心参数

$$\delta=\left(\sum_{i=1}^{n}a_i^2\right)^{1/2}$$

的 χ^2 分布，记为 $X\sim\chi_{n,\delta}^2$。当 $\delta=0$ 时，分布称为中心的，且记为 $X\sim\chi_n^2$。χ^2 分布在数理统计

中广泛的应用于方差的估计与检验。

我们主要讨论 $\delta=0$ 的情况下的 χ^2 分布，其概率密度函数为

$$f(x;n)=\begin{cases}0 & x<0\\ \dfrac{1}{2^{n/2}\Gamma\left(\dfrac{n}{2}\right)}x^{\frac{n}{2}-1}\mathrm{e}^{-\frac{x}{2}} & x\geqslant 0\end{cases} \tag{2-78}$$

其中 $\Gamma(n/2)$ 为 Gama 函数：

$$\Gamma(n/2)=\int_0^{\infty}x^{\frac{n}{2}-1}\mathrm{e}^{-x}\mathrm{d}x \tag{2-79}$$

χ^2 分布的可加性

设随机变量 $X_1\sim\chi^2_{n_1}$，$X_2\sim\chi^2_{n_2}$ 且相互独立，则 $X_1+X_2\sim\chi^2_{(n_1+n_2)}$。

下面介绍一下 χ^2 分布随机变量的加权和。

已知 m 个独立同分布随机变量，且每个 χ^2 分布均具有 n 个自由度

$$x_i\sim\chi^2_n \quad i=1,\cdots,m$$

加权和

$$y_m=\sum_{i=1}^{m}a_ix_i \tag{2-80}$$

并不是 χ^2 分布。它的均值和协方差分别是

$$E[y_m]=n\sum_{i=1}^{m}a_i,\quad D[y_m]=2n\sum_{i=1}^{m}a_i^2 \tag{2-81}$$

一般情况，用比较简单的随机变量近似加权和(2-80)，它的矩与 y_m 的矩匹配。如此，对于随机变量

$$w=cv$$

其中

$$v\sim\chi^2_{n'}$$

它分别具有 cn' 和 $2c^2n'$ 的均值和协方差。使这两个矩和(2-81)相等，如此就得到 c 和 n' 的方程

$$n\sum_{i=1}^{m}a_i=cn',\quad 2n\sum_{i=1}^{m}a_i^2=2c^2n' \tag{2-82}$$

解之，得

$$c=\frac{\sum_{i=1}^{m}a_i^2}{\sum_{i=1}^{m}a_i},\quad n'=\frac{n\left(\sum_{i=1}^{m}a_i^2\right)^2}{\sum_{i=1}^{m}a_i^2} \tag{2-83}$$

因此，加权和 y_m 的分布近似于

$$y_m\sim\frac{\sum_{i=1}^{m}a_i^2}{\sum_{i=1}^{m}a_i}\chi^2_{n'} \tag{2-84}$$

其中 $n'=\dfrac{n\left(\sum_{i=1}^{m}a_i^2\right)^2}{\sum_{i=1}^{m}a_i^2}$。

如果(2－80)式中的权呈指数衰减

$$a_i=\alpha^{m-i},\quad (i=1,\cdots,m)\quad 0<\alpha<1$$

那么,当 $m\to\infty$,利用公式 $(1-\alpha)^{-1}=1+\alpha+\alpha^2\cdots$ 得到近似

$$y_\infty\sim\frac{1}{1+\alpha}\chi^2_{n'} \tag{2-85}$$

其中

$$n'=n\frac{1+\alpha}{1-\alpha}$$

它具有如下均值和方差

$$E[y_\infty]=\frac{n}{1-\alpha},\quad D[y_\infty]=\frac{2n}{1-\alpha^2} \tag{2-86}$$

2.2.11　假设检验

假设检验问题就是要在原假设 H_0 和备择假设 H_1 中做出拒绝哪一个接受哪一个的判断。这类假设检验问题常常简称为 H_0 对 H_1 的检验问题。因为要做出某种判断,必须要从子样出发,制定一个法则,一旦子样的观察值确定后,就利用所构造的法则做出判断:拒绝 H_0 还是拒绝 H_1。这种法则就称为 H_0 对 H_1 的一个检验法则,简称为一个检验法则或一个检验。

一些符号和概念:

原假设　　$H_0:\theta=\theta_0$

备择假设　　$H_1:\theta\neq\theta_0$

其中,θ 是一个确定参数。

第一类错误　当 H_0 为真时,但是依据法则做出的判断拒绝 H_0。其发生的概率称为犯第一类错误的概率简称拒真概率,也称为显著性水平,记作 P(拒绝 $H_0\mid H_0$ 为真)$=\alpha$。

第二类错误　当 H_1 为真时,但是依据法则做出的判断接受 H_0。其发生的概率称为犯第二类错误的概率简称受伪概率,记作 P(接受 $H_0\mid H_1$ 为真)$=\beta$。

在信号探测中,如果 H_0 代表等于零的信号(即不存在),H_1 代表信号存在,那么,第一类错误就是虚警,而第二类错误是已丢失探测。

假设 H_0 和 H_1 之间的势是

$$\pi=P(\text{接受 }H_1\mid H_1\text{ 为真})=1-\beta$$

并且,上式体现在 H_1 是真时,识别 H_1 的检验能力。根据奈曼－皮尔逊原则:在控制犯第一类错误的概率 α 的条件下,尽量使犯第二类错误的概率 β 小。在使第二类错误概率最小的意义上,如果提供了以第一类错误的已知概率为条件,那么最优决策如下:检验以似然比

$$\wedge(Z)=\frac{p(Z\mid H_1)}{p(Z\mid H_0)}\ \underset{\text{接受}H_0}{\overset{\text{接受}H_1}{\gtrless}}\ \wedge_0 \tag{2-87}$$

为基础的。上式中,阈值 $\wedge_0$ 使

$$P\{\wedge(Z)>\wedge_0\mid H_0\}=\alpha' \tag{2-88}$$

仅当原假设的显著性水平 α 显著性低于 α' 水平时,拒绝原假设。

2.2.12 置信区域和显著性

假设希望检验

$$H_0:\theta=0$$

(1)对于单侧替换

$$H_1:\theta>0$$

对于一组观测值

$$Z=\{z_i,i=1,\cdots,n\}$$

其中

$$z_i=\theta+w_i$$

w_i 表示“噪声”,且是独立同分布的:$w_i\sim N(0,\sigma^2)$。

我们希望得到

$$\alpha'=\alpha$$

而似然比是

$$\begin{aligned}\Lambda(Z)&=\frac{p(Z\mid\theta=0)}{p(Z\mid\theta)}=\exp\left\{-\frac{1}{2\sigma^2}\sum_{i=1}^{n}\left[z_i^2-(z_i-\theta)^2\right]\right\}\\&=\exp\left\{-\frac{1}{2\sigma^2}\sum_{i=1}^{n}\left[2z_i\theta-\theta^2\right]\right\}\end{aligned}\qquad(2-89)$$

上式与阈值的比较等价于观测的采样均值与另外一个阈值的比较

$$\bar{Z}=\frac{1}{n}\sum_{i=1}^{n}z_i\ \underset{\text{接受}H_0}{\overset{\text{接受}H_1}{\gtrless}}\ \lambda\qquad(2-90)$$

这里,$\bar{Z}$ 是检验的统计量,它是检验使用的观测的函数。

(2)对于双侧备择

$$H_1':\theta\neq0$$

就用

$$|\bar{Z}|=\left|\frac{1}{n}\sum_{i=1}^{n}z_i\right|\ \underset{\text{接受}H_0}{\overset{\text{接受}H_1}{\gtrless}}\ \lambda\qquad(2-91)$$

代替(2-90)式检验。注意

$$P(\bar{z}\mid H_0)=N\left(\bar{z};0,\frac{\sigma^2}{n}\right)\qquad(2-92)$$

并加入条件

$$P(\text{拒绝 }H_0\mid H_0\text{ 为真})=1-\int_{-\lambda}^{\lambda}N\left(\bar{z};0,\frac{\sigma^2}{n}\right)\mathrm{d}z=\alpha\qquad(2-93)$$

就可以获得 λ 阈值。事实上,λ 就是使 H_0 的接受区域$[-\lambda,\lambda]$,包括对于 PDF

$$P(\bar{z}\mid H_0)=N\left(\bar{z};0,\frac{\sigma^2}{n}\right)$$

的 $1-\alpha$ 的概率密度。

综上,采样均值 $\bar{z}$ 和真均值 θ 之间的差就是

$$\bar{z}-\theta \sim N\left(0,\frac{\sigma^2}{n}\right)$$

所以,真均值以$1-\alpha$的置信度位于$\bar{z}$附近的2λ长度区间内,称这个区间为置信区间。说明(2-91)检验的另一种方法是,如果原假设的值$\theta=0$落入$\bar{z}$附近的置信区域,则接受H_0。这相当于$\bar{z}$落入以$\theta=0$为中心的置信区域内。

事实上,采样均值$\bar{z}$也是未知参数θ的最大似然(最小二乘)估计

$$\bar{z} = \arg\max_{\theta} P(Z \mid \theta) = \arg\min_{\theta} \sum_{i=1}^{n}(z_i-\theta)^2 \tag{2-94}$$

其中,$P(Z\mid\theta)$是参数的似然函数,若似然比

$$\wedge(\theta)=P(Z\mid\theta)$$

可以分解为

$$\wedge(\theta)=f_1[g(Z),\theta]f_2[z]$$

那么,θ的最大似然估计显然是只取决于函数$g(z)$的值,因为$g(z)$概括了全部数据集,称之为充分统计量。上述分析中,为估计θ,$\bar{z}$就是一个充分统计量。若θ的估计值$\hat{\theta}=\bar{z}$落在区间$[-\lambda,\lambda]$的外面,那么,我们说他显著的接受H_1,因为H_0是不显著的。

2.2.13 随机过程

随机变量是实验结果即样本点的函数$X(\omega)$,$\omega\in\Omega$

随机过程是由随机试验结果确定的时间函数$X(t)=X(t,\omega)$,这是一个时间函数簇,对于每一个ω结果,函数都不同。随机过程的均值是

$$\bar{X}(t)=E[X(t)]$$

而把它的自相关定义为

$$R(t_1,t_2) = E[X(t_1)X(t_2)] \tag{2-95}$$

随机过程的自协方差是

$$V(t_1,t_2) = E\{[X(t_1)-\bar{X}(t_1)][X(t_2)-\bar{X}(t_2)]\} = R(t_1,t_2)-\bar{X}(t_1)\bar{X}(t_2) \tag{2-96}$$

注:随机过程的自相关是原点矩,没有减去均值;而自协方差是以联合中心矩为基础的;如果这个随机过程具有零均值就不会有这样的区别。

若对于随机过程$\{X(t,\omega):t\in R_1\}$,随机变量

$$X_{t_2}-X_{t_1},X_{t_3}-X_{t_2},\cdots,X_{t_n}-X_{t_{n-1}}$$

相互独立,则称随机变量$\{X(t,\omega):t\in R_1\}$为独立增量过程。

若随机过程$\{X(t,\omega):t\in R_1\}$的均值与时间不相关,且满足

$$E[X(t,\omega)^2]<\infty \qquad t\in R_1$$

和

$$R(t_1,t_2)=R(t_1-t_2)=R(\tau) \qquad \tau\triangleq t_1-t_2$$

我们称这种随机过程为弱(广义)平稳随机过程。

我们把任何两个不同时间的自相关都是零的零均值随机过程叫做白噪声,在这种情况下

$$R(t_1,t_2) = \delta(t_1-t_2) \tag{2-97}$$

上式中,δ为脉冲函数。

平稳随机过程的功率谱是自相关的傅里叶变换

$$S(\omega) = \int_{-\infty}^{\infty} e^{i\omega\tau} R(\tau)\, d\tau \tag{2-98}$$

上式中,ω 现在表示角频率。脉冲函数的自相关导致了常数 1 的功率谱。

2.2.14 维纳过程

维纳过程又称为布朗运动,它是一个独立增量过程,且此随机过程满足下列条件:

(1)$X(0)=0$;

(2)具有平稳独立增量;

(3)每一增量 $X(t)-X(s)$ 服从均值为零和方差为 $\sigma^2|t-s|$,$\sigma>0$ 的正态分布。

维纳过程的自相关是

$$E[X(t_1)X(t_2)] = \sigma^2 \min(t_1,t_2) \tag{2-99}$$

2.2.15 马尔可夫过程

若随机过程 $\{X(t,\omega):t\in T\}$(T 为有限或无限的区间)满足如下条件:对任意正整数 n 及 $t_i\in T(i=1,\cdots,n)$,$t_1<t_2\cdots<t_n$ 以及任意实数 $x_1,x_2,\cdots,x_{n-2},x,y$,如下等式成立

$$P\{X_{t_n}<y\mid X_{t_{n-1}}=x,X_{t_{n-2}}=x_{n-2},\cdots,X_{t_1}=x_1\}=P\{X_{t_n}<y\mid X_{t_{n-1}}=x\}$$

则称 $\{X(t,\omega):t\in T\}$ 为马尔可夫过程。根据定义,该过程可用以下特征表征:

$$P\{X_t\mid X_\tau,\tau\leqslant t_l\}=P\{X_t\mid X_{t_l}\} \quad \forall t>t_l$$

即到 t_l 时刻以前完全由 t_l 时刻的过程值表征。可以证明维纳过程是马尔可夫过程。

给定一个由向量白噪声激励的时常线性动态系统

$$x'(t)=Ax(t)+Bn(t) \tag{2-100}$$

它的状态(在定态下)是平稳的马尔可夫过程,具有谱

$$S(\omega)=H(i\omega)QH(i\omega) \tag{2-101}$$

是 $H(i\omega)=(i\omega I-A)^{-1}B$ 是时常线性动态系统的传递函数矩阵,且

$$R_n(t_1,t_2)=E[n(t_1)n'(t_2)]=Q\delta(t_1-t_2) \tag{2-102}$$

是输入的自相关。

2.2.16 随机序列

离散时间随机过程,又称随机序列,是随机变量按时间编排的序列:

$$X_k=\{x(j),j=1,2\cdots,k\},\quad k=1,2,\cdots$$

如果

$$p[x(k)\mid X_j]=p[x(k)\mid x(j)] \qquad \forall k>j$$

那么,按照马尔可夫特性的连续时间定义,随机序列是马尔可夫过程。

如果

$$E[v(k)v(j)]=q\delta_{kj},\quad \delta_{kj}=\begin{cases}1 & k=j\\ 0 & k\neq j\end{cases} \tag{2-103}$$

那么,序列 $v(j)$,$j=1,2,\cdots$是一个离散时间的白噪声。

而由向量白噪声激励的动态系统的状态

$$x(k+1)=f[k,x(k),v(k)] \tag{2-104}$$

是离散马尔可夫过程或马尔可夫序列。由高斯白噪声激励的线性动态系统的状态是

$$x(k+1)=Fx(k)+v(k) \tag{2-105}$$

称为高斯－马尔可夫过程。设初始条件是高斯的,因为线性特性,$x(k)$是高斯的,又由于过程噪声是白色的,所以它是马尔可夫过程。

2.2.17　线性估计和正交性原理

最小均方误差(MMSE)估计

设$T(y)$是随机变量x的估计量,对于x任一估计量$T'(y)$,如果

$$E[x-T(y)]^2 \leqslant E[x-T'(y)]^2$$

则称$T(y)$是随机变量x的最小均方误差估计量。当$T(y)=E(x|y)$时,对于x任一估计量$T'(y)$,有

$$E[x-E(x|y)]^2 \leqslant E[x-T'(y)]^2$$

所以,$T(y)=E(x|y)$是随机变量x的最小均方误差估计量,一般记作$\hat{x}$。

但是,在一般实际问题中,以上的条件均值计算所需要的分布信息很难得到或计算相当复杂甚至根本得不到。因此,依靠正交原理的线性MMSE估计就称为一种可行的解决方法。首先,这种方法比较简单,例如可以根据可观测的线性函数获得估计;其次,它要求的信息很少。

这是一种依据另外一个可观测的随机变量来得到随机变量的最佳(在MMSE意义上的)线性估计,可以证明这种估计是无偏的即估计误差具有零均值,且估计误差与观测不相关即他们正交。

在希尔伯特空间中,一组零均值的随机变量$y_i, i=1,\cdots,n$可以认为是向量空间或线性空间的一些向量。在此空间中,作如下定义

$$\langle y_i, y_k\rangle = E[y_i y_k] \tag{2-106}$$

由于随机变量具有零均值,所以可作如下判定

$$\langle y_i, y_i\rangle = E[y_i^2] = \|y_i\|^2$$

首先根据$y_i, i=1,\cdots,n$来做零均值随机变量x的线性MMSE估计

$$\hat{x} = \sum_{i=1}^{n}\beta_i y_i \tag{2-107}$$

要使其误差

$$\tilde{x} = x-\hat{x}$$

的范数最小。这样

$$\|\tilde{x}\|^2 = E[(x-\hat{x})^2] = E[(x-\sum_{i=1}^{n}\beta_i y_i)^2] \tag{2-108}$$

这就是均方误差(MSE)。由上式对β_j求导并令之为零,有

$$\frac{\partial}{\partial\beta_j}\|\tilde{x}\|^2 = 2E[(x-\sum_{i=1}^{n}\beta_i y_i)y_j] = 2E[\tilde{x}y_j] = 2\langle\tilde{x}, y_j\rangle = 0,\quad j=1,\cdots,n$$

相当于要求(正交性原理)

$$\tilde{x}\perp y_j \quad \forall j$$

即为了使误差最小,估计必须是x向观测生成空间的正交投影。

对于具有非零均值 $\bar{x}$ 的随机变量 X 的最佳线性估计是

$$\hat{x} = \beta_0 + \sum_{i=1}^{n} \beta_i y_i \tag{2-109}$$

又 MSE 是均值的平方与方差的和

$$E[\tilde{x}^2] = E[\tilde{x}]^2 + D(\tilde{x}) \tag{2-110}$$

要使之最小,必须 $E\tilde{x}=0$,即估计应该无偏的。如此,$\beta_0 = Ex$,或者说

$$\hat{x} = Ex + \sum_{i=1}^{n} \beta_i (y_i - Ey_i) \quad \bar{y}_i = E[y_i] \tag{2-111}$$

然后再利用正交性原理,得到 β_j。

参考文献

[1] 复旦大学. 概率论基础[M]. 北京:人民教育出版社,1979.

[2] 中山大学数学力学系. 概率论及数理统计[M]. 北京:人民教育出版社,1980.

[3] Y. 巴沙洛姆,T. E 福特曼. 跟踪和数据关联[M]. 连云港:中国船舶工业总公司第七一六研究所情报室,1991.

[4] 姜礼平,吴晓平. 工程数学[M]. 武汉:湖北科学技术出版社,2000.

[5] 刘次华. 随机过程[M]. 武汉:华中科技大学出版社,2001.

[6] 魏宗舒. 概率论与数理统计教程[M]. 北京:高等教育出版社,1983.

[7] 严士健. 概率论基础[M]. 北京:科学出版社,1997.

[8]《现代应用数学手册》编委会. 概率统计与随机过程卷[M]. 北京:清华大学出版社,2000.

第 3 章　目标跟踪与滤波

3.1　概　　述

3.1.1　数据关联与滤波

如果测量数据没有误差且没有背景噪声和杂波，跟踪单个目标是个相对简单的问题，只要用一条线将传感器（如雷达）关于该目标的一个测量序列按顺序光滑地连接起来，就可以得到该目标的运动轨迹，并可以据此预报目标在未来时刻的状态。

但实际情况往往要复杂得多。首先，测量是有误差的。即便是在没有背景噪声和杂波的环境下跟踪单个目标，由于目标机动情况未知、测量是时间离散的且存在测量误差，对目标当前时刻的状态进行精确估计以及未来时刻的状态进行精确预测就存在一定困难。通常，用于解决该问题的技术，常被人们称为“数字滤波”。

其次，在真实环境中，目标的数目往往是多个，且是未知的，另外，背景噪声和杂波还会引起虚警。对于非合作目标，由于传感器报告的目标测量数据中，不存在目标标识以指示各测量结果属于哪一个或哪几个目标，因此，需要将各测量数据正确地分配给相应的目标。通常，用于解决该问题的技术，常被人们称为“数据互联”。

数据互联和数字滤波是多目标跟踪的两个基本处理过程，但这并不是绝对的，如基于人工神经网络（ANN）的多目标跟踪方法，它是不基于数学模型的，属于非结构化的、面向性能的处理方法，它以点迹输入，直接输出航迹，不存在中间结果或难以寻求中间结果的物理含义。

信息技术的进步为在目标跟踪中采用更为复杂的算法提供了强有力的保障。实际上，为了追求更精确、完整、自动的获取目标信息，研究人员从未停止过对数据互联和数字滤波算法的研究与开发工作。近几十年来，著名的数字滤波方法主要包括最小二乘滤波、$\alpha-\beta$ 滤波、$\alpha-\beta-\gamma$ 滤波、维纳滤波、卡尔曼滤波，以及近来发展起来的交互多模型（IMM）滤波方法、变结构 IMM（VS-IMM）方法、非线性最小方差技术，等等；典型的数据互联方法主要包括最强邻域方法、最近邻域方法、概率数据互联（PDA）方法、联合概率数据互联（JPDA）方法、多假设跟踪（MHT）方法、多维分配算法（S-D）等。

众多的滤波与互联算法，各有优势。即便是最为经典的方法，如最小二乘滤波和最近邻域方法，也还有很强的生命力，仍然应用在一些系统中。由于特定算法的研究是基于特定的环境抽象之上的，因此，所有的算法都有它特有的局限性，不存在一种通用的算法能够适用于所有的环境。在面向特定应用时，所选择的算法应当与具体的应用背景相一致，否则，即使是很复杂的算法，也很可能无法达到预期的性能。也正因为如此，一些基于最小二乘、α-β 滤波等经典方法的滤波算法的研究仍在进行中。

3.1.2 多传感器、多目标跟踪

在使用多传感器同时对多目标进行跟踪的情况下，需要选择适当的系统体系结构。不同的体系结构，需要的系统资源不同，如计算容量、通信容量等；同时，采用不同的体系结构，系统的跟踪性能也将不同。

3.1.2.1 分区分布式跟踪

分区分布式跟踪是一种以网络为中心的跟踪方法，它对每个传感器/平台划定不同的责任区，各传感器/平台依据各自的探测数据对其责任区内的目标进行跟踪，在跟踪和滤波过程中，各传感器/平台不使用其他传感器/平台的探测数据。它通过网络将各传感器/平台的跟踪报告分发给其他传感器/平台，从而能够在每个传感器/平台建立全局的、整个网络的跟踪数据库。分区分布式跟踪系统需要合理地进行责任区分配，对于每个目标，使得最能精确跟踪该目标的传感器/平台拥有报告责任，以便该传感器/平台能将其跟踪报告发送给网络中的其他单元。分区分布式跟踪的结构框图如图 3－1 所示。

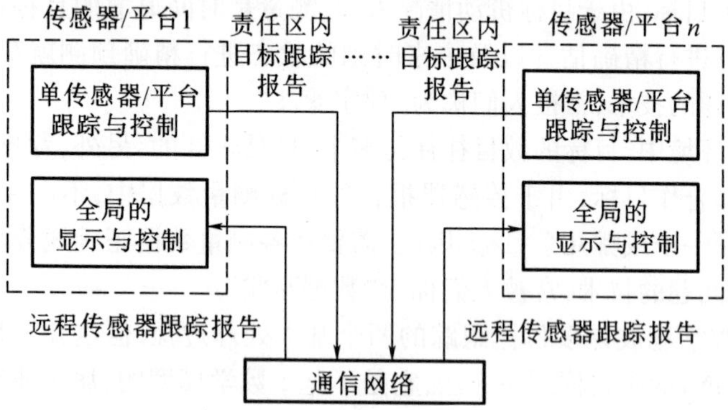

图 3－1 分区分布式跟踪

分区分布式跟踪的优点是实现起来比较简单，对系统的通信带宽要求最小，所需的计算资源也很小。但是，由于对每个目标的跟踪没有使用多个传感器的测量数据，可能会因为传感器受到复杂环境、电磁干扰等因素的影响，而使得跟踪结果的鲁棒性很差，甚至会丢失跟踪。而且，即便责任区会因此而重新划分，也往往存在延时，从而影响整个网络对目标的跟踪。

3.1.2.2 集中式复合跟踪

复合跟踪是指对来自多个传感器和/或多个平台的输入进行综合处理从而实现目标状态估计的过程。输入可以以多种形式出现，如原始测量数据、相关测量报告、经过滤波处理形成的航迹、若干航迹封装于一个数据报的航迹集(Tracklets)等。对于不同形式的输入，将决定不同的系统体系结构，如集中式复合跟踪、分布式复合跟踪、基于航迹融合的分布式复合跟踪。

可以采用不同的方法实现集中式复合跟踪。一种方法是整个网络的传感器都只进行简单的数据收集工作，并不进行数据处理，而是将收集的数据，包括目标、杂波、噪声和其他回波引起的返回数据，都通过网络传递到中央复合跟踪处理器，并由它进行集中数据处理；

在中央复合跟踪处理器中，依据接收的数据，进行点点相关、点航相关、滤波处理、航迹管理等，然后把跟踪结果返回到各传感器，供各传感器进行显示并控制跟踪，如图3－2所示。该方法的主要优点是，当传感器配准误差足够小时，相对单个传感器而言，它能够更稳定地跟踪RCS（雷达截面积）较小的目标。该方法的另一优点是系统比较简单，整个系统只需要一个跟踪处理器。该方法在使用上受到限制的主要原因是它对通信带宽提出了过高要求，通过无线网络满足其通信需求较为困难；而且，过大的传感器配准误差，会导致很高的虚警率。但对于能够提供有线通信网络的场合，如陆基多传感器系统或单平台内多传感器系统，这种方法可能是一种合理的选择。

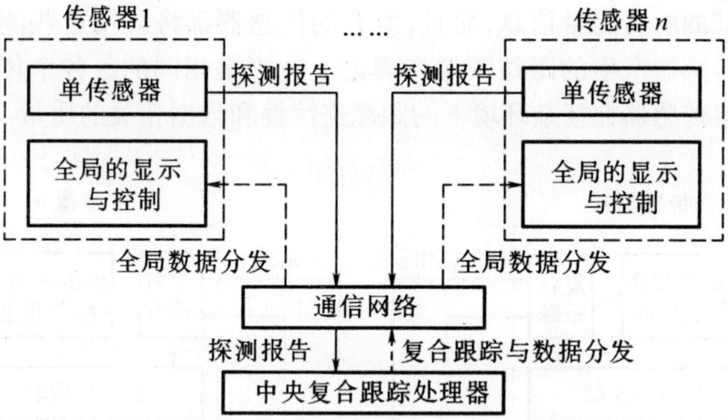

图3－2　集中式复合跟踪（之一）

集中式复合跟踪的另一种方法如图3－3所示，每个传感器有它自己的跟踪器，每个传感器使用它自己的探测数据启动和跟踪目标。在这种体系结构下，由本地传感器的跟踪器判定哪些探测数据属于有效跟踪，即真实目标，并只将这些相关测量报告（AMRs）通过通信系统传递给中央复合跟踪处理器。然后，中央复合跟踪处理器结合来自网络上的所有传感器的相关测量报告产生一个复合的跟踪。

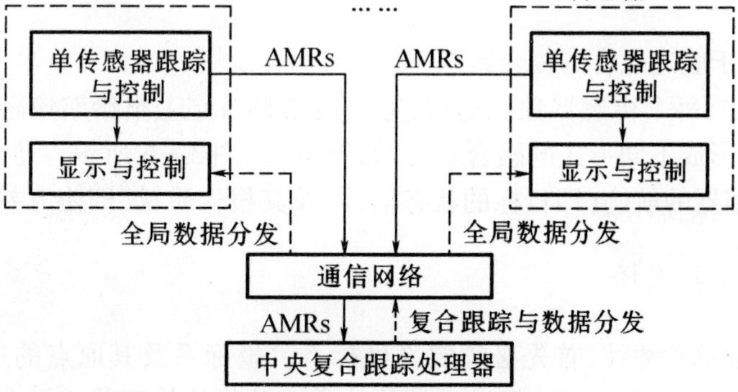

图3－3　集中式复合跟踪（之二）

对于这种方法，每个传感器负责对其探测范围内的目标进行跟踪，并报告各目标的AMR。在AMR中包含目标的距离、方位角、仰角以及它们的精确度、数据获取时间标记，但并不包含各目标的航迹号。由于避免在网络中传输因各种干扰因素引起的回波数据,因而可极大地减少对通信带宽的要求。中央复合跟踪处理器依据所有传感器的 AMRs 实现整个网络范围内的复合跟踪的跟踪初始化(包括航迹号的分配)和数据相关任务。在通信网络的容量允许的情况下,可以将复合跟踪的数据发送到各传感器以控制其对探测范围内的目标进行跟踪,这有利于各传感器跟踪复杂环境下的机动目标。由于信息处理形成了闭环,因此要注意系统信息处理的稳定性。

3.1.2.3 分布式复合跟踪

分布式复合跟踪是以每个传感器的跟踪处理器处理来自本传感器以及其他传感器的相关测量报告,形成网络范围内的综合跟踪,如图 3－4 所示。处于网络中的所有传感器,互相交换其有效跟踪的所有测量信息,而且,所有的传感器都将应用这些测量数据形成综合跟踪,因此,每个传感器产生的跟踪图像在理论上应当是相同的。各个传感器可以利用复合跟踪图像改善本传感器在复杂环境下的跟踪连续性和数据相关的质量。

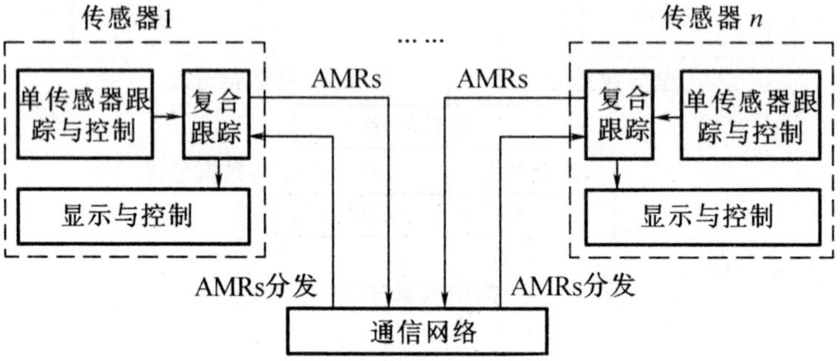

图 3－4 分布式复合跟踪

由于每个传感器都能独立地产生复合跟踪图像,因而这种系统有很强的生命力。另外,它对通信带宽的要求,只是高于分区分布式跟踪,而比基于其他体系结构的复合跟踪对通信带宽的要求要小得多。如果在发送 AMR 之前,对该测量数据的质量进行判断,若它不能显著地改善复合跟踪图像,则放弃发送该 AMR 而不占用网络资源,从而可以进一步减小对网络的压力。

3.1.2.4 基于航迹融合的复合跟踪

在这种系统中,每个传感器独立运行,通过网络将航迹上报给航迹融合中心或分发给其他传感器,从而形成不同形式的融合系统,如图 3－5、图 3－6 所示。通常,在网络上传递的数据包括各传感器的航迹(即目标的状态估计)及其报告质量(即协方差矩阵)。

3.1.3 坐标系选择

对目标进行跟踪和滤波,首先必须定义坐标系。坐标系及其原点的选择,依赖于几个因素,包括目标类型、传感器类型、跟踪系统的使命以及其他传感器或平台可能提供的探测数据或航迹信息的情况,等等。通常,坐标系的选择不可能同时最佳匹配上述所有因素,往往需要综合考虑各种因素、通过折中确定坐标系统。

通常采用的坐标系主要有极坐标系、球坐标系、笛卡尔坐标系。坐标系的选择应当有利于传感器的滤波。常用的传感器可提供由目标距离、角度(方位角和/或仰角)、基于多普

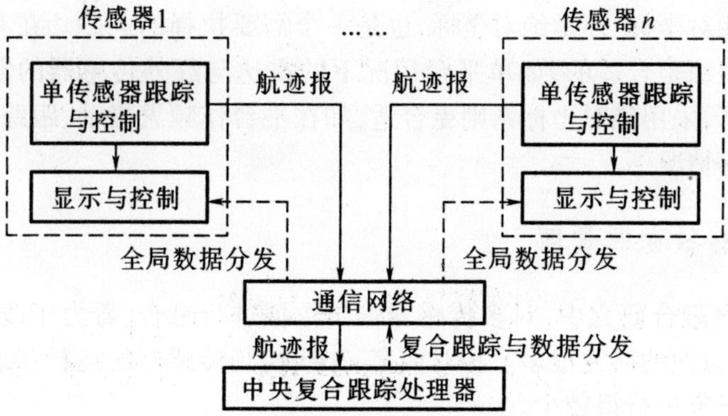

图3-5 基于航迹融合的复合跟踪(集中式融合)

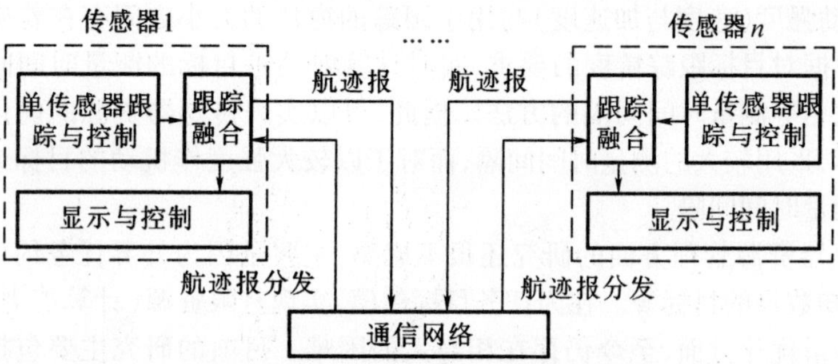

图3-6 基于航迹融合的复合跟踪(分布式融合)

勒原理获得的距变率、二次雷达获得的高度等测量数据构成的集合的一个子集。大多数传感器测量的特点是这些子测量的误差是不相关的,因此,可以基于这一特点选择坐标系:相互独立的状态,可简化滤波器的设计,并减少计算量。以三维雷达为例,选用球坐标系、为三个独立的测量各采用二维滤波器的滤波效果,对应于选用直角坐标系、采用一个六维滤波器的滤波效果。显然,后者的计算量要大一些。若传感器只能提供目标的角度测量的话,更有理由选择球坐标系或极坐标。

目标的类型对坐标系的选择有一定的影响。直角坐标系在滤波的过程中不会在各轴向上引入伪加速度,而且,过程噪声的协方差矩阵的选择也相对简单一些,尤其是当目标很少做机动运动的情况下。但对机动目标,坐标系的选择并不能改善跟踪的性能。对于弹道目标,选用地球坐标系对目标建模更有利。

关于坐标原点,在单传感器情况下,很自然地是选择传感器的位置。在单平台多传感器情况下,则可以以其中的一个传感器为基准传感器,以该传感器的坐标原点为平台跟踪与滤波的原点。在以网络为中心的多传感器情况下,坐标原点的选择会因信息融合的结构不同而不同:在分布式结构下,各平台可以以自己的坐标原点作为融合计算的坐标原点;在集中式结构下,可以选择其中的某一个平台跟踪与滤波的坐标原点为融合计算的坐标原点,也可以指定与平台无关的位置作为融合计算的坐标原点。当然,单传感器、单平台多传感器、以网络为中心的多传感器的跟踪与滤波都可以统一的将地球坐标系作为计算基准。

究竟是采用相对坐标、还是绝对坐标,也是一个需要抉择的问题。在有些情况下,采用相对坐标系进行跟踪是合适的,如单平台情况下的雷达与红外传感器的复合跟踪的情况。在另外一些情况下,采用绝对坐标系则更合适,如在平台作频繁机动、跟踪与滤波输出需要应用于火力控制等情况下。

3.1.4 传感器资源管理

多传感器信息融合研究中,对多传感器输出数据进行融合、着力于改善目标的反应时间、跟踪精度等等方面的研究很多。相对而言,在线控制传感器的运行状态,也就是传感器资源管理方面的研究进行得较少。

在传感器资源管理研究中,单传感器资源管理方面取得了丰富的成果,并已成功地应用,如相控阵雷达的功率控制、对特定目标的测量时间间隔控制等等。又如,在测量时间间隔控制方面,已有研究成果表明,雷达的测量精度(主要决定于雷达波束宽度)、测量时间间隔、目标机动强度(速度与加速度)与用于跟踪的窗口的大小之间存在着确定的函数关系;从而可以根据对目标跟踪精度的要求,实时计算对某一目标的测量时间间隔,而不采用传统的固定或相等测量时间间隔的方法。据此,可以实现传感器资源的优化利用:对于匀速或低速目标,采用较大的测量时间间隔,而对于以较大强度作机动的目标或高速目标,则采用较小的测量时间间隔。

多传感器资源管理方面的研究还很不成熟,主要是因为外界任务约束、动态变化的探测环境、未知数目的目标等。在为任务目标建模,实现有限资源(计算能力、通信带宽等)条件下的性能最优化方面,至今仍存在相当大的困难。目前的研究主要包括,对系统的性能和效能进行度量的效能理论,基于知识、基于环境进行近似推理的智能系统,可以对自身性能进行动态、精确评估的智能、自校正传感器等。

3.2 目标运动模型

前文已提到,导致目标跟踪困难的诸多因素中,有两个因素是最为重要的,一个是目标运动的不确定性,另一个是测量的不确定性。由于大多数目标跟踪采用的是基于模型的方法,首先对这两个不确定性建立模型。只有建立了优化的模型,才能从传感器对目标的观察数据中提取更多、更精确的目标信息。尤其是当目标观察数据较少时,更好的模型就显得尤其重要了。本节介绍描述目标运动不确定性的模型,即目标运动模型。

3.2.1 目标运动的数学模型

目标跟踪的主要目的是对运动目标的状态进行估计。虽然几乎所有的目标都不真正是一个点目标,而且目标的姿态对于跟踪而言也是很有价值的,但在目标跟踪中还是将目标作为点目标来看待,而不在其动态模型中描述其形状以及姿态。

在基于模型的方法中,人们通常假设目标的运动及其测量是可以用一些已知的数学模型精确表示的,并分别称为目标的动态运动模型和测量模型。它们通常以下列形式表示:

$$\dot{\boldsymbol{X}}=\boldsymbol{f}(\boldsymbol{X}(t),\boldsymbol{U}(t),\boldsymbol{W}(t),t)\quad \boldsymbol{X}(t_0)=\boldsymbol{x}_0 \tag{3-1}$$

$$Z(t)=h(X(t),t)+V(t) \tag{3-2}$$

其中,$X(t)$、$Z(t)$和$U(t)$分别为目标在t时刻的状态向量、测量向量和控制输入向量,$W(t)$、$V(t)$分别为过程噪声和测量噪声,f、h分别为矢量时变函数。对其离散化,可得离散时间状态方程:

$$X_{k+1}=f_k(X_k,U_k,W_k) \tag{3-3}$$

$$Z_k=h_k(X_k)+V_i \tag{3-4}$$

其中,$X_k=X(t_k)$、$Z_k=Z(t_k)$、$U_k=U(t_k)$、$V_k=V(x_k)=h(X(t_k),t_k)$。

$$X_{i+1}=f(X_k,U_k,W_k)=$$

$$X_k+\int_{t_k}^{t_{k+1}}f(X(t),U(t),W(t),t)\,\mathrm{d}t\neq f(X(t_k),U(t_k),W(t_k),t_k)$$

$$W_k\neq W(t_k)$$

实际上,由于目标的运动本质上是时间连续的,而对目标的测量往往只发生在一些离散的时间点上,因此,混合时间模型更能反映跟踪问题的本质,它的模型形式如下:

$$\dot{X}(t)=f(X(t),U(t),W(t),t),\quad X(t_0)=X_0 \tag{3-5}$$

$$Z_k=h_k(X_k)+V_k \tag{3-6}$$

对应于上述模型的线性状态方程可以从目标的线性运动模型

$$\dot{X}=A(t)X(t)+B^u(t)U(t)+B(t)W_c(t)\qquad X(t_0)=X_0 \tag{3-7}$$

$$X_{k+1}=F_kX_k+G_k^uU_k+G_kW_k \tag{3-8}$$

和目标的线性测量模型

$$Z(t)=C(t)X(t)+V(t) \tag{3-9}$$

$$Z_k=H_kX_k+V_k \tag{3-10}$$

中各取其一、配对构成。

从上述方程中可以看出,对于目标跟踪问题而言,目标运动状态的不确定性的主要原因是跟踪器无法精确掌握目标的动态方程,包括:

(1)目标的实际控制输入$U(t)$是未知的;

(2)虽然我们能列写形如式(3-5)的目标运动一般表达式f,但表达式f的具体形式及其参数很可能是未知的;

(3)过程噪声的统计特性通常不能准确掌握。

因此,建立跟踪目标的运动模型是机动目标跟踪的首要任务,好模型能减小目标机动带来的影响,保持稳定而精确的跟踪。

通常,模型与跟踪滤波算法是紧密相关的,采用不同的滤波算法,需要采用不同的模型形式和不同程度的目标运动简化。在理论研究和工程应用中,对目标的运动,主要有两种抽象方法。其一是将实际上是未知的、非随机的目标控制输入$U(t)$近似地以具有某一特性的随机过程代替;其二是以具有适当参数的、具有代表性的一些运动模型来描述目标的运动轨迹。下面分别介绍这些常用的模型。

3.2.2 非机动目标动态模型

非机动目标通常是指在水平面内做匀速直线运动(简称匀速)的目标。在笛卡尔坐标系中,目标的状态可以用三维位置矢量与三维速度矢量来表示,即$X=[x,\dot{x},y,\dot{y},z,\dot{z}]^{\mathrm{T}}$,

其中,(x,y,z)为目标沿 x、y、z 轴的坐标位置。对于匀速目标,若令状态矢量 $\boldsymbol{X}=[\dot{x},\dot{y},z]^{\mathrm{T}}$,则其矢量动态方程可表示为 $\dot{\boldsymbol{X}}(t)=0$。为了克服建模误差(如各种扰动)的影响,一般会将矢量动态方程改写为 $\dot{\boldsymbol{X}}=\boldsymbol{W}(t)$,其中 $\boldsymbol{W}(t)$是白噪声过程。若令状态矢量 $\boldsymbol{X}=[x,\dot{x},y,\dot{y},z]^{\mathrm{T}}$、连续时间白噪声过程矢量 $\boldsymbol{W}(t)=[w_x(t),w_y(t),w_z(t)]^{\mathrm{T}}$,则对应的状态空间模型为

$$\dot{\boldsymbol{X}}(t)=\mathrm{diag}[\boldsymbol{A}_{cv},0]\boldsymbol{X}(t)+\mathrm{diag}[B_{cv},1]\boldsymbol{W}(t) \tag{3-11}$$

其中

$$\boldsymbol{A}_{cv}=\begin{bmatrix}0&1&0&0\\0&0&0&0\\0&0&0&1\\0&0&0&0\end{bmatrix},\quad \boldsymbol{B}_{cv}=\begin{bmatrix}0&0\\1&0\\0&0\\0&1\end{bmatrix} \tag{3-12}$$

当采样时间间隔为 T,则状态转移矩阵和控制矩阵:

$$\boldsymbol{\Phi}(T)=\mathrm{e}^{\mathrm{diag}[A_{cv},0]T}=\mathrm{diag}[F_{cv},1]$$

$$G=\int_0^T\boldsymbol{\Phi}(t)\,\mathrm{diag}[B_{cv},1]\,\mathrm{d}t=\mathrm{diag}[G_{cv},T]$$

其中

$$F_{cv}=\mathrm{diag}[F_2,F_2],\quad F_2=\begin{bmatrix}1&T\\0&1\end{bmatrix},\quad G_{cv}=\mathrm{diag}[G_2,G_2],\quad G_2=\begin{bmatrix}\dfrac{T^2}{2}\\T\end{bmatrix} \tag{3-13}$$

其对应的离散时间模型为

$$\boldsymbol{X}_{k+1}=\mathrm{diag}[F_{cv},1]\boldsymbol{X}_k+\mathrm{diag}[G_{cv},T]\boldsymbol{W}_k=\mathrm{diag}[F_2,F_2,1]\boldsymbol{X}_k+\mathrm{diag}[G_2,G_2,T]\boldsymbol{W}_k \tag{3-14}$$

$\boldsymbol{W}_k=[w_x,w_y,w_z]_k^{\mathrm{T}}$ 为离散时间白噪声序列。需要强调的是,w_x、w_y 分别为 x、y 轴方向的噪声加速度,而 $\boldsymbol{W}_z$ 为 z 轴方向的噪声速度。

如果 $\boldsymbol{W}$ 的各个元素间是无耦合的,则上述模型描述的非机动运动在 x、y、z 方向上也是无耦合的。这种情况下,式(3-13)中的噪声项的协方差矩阵可表示为

$$\begin{aligned}\mathrm{cov}(G\boldsymbol{W}_k)&=E[(G\boldsymbol{W}_k-EG\boldsymbol{W}_k)(G\boldsymbol{W}_i-EG\boldsymbol{W}_k)^{\mathrm{T}}]\\&=G(E\boldsymbol{W}_k\boldsymbol{W}_k^{\mathrm{T}})G^{\mathrm{T}}\\&=\mathrm{diag}[\mathrm{Var}(w_x)\boldsymbol{Q}_2,\mathrm{Var}(w_y)\boldsymbol{Q}_2,\mathrm{Var}(w_z)]\end{aligned} \tag{3-15}$$

其中,$\boldsymbol{Q}_2=\begin{bmatrix}\dfrac{T^4}{4}&\dfrac{T^3}{2}\\\dfrac{T^3}{2}&T^2\end{bmatrix}$。

式(3-11)至式(3-14)这些模型被称为连续时间与离散时间匀速(constant-velocity, CV)模型,或更精确地说,是近似匀速模型。这里,匀速模型的 $\boldsymbol{U}=\boldsymbol{0}$,为此,目标的实际运动轨迹必须保持如此,而且,在目标的状态方程中也不应增加其他项,如加速度成分,否则,都将导致目标跟踪性能的显著下降。

3.2.3　无坐标耦合的目标机动模型

大多数目标的机动运动在坐标系的各轴向上是耦合的,为了处理的方便,很多机动模

型还是假设坐标耦合是轻微的、是可以忽略的。那些将实际上是非随机的控制输入量 $\boldsymbol{U}$ 以一个随机过程描述的模型就是基于无坐标耦合假设的。在这种情况下，目标运动状态估计问题就可以简化为三个各轴向相互独立、以相同的运动规律运动的目标状态估计问题。

通常可以将未知的目标控制输入量 $\boldsymbol{U}$ 假设为未知的运动加速度。因为 $\boldsymbol{U}$ 是未知的，可以将其建模为一个随机过程。常用的随机过程可分为三类：

1. 白噪声模型：控制输入量 $\boldsymbol{U}$ 被模型化为一个白噪声过程，包括匀速(CV)、匀加速(CA, Constant-acceleration)、多项式模型等；

2. 马尔可夫(Markov)过程模型：控制输入量 $\boldsymbol{U}$ 被模型化为一个马尔可夫过程，包括著名的辛格(Singer)模型及其扩展，等等；

3. 半马尔可夫阶跃(Semi-Markov Jump)过程模型：控制输入量被模型化为一个半马尔可夫阶跃过程。

设 x、$\dot{x}$、$\ddot{x}$ 分别表示目标在某坐标轴方向上的位置、速度、加速度，不同的模型实际上也就是如何定义它们的加速度：

$$\ddot{x}(t)=a(t) \tag{3-16}$$

在本小节中，除非特别声明，均定义状态矢量位置 $\boldsymbol{X}=[x,\dot{x},\ddot{x}]^{\mathrm{T}}$。

(一)白噪声加速度模型

这种模型可以说是机动模型中最简单的模型。它假设目标的加速度 $\ddot{x}(t)$ 是一个独立过程，也就是白噪声过程。它与上一小节中描述的非机动模型的区别在于噪声的强度，当用白噪声过程 $\boldsymbol{W}$ 描述控制输入量 $\boldsymbol{U}$ 时的强度要比用在非机动模型中的强度大得多。

机动目标做机动(如战术动作)通常是为了完成一个预定的任务，因此，其加速度很少会呈现为一个白噪声过程。采用这种模型主要是因为它简单，但使用时需要注意，它只能用在机动强度较小或的确是随机机动的情况。

(二)维纳(Wiener)过程加速度模型

维纳过程加速度模型也是一种简单的机动模型，它假设目标加速度是维纳过程，或更广义的讲，是一种独立增量过程。它有时也被称作匀加速(CA)模型，或更准确地称之为近似匀加速模型。实际上，机动目标在三个轴向上相互独立地做(近似)匀加速运动的情况是很少见的。

这种模型以两种形式出现。一种形式是白噪声加加速度模型，就是假设目标的加加速度 $\dot{a}(t)$(加速度函数的导函数)是独立(白噪声)过程 $W(t)$，即 $\dot{\boldsymbol{A}}(t)=\boldsymbol{W}(t)$。对应的状态空间方程为

$$\dot{\boldsymbol{X}}(t)=\begin{bmatrix}0&1&0\\0&0&1\\0&0&0\end{bmatrix}\boldsymbol{X}(t)+\begin{bmatrix}0\\0\\1\end{bmatrix}\boldsymbol{W}(t) \tag{3-17}$$

其对应的离散时间状态空间方程为

$$\boldsymbol{X}_{k+1}=F_3\boldsymbol{X}_k+\boldsymbol{W}_k \qquad F_3=\begin{bmatrix}1&T&\dfrac{T^2}{2}\\0&1&T\\0&0&1\end{bmatrix} \tag{3-18}$$

若令 $E[W(t+\tau)W(t)]=S_W\delta(\tau)$，$S_W$ 为连续时间白噪声的功率谱密度，则其中的 W_k 符合：

$$Q = \mathrm{cov}(W_k) = S_W Q_3, \quad Q_3 = \begin{bmatrix} \frac{T^5}{20} & \frac{T^4}{8} & \frac{T^3}{6} \\ \frac{T^4}{8} & \frac{T^3}{3} & \frac{T^2}{2} \\ \frac{T^3}{6} & \frac{T^2}{2} & T \end{bmatrix} \tag{3-19}$$

另一种形式为维纳序列加速度模型,它假设目标的加速度增量为独立(增量)过程,其中,一段时间内的加速度增量也就是对该段时间内的加加速度的积分。其离散时间模型为

$$X_{k+1} = F_e X_k + G_3 W_k, \quad G_3 = \begin{bmatrix} \frac{T^2}{2} \\ T \\ 1 \end{bmatrix} \tag{3-20}$$

与第一种形式相比,其噪声项不同,其 W_k 符合:

$$Q = \mathrm{cov}(G_3 W_k) = \mathrm{Var}(W_k) \begin{bmatrix} \frac{T^4}{4} & \frac{T^3}{2} & \frac{T^2}{2} \\ \frac{T^3}{2} & T^2 & T \\ \frac{T^2}{2} & T & 1 \end{bmatrix} \tag{3-21}$$

(三)一般多项式模型

由于可以用一定阶次的多项式以任意精度逼近任何给定的连续目标轨迹,因此,在笛卡尔坐标系中,可以将目标运动以一个 n 阶多项式表示:

$$X(t) = \begin{bmatrix} x(t) \\ y(t) \\ z(t) \end{bmatrix} = \begin{bmatrix} a_0 & a_1 & \cdots & a_n \\ b_0 & b_1 & \cdots & b_n \\ c_0 & c_1 & \cdots & c_n \end{bmatrix} \begin{bmatrix} 1 \\ t \\ \vdots \\ t^n \end{bmatrix} + \begin{bmatrix} w_x(t) \\ w_y(t) \\ w_z(t) \end{bmatrix} \tag{3-22}$$

式中 a_i, b_i, c_i——多项式系数;

x, y, z——目标的坐标;

(w_x, w_y, w_z)——各坐标的噪声项。

从上式可以看出,对于 n 阶多项式模型而言,它假设目标位置的第 n 阶导数是(近似)定常的,也就是说它的导数为噪声 W。前面介绍的匀速和匀加速模型实际上就是带有噪声 $W(t)$ 的一般 n 阶多项式模型的特殊情况(n 分别为 1 和 2)。

由于 n 阶多项式在每个坐标轴上有 $(n+1)$ 个参数,其对应的状态向量的维数是 $(n+1)$,因此,n 阶多项式对应于 $(n+1)$ 阶模型。

一般形式的多项式模型对于目标跟踪来说吸引力不大。这种模型通常很适合于数据拟合,也就是数据平滑;但跟踪的目的是为了滤波和预测,而不是为了平滑或拟合,而且,也很难找到一种简单而有效的方法来为确定一般形式的多项式模型参数 a_i、b_i、c_i。不过,一些具体的多项式模型还是在目标跟踪中得到了应用,本小节中的一些模型就可以看作是不同噪声模型下的一般多项式模型的实例。

（四）辛格加速度模型

辛格模型假设目标的加速度 $a(t)$ 是零均值一阶平稳马尔可夫过程，其自相关函数 $R_a(\tau)=E[a(t+\tau)a(t)]=\sigma^2 e^{-\alpha|\tau|}$，能量谱密度函数为 $S_a(\omega)=\dfrac{2\alpha\sigma^2}{\omega^2+\alpha^2}$。若用线性定常系统的状态来表示 $a(t)$ 的话，则有

$$\dot{a}(t)=-\alpha a(t)+w(t) \tag{3-23}$$

其中，$w(t)$ 是具有恒定功率谱密度 $S_w(\omega)=2\alpha\sigma^2$ 的零均值白噪声，其离散时间形式为

$$a_{k+1}=\beta a_k+w_k^a \tag{3-24}$$

其中，w_k^a 是零均值白噪声序列，其方差为 $\sigma^2(1-\beta^2)$，α 和 β 的转换关系为 $\beta=e^{-\alpha T}$。

由此可知，连续时间辛格模型的状态空间表示如下：

$$\dot{\boldsymbol{X}}(t)=\begin{bmatrix}0&1&0\\0&0&1\\0&0&-\alpha\end{bmatrix}\boldsymbol{X}(t)+\begin{bmatrix}0\\0\\1\end{bmatrix}\boldsymbol{W}(t) \tag{3-25}$$

对应的离散时间表示为

$$\boldsymbol{X}_{k+1}=\boldsymbol{F}_a\boldsymbol{X}_k+\boldsymbol{W}_k=\begin{bmatrix}1&T&\dfrac{\alpha T-1+e^{-\alpha T}}{\alpha^2}\\0&1&\dfrac{1-e^{-\alpha T}}{\alpha}\\0&0&e^{-\alpha T}\end{bmatrix}\boldsymbol{X}_k+\boldsymbol{W}_k \tag{3-26}$$

辛格模型的应用效果依赖于其参数 α、σ^2 的精确确定。参数 $\alpha=1/\tau_m$，其中，τ_m 为目标机动时间常数，它的大小取决于目标机动的持续时间。辛格建议，对于空中目标，当目标作缓慢的转弯时，可以取 $\tau_m=60$ s；当目标作急速转弯时，可以取 $\tau_m=10\sim20$ s。对于 σ^2，辛格建议由下式确定：

$$\sigma^2=\frac{a_{\max}^2}{3}(1+4P_{\max}-P_0)$$

其中，P_0、$a_{\max}$ 和 $P_{\max}$ 是需要设计的参数，分别为目标不做机动的概率、目标的最大加速度及其概率。

从式（3-25）和式（3-26）可知，辛格模型的极限情况如下：

（1）当机动时间常数 τ_m 增加时，辛格模型趋近为近似匀加速模型（其中的白噪声加加速度模型）；

（2）当机动时间常数 τ_m 减小时，辛格模型趋近为匀速模型，加速度变成了噪声。

因此，对于 $0<\alpha T<\infty$，辛格模型对应于一个介于匀速和匀加速之间的运动。显然，辛格模型与匀速和匀加速模型相比，更具一般性。

由于辛格模型没有在线利用目标的机动信息，因此它是一种先验模型。对于先验模型，我们不能期望目标作各种强度的机动时它都很有效；而且，由于无法事先知道各时刻目标机动的概率分布，只能假设目标的加速度在任意时刻都是零均值的。

（五）均值自适应加速度模型

当前加速度模型本质上是自适应、非零均值的辛格加速度模型，其加速度 $a(t)=\tilde{a}(t)+\bar{a}(t)$，其中，$\tilde{a}(t)$ 为零均值辛格加速度模型，$\bar{a}(t)$ 为平均加速度，在一个采样时间间隔内假定其为常值，则有：

$$\dot{a}(t) = -\alpha\bar{a}(t) + w(t) \quad 或 \quad \dot{a}(t) = -\alpha a(t) + \alpha\bar{a}(t) + w(t) \tag{3-27}$$

可以在线的利用所有可以获得的信息得到 a_k 的估计值 $\hat{x}_k$,将其作为均值 $\bar{a}_{k+1}$ 的当前值,并如此命名为“当前加速度模型”。其状态空间表示为

$$\dot{X}(t) = \begin{bmatrix} 0 & 1 & 0 \\ 0 & 0 & 1 \\ 0 & 0 & -\alpha \end{bmatrix} X(t) + \begin{bmatrix} 0 \\ 0 \\ \alpha \end{bmatrix} \bar{a}(t) + \begin{bmatrix} 0 \\ 0 \\ 1 \end{bmatrix} w(t) \tag{3-28}$$

对应的离散时间模型为

$$X_{k+1} = F_\alpha X_i + G_\alpha \bar{a}_k + w_k$$

$$= \begin{bmatrix} 1 & T & \dfrac{\alpha T - 1 + e^{-\alpha T}}{\alpha^2} \\ 0 & 1 & \dfrac{1 - e^{-\alpha T}}{\alpha} \\ 0 & 0 & e^{-\alpha T} \end{bmatrix} X_k \left(\begin{bmatrix} \dfrac{T^2}{2} \\ T \\ 1 \end{bmatrix} - \begin{bmatrix} \dfrac{\alpha T - 1 + e^{-\alpha T}}{\alpha^2} \\ \dfrac{1 - e^{-\alpha T}}{\alpha} \\ e^{-\alpha T} \end{bmatrix} \right) \bar{a}_k + w_k \tag{3-29}$$

(六)二阶马尔可夫加速度模型

对辛格模型的改进是在加速度模型中增加振荡因子,使其更符合真实目标的机动情况,此时,加速度的自相关函数被表示为

$$R_a(\tau) = \sigma^2 e^{-\alpha|\tau|}\cos(\omega\tau) \tag{3-30}$$

其中,ω 为目标机动的振荡频率。这种加速度模型可以表示为一个二阶系统在白噪声 $w(t)$(其能量谱密度为 $2\alpha\sigma^2$)及其导数 $\dot{w}(t)$ 的驱动下的输出

$$\begin{bmatrix} \dot{a} \\ \ddot{a} \end{bmatrix} = \begin{bmatrix} 0 & 1 \\ -(\alpha^2+\omega^2) & -2\alpha \end{bmatrix} \begin{bmatrix} a \\ \dot{a} \end{bmatrix} + \begin{bmatrix} 0 & 0 \\ \sqrt{\alpha^2+\omega^2} & 1 \end{bmatrix} \begin{bmatrix} w(t) \\ \dot{w}(t) \end{bmatrix} \tag{3-31}$$

定义状态矢量 X = [位置,速度,加速度,加加速度]^T,则状态空间模型为

$$\dot{X}(t) = \begin{bmatrix} 0 & 1 & 0 & 0 \\ 0 & 0 & 1 & 0 \\ 0 & 0 & 0 & 1 \\ 0 & 0 & -(\alpha^2+\omega^2) & -2\alpha \end{bmatrix} X(t) + \begin{bmatrix} 0 & 0 \\ 0 & 0 \\ 0 & 0 \\ \sqrt{\alpha^2+\omega^2} & 1 \end{bmatrix} \begin{bmatrix} w(t) \\ \dot{w}(t) \end{bmatrix} \tag{3-32}$$

(七)匀速圆周运动的马尔可夫加速度模型

一种典型的目标转弯机动通常可以近似为匀速圆周运动,有时也称为联合转弯运动(Coordinated Turn,CT)。设 a_x、a_y 分别为加速度 $\boldsymbol{a}$ 沿笛卡尔坐标系的 x、y 轴方向的分量,即 $\boldsymbol{a} = [a_x, a_y]^T$,$V$ 表示目标运动速率,$\phi(t)$ 表示航向角,$\omega = \dot{\phi}(t)$ 为定常的角速率。

仅以 $a_x(t)$ 为例,已知 $a_x = \ddot{x} = -\omega\dot{y} = -\omega V\sin\phi$ 和 $\phi(t+\tau) = \phi(t) + \omega\tau$,设 $\alpha(t)$ 的幅值符合辛格模型,则 $a_x(t)$ 的自相关函数为

$$R_{a_x}(t+\tau, t) = \frac{1}{2}V^2 E\{\omega^2[\cos(\omega\tau)(1-\cos2\phi(t)) + \sin(\omega\tau)\sin2\phi(t)]\} e^{-\alpha|\tau|} \tag{3-33}$$

由于 $R_{a_x}(t+\tau, t)$ 是时变的(它与时间 t 和 τ 都有关),因此 $\alpha_x(t)$ 不是一个平稳过程。可见,用原始辛格模型来描述这种运动是不合适的。

为了简化处理,可以给 $a_x(t)$ 建立成一个时不变模型,为此,需要为 ϕ 寻求一种分布,使得 $R_{a_x}(t+\tau, t) = R_{a_x}(\tau)$。若假设角速率均匀分布在区间[$-\omega_{max}, \omega_{max}$],航向角均匀分布在

区间[$-\pi,\pi$],且假设它们是相互独立的,并将 $a_x(t)$ 的无理功率谱近似为二阶有理谱,则可以得到一个简化的状态空间模型。例如,可以将 $a_x(t)$ 的功率谱近似为二阶有理谱:

$$S(s)=H(s)H(-s),\quad H(s)=\frac{\beta_1 s+\beta_2}{s^2+\alpha_1 s+\alpha_2} \tag{3-34}$$

$H(s)$ 是一个稳定的、因果的、超前系统。则 $a_x(t)=[\beta_2,\beta_1][a_x,\dot{a}_x]^{\mathrm{T}}$,其状态空间描述为

$$\begin{bmatrix}\dot{a}_x\\ \ddot{a}_x\end{bmatrix}=\begin{bmatrix}0 & 1\\ -\alpha_2 & -\alpha_1\end{bmatrix}\begin{bmatrix}a_x\\ \dot{a}_x\end{bmatrix}+\begin{bmatrix}0\\ 1\end{bmatrix}w(t) \tag{3-35}$$

$\boldsymbol{W}(t)$ 是具有单位能量谱密度的白噪声。其对应的增广状态空间模型为

$$\dot{\boldsymbol{X}}(t)=\begin{bmatrix}0 & 1 & 0 & 0\\ 0 & 0 & \beta_1 & \beta_2\\ 0 & 0 & 0 & 1\\ 0 & 0 & -\alpha_2 & -\alpha_1\end{bmatrix}\boldsymbol{X}(t)+\begin{bmatrix}0\\ 0\\ 0\\ 0\end{bmatrix}w(t) \tag{3-36}$$

其中,$\boldsymbol{X}=[p_x,v_x,a_x,\dot{a}_x]^{\mathrm{T}}$。

有些文献对角速率的概率分布有更好的假设,这里不再介绍。另外,比较式(3-31)和式(3-35)可知,这两种模型都是二阶马尔可夫模型,都可以用自回归滑动平均模型(autoregressive and moving average, ARMA)表示,但前者是 ARMA(2,2)模型,而后者是 ARMA(2,1)模型。

(八)半马尔可夫阶跃(Semi-Markov Jump)过程模型

辛格模型将目标的加速度近似为连续时间零均值马尔可夫过程,而实际上,很多目标的机动加速度的均值不等于零。比较而言,用均值为分段常量的过程来描述它会更合适些,只是目标机动变化的时间以及各时间段内加速度常量是未知的。

一种简单的模型是将输入 $u(t)$ 看作是一个半马尔可夫阶跃过程模型,它在各个幅值的停留时间是随机的,其幅值可以在已知大小的、有限的几个值 $\bar{a}_1,\bar{a}_2,\cdots,\bar{a}_n$ 中选取。$u(t)$ 的幅值转移概率为 $P\{u(t_k)=\bar{a}_j \mid u(t_{k-1})=\bar{a}_i\}$,$i,j=1,2,\cdots,n$,停留时间概率分布 $P_{ij}(\tau)=P\{\tau_{ij}<\tau\}$,其中 $\tau_{ij}=t_k-t_{k-1}$ 为 $u(t)$ 从状态 $\bar{a}_i$ 阶跃到状态 $\bar{a}_j$ 的停留时间,则可以定义:

$$a(t)=-\beta v(t)+u(t)+\tilde{a}(t) \tag{3-37}$$

其中,$\tilde{a}(t)$ 为满足式(3-23)的辛格加速度,v 为速度,β 为阻尼系数。若定义 $\boldsymbol{x}=[p_x,v_x,a_x]^{\mathrm{T}}$,则对应的状态空间方程为

$$\dot{\boldsymbol{X}}(t)=\begin{bmatrix}0 & 1 & 0\\ 0 & -\beta & 1\\ 0 & 0 & \alpha\end{bmatrix}\boldsymbol{X}(t)+\begin{bmatrix}0\\ 1\\ 0\end{bmatrix}u(t)+\begin{bmatrix}0\\ 0\\ 1\end{bmatrix}w(t) \tag{3-38}$$

未知的加速度均值可以用下式进行估计

$$\hat{u}(t)=\sum_{i=1}^{n}\bar{a}_i P\{u(t)=\bar{a}_i \mid z_s,s<t\} \tag{3-39}$$

其中的权重,可由 $u(t)$ 的后验概率、初始状态概率、状态转移概率以及停留时间分布确定。

上面介绍了八种典型的模型。还有一些模型,可以在上述模型的基础上演化而来。比如,由于加速度具有良好的物理意义,它对应于作用在目标上的力,人们常对加速度建模,这就是前面介绍的几种加速度模型;有时为了跟踪运动更灵活的目标,对加加速度建模会

取得更好的效果，因此，可对应于上述的加速度模型而产生一系列加加速度模型。对于这些模型，这里不再介绍。

3.2.4 二维水平运动模型

大多数二维、三维目标机动模型本质上是转弯运动模型，尤其是所谓的匀速圆周运动模型。这些模型是基于目标的运动学原理建立的，它们能更好地描述目标运动在不同的坐标轴向之间的耦合关系。比较而言，上一小节介绍的那些模型，是基于随机过程建立的，它们能更好地描述运动的时间相关性。本小节主要介绍二维水平运动模型。

坐标耦合的目标模型与运动状态的选择有着紧密关系，通常需要综合考虑目标运动特点、模型近似误差、传感器的坐标系，等等。

各种用于跟踪在水平面内运动的目标的运动模型，可在下面的运动学标准曲线运动模型的基础上构成

$$
\begin{aligned}
\dot{x}(t) &= V(t)\cos\phi(t) \\
\dot{y}(t) &= V(t)\sin\phi(t) \\
\dot{V}(t) &= a_t(t) \\
\dot{\phi}(t) &= \frac{a_n(t)}{V(t)}
\end{aligned}
\tag{3-40}
$$

其中，(x,y)、V、ϕ 分别为目标在笛卡尔坐标系中的位置、速率和航向角，a_n、a_t 分别为目标在水平面内的切向和法向加速度。由于既包含切向加速度，又包含法向加速度，它是一种通用模型，在特定的情况下，它可以退化为以下具体情形：

- $a_n=0, a_t=0$——匀速直线运动；
- $a_n=0, a_t\neq 0$——直线运动；如果为常值，则为匀加速运动；
- $a_n\neq 0, a_t=0$——曲线运动；如果为常值，则为匀速圆周运动（CT）。

（一）已知角速率的匀速圆周运动模型

该模型假设目标以（近似）定常速率 V、（近似）定常角速率（转弯速率）ω 运动。由于 ω 已知，可以采用笛卡尔坐标系，并定义 $\boldsymbol{X}=[x, \dot{x}, y, \dot{y}]^{\mathrm{T}}$，则有状态空间方程：

$$
\dot{\boldsymbol{X}}(t) = \boldsymbol{f}(\boldsymbol{X}) + \boldsymbol{W}(t) = [\dot{x}, -\omega\dot{y}, \dot{y}, \omega\dot{x}]^{\mathrm{T}} + \boldsymbol{W}(t) = \boldsymbol{A}(\omega)\boldsymbol{X} + \boldsymbol{W}(t) \tag{3-41}
$$

其中，$\boldsymbol{A}(\omega)=\begin{bmatrix}0 & 1 & 0 & 0\\ 0 & 0 & 0 & -\omega\\ 0 & 0 & 0 & 1\\ 0 & \omega & 0 & 0\end{bmatrix}$，$\boldsymbol{W}(t)$ 为白噪声。该模型的离散形式为

$$
\boldsymbol{X}_{k+1} = F_{ct}(\omega)\boldsymbol{X}_k + \boldsymbol{W}_k = \begin{bmatrix} 1 & \dfrac{\sin\omega T}{\omega} & 0 & -\dfrac{1-\cos\omega T}{\omega} \\ 0 & \cos\omega T & 0 & -\sin\omega T \\ 0 & \dfrac{1-\cos\omega T}{\omega} & 1 & \dfrac{\sin\omega T}{\omega} \\ 0 & \sin\omega T & 0 & \cos\omega T \end{bmatrix} \boldsymbol{X}_k + \boldsymbol{W}_k \tag{3-42}
$$

其近似形式为

$$
F_{ct}(\omega)X_k=\begin{bmatrix}1 & T & 0 & -\omega T^2/2\\ 0 & 1-(\omega T)^2/2 & 0 & -\omega T\\ 0 & \omega T^2/2 & 1 & T\\ 0 & \omega T & 0 & 1-(\omega T)^2/2\end{bmatrix}X_k=\begin{bmatrix}x+T\dot{x}-T^2\dot{y}\omega/2\\ \dot{x}-T\dot{y}\omega-T^2\dot{x}\omega^2/2\\ y+T\dot{y}-T^2\dot{x}\omega/2\\ \dot{y}-T\dot{x}\omega-T^2\dot{y}\omega^2/2\end{bmatrix}
\tag{3-43}
$$

采用该模型能获得好的跟踪性能的先决条件是事先知道或近似知道定常角速度的大小。但这只有在极少数情况下才能满足，对于绝大多数应用，期望预先获得准确的角速度 ω 是不大实际的。可以联合使用多个角速度大小不同的匀角速度模型，既减小了目标角速度的不确定性影响，又保持了各个模型的线性形式。

（二）未知角速率的匀速圆周运动模型

在该模型中，ω 被包含在状态变量中，也作为一个待估计的变量。该模型的连续时间和离散时间表达式可分别在式（3-41）和式（3-42）的基础上增加一个 ω 方程构成。其中，ω 常采用维纳过程模型

$$\dot{\omega}=w_{\omega}(t) \tag{3-44}$$

$$\omega_{k+1}=\omega_k+w_{\omega,k} \tag{3-45}$$

和一阶马尔可夫模型

$$\dot{\omega}(t)=-\frac{\omega(t)}{\tau_{\omega}}+w_{\omega}(t) \tag{3-46}$$

$$\omega_{k+1}=\mathrm{e}^{-T/\tau_{\omega}}\omega_k+w_{\omega,k} \tag{3-47}$$

其中，τ_{ω} 是角速率的相关时间常数，w 可取为适当强度的零均值白噪声，其噪声强度可参考前一小节中加速度模型中的噪声强度的确定方法，$F_{ct}(\omega)$ 中 ω 可取值为 ω_k、ω_{k+1} 或 $\overline{\omega}=(\omega_k+\omega_{k+1})/2$。

在上面介绍的模型中，速度是在笛卡尔坐标系中表示的。在极坐标系中速度可表示成 $[V,\phi]^{\mathrm{T}}$，其中速率 $V=\sqrt{\dot{x}^2+\dot{y}^2}$，航向角 $\phi=\tan^{-1}(y/x)$，此时，状态向量应为 $x=[x,y,V,\phi,\omega]^{\mathrm{T}}$，则对应的状态空间方程为

$$\dot{X}(t)=[V\cos\phi,V\sin\phi,0,\omega,0]^{\mathrm{T}}+W(t) \tag{3-48}$$

其离散形式为

$$
X_{k+1}=\begin{bmatrix}x+2V\sin(\omega T/2)\cos(\phi+\omega T/2)/\omega\\ y+2V\sin(\omega T/2)\sin(\phi+\omega T/2)/\omega\\ V\\ \phi+\omega T\\ \omega\end{bmatrix}_k+W_k
\tag{3-49}
$$

其中，W_k 是白噪声序列，其协方差矩阵 Q 为

$$
Q=\mathrm{diag}\left[\begin{bmatrix}0 & 0\\ 0 & 0\end{bmatrix},T^2\sigma^2_{\dot{V}},\begin{bmatrix}T^3\sigma^2_{\dot{\omega}}/3 & T^2\sigma^2_{\dot{\omega}}/2\\ T^2\sigma^2_{\dot{\omega}}/2 & T^2\sigma^2_{\dot{\omega}}\end{bmatrix}\right]
\tag{3-50}
$$

（三）已知机动中心的圆周运动模型

对于圆周运动目标，如果它的运动中心是已知的，可以在极坐标系中、以运动中心为原

点建立其模型。令状态向量 $\boldsymbol{X}=[\rho,\theta,\dot{\theta}]^{\mathrm{T}}$，则可得目标的线性运动方程：

$$\boldsymbol{X}_{k+1}=\mathrm{diag}[1,F_2]\boldsymbol{X}_k+\mathrm{diag}[1,G_2/T]\boldsymbol{W}_k \tag{3-51}$$

其中，F_2、G_2 由式(3-14)规定，$\boldsymbol{W}_k$ 是高斯白噪声序列。由于状态方程是线性的，因此可以直接使用卡尔曼滤波器。但需要注意的是，由于噪声协方差矩阵是状态相关的，因此，其测量方程将是非线性的。

当运动中心未知时，可以对其应用几何原理进行估计：假设各测量点都在圆周上，则用线段连接所有连续点，各线段的中垂线的交点或其交点的平均值即是圆心。此时，即便状态方程在形式上仍然是线性的，由于进行了圆心位置估计的非线性运算，系统本质上仍然是非线性问题的。

(四)曲线运动模型

曲线运动模型是一种更通用的模型，可以用于解决法向加速度和切向加速度都为非零值的目标滤波问题。设状态向量 $\boldsymbol{X}=[x,\dot{x},y,\dot{y}]^{\mathrm{T}}$，则有状态空间方程：

$$\dot{\boldsymbol{X}}(t)=A_{cv}\boldsymbol{X}(t)+B(\boldsymbol{X}(t))\boldsymbol{a}(t)+\boldsymbol{W}(t) \tag{3-52}$$

其中，$\boldsymbol{a}=[a_t,a_n]^{\mathrm{T}}$ 是机动加速度，A_{cv} 由式(3-12)确定，$B(\boldsymbol{X}(t))$ 由下式确定：

$$B(\boldsymbol{X}(t))=\begin{bmatrix} 0 & 0 \\ \dfrac{\dot{x}(t)}{\sqrt{\dot{x}^2(t)+\dot{y}^2(t)}} & \dfrac{-\dot{y}(t)}{\sqrt{\dot{x}^2(t)+\dot{y}^2(t)}} \\ 0 & 0 \\ \dfrac{\dot{y}(t)}{\sqrt{\dot{x}^2(t)+\dot{y}^2(t)}} & \dfrac{\dot{x}(t)}{\sqrt{\dot{x}^2(t)+\dot{y}^2(t)}} \end{bmatrix} \tag{3-53}$$

该模型的离散形式通常为

$$\boldsymbol{X}_{k+1}=F_{cv}\boldsymbol{X}_k+G_k(\boldsymbol{X})\boldsymbol{a}_k+\boldsymbol{W}_k \tag{3-54}$$

其中

$$G_k(\boldsymbol{X})=\int_0^T \mathrm{e}^{(A(T-\tau))}B(\boldsymbol{X}(kT+\tau))\mathrm{d}\tau \tag{3-55}$$

由于 $G_k(\boldsymbol{X})$ 包含状态变量 $\boldsymbol{X}$，该模型是一个高度非线性模型。而且，很难准确计算 $G_k(\boldsymbol{X})$ 中的积分表达式，通常只能近似处理。

设加速度 $\boldsymbol{a}$ 在各采样间隔 $[kT,kT+T]$ 中是分段定常的，且在一个采样间隔内速率的变化量与速率本身相比是一个小量，即 $a_{tk}t\ll V_k$，$\varphi_{k+1}=\varphi_k+\omega_kT$，则 $G_k(\boldsymbol{X})$ 可近似为

$$G_k\approx G_a(\phi_k,\omega_k)=[G_{at}(\phi_k,\omega_k),G_{an}(\phi_k,\omega_k)]$$

$$=\begin{bmatrix} -\dfrac{\cos\varphi_{k+1}}{\omega_k^2}+\dfrac{\cos\phi_k}{\omega_k^2}-\dfrac{T\sin\phi_k}{\omega_k} & \dfrac{\sin\varphi_{k+1}}{\omega_k^2}-\dfrac{\sin\phi_k}{\omega_k^2}-\dfrac{T\cos\phi_k}{\omega_k} \\ \dfrac{\sin\varphi_{k+1}}{\omega_k}-\dfrac{\sin\phi_k}{\omega_k} & \dfrac{\cos\varphi_{k+1}}{\omega_k}-\dfrac{\cos\phi_k}{\omega_k} \\ -\dfrac{\sin\varphi_{k+1}}{\omega_k^2}+\dfrac{\sin\phi_k}{\omega_k^2}+\dfrac{T\cos\phi_k}{\omega_k} & -\dfrac{\cos\varphi_{k+1}}{\omega_k^2}+\dfrac{\cos\phi_k}{\omega_k^2}-\dfrac{T\sin\phi_k}{\omega_k} \\ -\dfrac{\cos\phi_{k+1}}{\omega_k}+\dfrac{\cos\phi_k}{\omega_k} & \dfrac{\sin\varphi_{k+1}}{\omega_k}-\dfrac{\sin\phi_k}{\omega_k} \end{bmatrix} \tag{3-56}$$

3.2.5 三维运动模型

上一小节介绍的二维水平运动模型一般被用在飞行交通管制系统中对民用飞机进行跟踪。由于民用飞机大多数时间中是在一个平面内飞行，其速度、角速度均接近常值，而且当它在竖直方向机动时，一般不会作水平机动。因此，对于民用飞机的跟踪，在其高度上，可以用 CV 模型，而在水平面内用 CT 模型，通常就能取得满意的效果。但对于更灵活的军事目标，它们具有做几个 g 的机动能力，采用二维模型往往不能取得好的效果，而需要采用三维模型。

(一)匀角速度模型

严格的匀角速度运动是有固定运动中心的。令目标在惯性坐标系中的运动中心为 $\boldsymbol{p}_0$，目标的位置、速度、加速度、角速度矢量分别为 $\boldsymbol{p}$、$\boldsymbol{v}$、$\boldsymbol{a}$、$\boldsymbol{\Omega}$，根据刚体运动学原理可知：

$$\boldsymbol{v}=\boldsymbol{\Omega}\times(\boldsymbol{p}-\boldsymbol{p}_0) \tag{3-57}$$

由于匀角速度运动的角速度是常值，即 $\dot{\boldsymbol{\Omega}}=\boldsymbol{0}$，且 $\dot{\boldsymbol{p}}_0=0$，对式(3-57)两边求微分可得三维固定运动中心、匀角速度(Constant Angular Velocity, CAV)运动的矢量运动方程

$$\boldsymbol{a}=\dot{\boldsymbol{v}}=\dot{\boldsymbol{\Omega}}\times(\boldsymbol{p}-\boldsymbol{p}_0)+\boldsymbol{\Omega}\times(\dot{\boldsymbol{p}}-\dot{\boldsymbol{p}}_0)=\boldsymbol{\Omega}\times\boldsymbol{v} \tag{3-58}$$

进一步可得角速度表达式：

$$\boldsymbol{\Omega}=\frac{\boldsymbol{v}\times\boldsymbol{a}}{v^2} \tag{3-59}$$

其中，$v^2=\boldsymbol{v}\cdot\boldsymbol{v}$。

式(3-59)还可以表示成角速率 ω 的形式

$$\omega=\|\boldsymbol{\Omega}\|=\left\|\frac{\boldsymbol{v}\times\boldsymbol{a}}{v^2}\right\|=\frac{\|\boldsymbol{v}\times\boldsymbol{a}\|}{v^2} \tag{3-60}$$

由于

$$\dot{\boldsymbol{a}}=\dot{\boldsymbol{\Omega}}\times\boldsymbol{v}+\boldsymbol{\Omega}\times\dot{\boldsymbol{v}}=\boldsymbol{\Omega}\times(\boldsymbol{\Omega}\times\boldsymbol{v})=-\omega^2\boldsymbol{v} \tag{3-61}$$

因此，三维固定运动中心、匀角速率(Constant Turn Rate, CTR)机动模型可用二阶马尔可夫过程表示为

$$\dot{\boldsymbol{a}}=-\omega^2\boldsymbol{v}+\boldsymbol{W} \tag{3-62}$$

其中，$\boldsymbol{W}$ 为白噪声，其能量谱密度为 $\sigma_w^2 I$。若在笛卡尔坐标系中定义状态矢量 $\boldsymbol{x}=[\boldsymbol{p}^{\mathrm{T}},\boldsymbol{v}^{\mathrm{T}},\boldsymbol{a}^{\mathrm{T}}]^{\mathrm{T}}$，则该模型的状态空间模型为

$$\dot{\boldsymbol{X}}(t)=\begin{bmatrix}0&1&0\\0&0&1\\0&-\omega^2&0\end{bmatrix}\boldsymbol{X}(t)+\begin{bmatrix}0\\0\\1\end{bmatrix}\boldsymbol{W}(t) \tag{3-63}$$

其离散形式为

$$\boldsymbol{X}_{k+1}=\begin{bmatrix}1&\dfrac{\sin\omega T}{\omega}&\dfrac{1-\cos\omega T}{\omega^2}\\0&\cos\omega T&\dfrac{\sin\omega T}{\omega}\\0&-\omega\sin\omega T&\cos\omega T\end{bmatrix}\boldsymbol{X}_k+\begin{bmatrix}\dfrac{\omega T-\sin\omega T}{\omega^3}\\\dfrac{1-\cos\omega T}{\omega^2}\\\dfrac{\sin\omega T}{\omega}\end{bmatrix}\boldsymbol{W}_k \tag{3-64}$$

其中，$\mathrm{cov}(\boldsymbol{W}_k)=\sigma_w^2$。

在该模型中，x、y、z 轴向的运动是耦合的，其约束为 ω，它确定了一个以固定角速率作环形的运动，其运动所在的平面称作机动平面，由速度和加速度矢量确定。

当目标以固定速率运动时，其速度与加速度是正交的，即 $\boldsymbol{a}\cdot\boldsymbol{v}=0$，则式(3－60)可简化为

$$\omega=\frac{\|\boldsymbol{a}\|}{\|\boldsymbol{v}\|} \tag{3-65}$$

用该模型进行状态估计时，需要由式(3－60)或式(3－65)估计出 ω。值得注意的是，当速度与加速度的正交性不能得到满足时，即 $\boldsymbol{a}\cdot\boldsymbol{v}\neq 0$ 时，将导致状态估计的精度下降。

若定义状态矢量 $\boldsymbol{X}=[\boldsymbol{p}^{\mathrm{T}},\boldsymbol{v}^{\mathrm{T}},\boldsymbol{\Omega}^{\mathrm{T}}]^{\mathrm{T}}$，参考式(3－58)和式(3－63)，则可得 CAV 的另一种形式：

$$\dot{\boldsymbol{X}}(t)=\begin{bmatrix}0 & I & 0\\ 0 & A_{\Omega} & 0\\ 0 & 0 & 0\end{bmatrix}_{9\times 9}\boldsymbol{X}(t)+\boldsymbol{W}(t),\boldsymbol{A}_{\Omega}=\begin{bmatrix}0 & -\Omega_z & \Omega_y\\ \Omega_z & 0 & -\Omega_x\\ -\Omega_y & \Omega_x & 0\end{bmatrix} \tag{3-66}$$

对于该模型，角速度矢量是状态向量的一部分，因此，可以由滤波算法直接估计出来。

严格的匀角速度运动具有 $\dot{\boldsymbol{\Omega}}=0$ 和 $\dot{\boldsymbol{p}}_0=0$ 的特点，此时，可由一般的运动矢量方程(3－57)推导出矢量方程(3－59)。然而，除了匀角速度运动可用矢量方程(3－59)描述外，有一些非匀角速度运动也能用矢量方程(3－59)描述，人们称后者为近似匀角速度运动，并在式(3－62)的基础上，在以传感器为坐标原点的惯性坐标系中，将近似匀角速度运动的加速度建模成一个二阶高斯－马尔可夫过程：

$$\dot{\boldsymbol{a}}=-2\alpha\boldsymbol{v}-(\alpha^2+\omega^2)\boldsymbol{v}+\boldsymbol{W} \tag{3-67}$$

其中，ω 为角速率

$$\alpha=-\frac{\boldsymbol{v}\cdot\boldsymbol{a}}{v^2}\qquad \boldsymbol{W}=\ddot{\boldsymbol{v}}+\dot{\boldsymbol{\Omega}}\times\boldsymbol{v} \tag{3-68}$$

$\boldsymbol{W}$ 项用于表示目标所受的力和力矩，可以建模为一个零均值(高斯)白噪声，其协方差为 $\sigma^2\boldsymbol{I}$，强度特定。阻尼系数 α 是目标加速度在速度方向投影取反后与目标速率的比值。在该模型中，α 和 ω 都是有待设计的模型参数。

显然，当目标做恒速率运动时，由于 $\boldsymbol{v}\cdot\boldsymbol{a}=0$，则 $\alpha=0$，式(3－67)就退化为式(3－62)；当目标加速度为零时，再由式(3－60)可知，α 和 ω 将同时为零，式(3－67)就退化为 $\dot{\boldsymbol{a}}=\boldsymbol{0}$。

该模型的连续时间状态方程为

$$\dot{\boldsymbol{X}}(t)=\begin{bmatrix}0 & 1 & 0\\ 0 & 1 & 1\\ 0 & -(\alpha^2+\omega^2) & -2\alpha\end{bmatrix}\boldsymbol{X}(t)+\begin{bmatrix}0\\0\\1\end{bmatrix}\boldsymbol{W}(t) \tag{3-69}$$

对应的离散方程为

$$\boldsymbol{X}_{k+1}=\begin{bmatrix}1 & \dfrac{2\alpha\omega-\mathrm{e}^{\alpha T}(2\alpha\omega\cos\omega T+(\alpha^2-\omega^2)\sin\omega T)}{\omega(\alpha^2+\omega^2)} & \dfrac{\omega-\mathrm{e}^{-\alpha T}(\omega\cos\omega T+\alpha\sin\omega T)}{\omega(\alpha^2+\omega^2)}\\ 0 & \dfrac{\mathrm{e}^{-\alpha T}(\omega\cos\omega T+\alpha\sin\omega T)}{\omega} & \dfrac{\mathrm{e}^{-\alpha T}\sin\omega T}{\omega}\\ 0 & -\dfrac{(\alpha^2+\omega^2)\mathrm{e}^{-\alpha T}\sin\omega T}{\omega} & \dfrac{\mathrm{e}^{-\alpha T}(\omega\cos\omega T-\alpha\sin\omega T)}{\omega}\end{bmatrix}\boldsymbol{X}_k+\boldsymbol{W}_k$$

(3－70)

其中，$\mathrm{cov}(\boldsymbol{W}_k)=\sigma_w^2 G(\alpha,\omega)G'(\alpha,\omega)$，而

$$G(\alpha,\omega)=\begin{bmatrix}\dfrac{\omega(-2\alpha+(\alpha^2+\omega^2)T)+\mathrm{e}^{\alpha T}(2\alpha\omega\cos\omega T+(\alpha^2-\omega^2)\sin\omega T)}{\omega(\alpha^2+\omega^2)^2}\\ \dfrac{\omega-\mathrm{e}^{-\alpha T}(\omega\cos\omega T+\alpha\sin\omega T)}{\omega(\alpha^2+\omega^2)}\\ \dfrac{\mathrm{e}^{-\alpha T}\sin\omega T}{\omega}\end{bmatrix}\tag{3-71}$$

在该模型中，不同的坐标之间通过共同的系数 α、ω 而产生耦合。

（二）伯格（Berg）三维联合转弯运动模型

在三维空间中，联合转弯（CT）运动的定义是：目标的切向加速度 T、法向加速度 L 和横滚角 γ 都为常值。实际中，可以将限制条件放松为 T、L、γ 的均值均为常值。由于目标的联合转弯运动被限制在一个平面内，该平面被称为运动平面。这种运动抽象与固定翼飞行器因机身倾斜而导致转弯的运动情况相一致。在运动平面坐标系内，分别定义(x_m,y_m)、v、ϕ_m 和(g_t,g_n)为目标的位置、速率、航向角、重力加速度（在速度及其垂直方向上的表示），则三维联合转弯运动模型为：

$$\begin{aligned}\dot{x}_m &= v\cos\phi_m\\ \dot{y}_m &= v\sin\phi_m\\ \dot{v} &= a_t = T+g_t\\ \dot{\phi}_m &= a_n = L\cos\gamma+g_n\end{aligned}\tag{3-72}$$

需要注意的是，该模型是在运动平面坐标系内定义的，因此，需要进行运动平面坐标系和传感器惯性坐标系之间的坐标变换。

上面介绍的是一般目标的运动模型。对于一些特殊的目标，如炮弹、弹道导弹等，可以采用弹道目标运动模型，为跟踪器提供更多的有关目标运动的先验知识，从而可以提高跟踪性能。对于这些特殊的目标运动模型，这里不再介绍。

3.3 测量模型

上一节介绍了描述目标运动不确定性的数学模型，即目标运动模型。本节主要介绍对目标跟踪具有重大影响的另一类不确定性，即是测量的不确定性的数学描述，即测量模型。

3.3.1 传感器坐标系中的测量模型

目标跟踪的测量是基于传感器坐标系的，因此，通常以传感器坐标系为基准给出测量数据。传感器坐标系因传感器的类型不同而可能不同，如三维雷达是球坐标系，如图 3－7 所示，提供的测量数据则为斜距 r、方位角 b、高低角 e，有些还可以提供距变

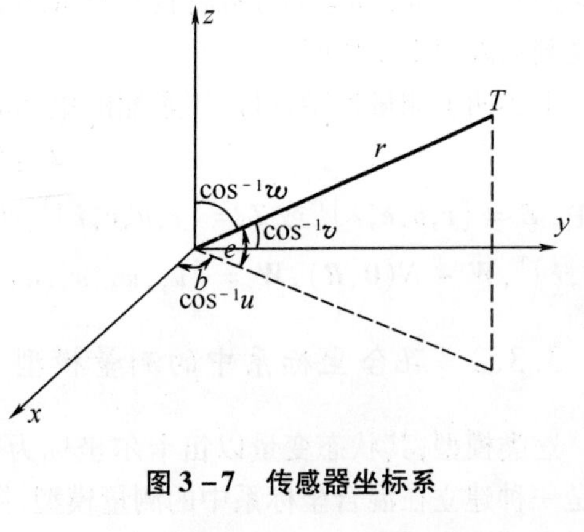

图 3－7　传感器坐标系

率 $\dot{r}$；而二维雷达则是极坐标系，可提供 r、b 和 $\dot{r}$。本节介绍最具代表性的三维传感器的测量模型。

在传感器坐标系中，各轴向测量可用以下模型描述：

$$\begin{aligned} r &= r_t + w_r \\ b &= b_t + w_b \\ e &= e_t + w_e \\ \dot{r} &= \dot{r}_t + w_{\dot{r}} \end{aligned} \tag{3-73}$$

其中，(r_t, b_t, e_t)、$\dot{r}_t$ 分别表示目标在传感器球坐标系中位置和径向速率的真实值，w_r、w_b、w_e、$w_{\dot{r}}$ 分别表示传感器各独立测量的随机测量误差，并通常假设这些表示在传感器坐标系中的测量误差是零均值、高斯分布的、互不相关的，即

$$\boldsymbol{W}_k \sim N(\boldsymbol{0},\ \boldsymbol{R}_k), \boldsymbol{R}_k = \mathrm{cov}(\boldsymbol{W}_k) = \mathrm{diag}(\sigma_r^2, \sigma_b^2, \sigma_e^2, \sigma_{\dot{r}}^2) \tag{3-74}$$

其中，$\boldsymbol{W}_k = [w_r, w_b, w_e, w_{\dot{r}}]_k^{\mathrm{T}}$ 为 t_k 时刻的误差向量，$\{\boldsymbol{W}_k\}$ 为白噪声序列。

有些三维传感器，如相控阵雷达，不提供 b 和 e 的测量，而提供方向余弦 u 和 v 构成 RUV 坐标系，如图 3-7 所示。可由以下的 u 和 v 方程取代式(3-73)中的 b 和 e 方程，构成 RUV 测量模型：

$$\begin{aligned} u &= u_t + w_u \\ v &= v_t + w_v \\ w &= \sqrt{1 - u^2 - v^2} \end{aligned} \tag{3-75}$$

同样，通常假设这些随机测量误差在传感器坐标系中是零均值、高斯分布的、互不相关的，即

$$\boldsymbol{W}_k \sim N(\boldsymbol{0}, \boldsymbol{R}_k), \boldsymbol{R}_k = \mathrm{cov}(\boldsymbol{W}_k) = \mathrm{diag}[\sigma_r^2, \sigma_u^2, \sigma_v^2, \sigma_{\dot{r}}^2] \tag{3-76}$$

其中，$\boldsymbol{W}_k = [w_r, w_u, w_v, w_{\dot{r}}]_k^{\mathrm{T}}$。

需要说明的是，RUV 坐标系是非正交坐标系。另外，传感器不同轴向的测量精度通常差别很大。对于相控阵雷达，其距离测量精度要远高于角度测量精度；而对于连续波雷达，它的角度测量精度要远高于距离测量精度。在传感器坐标系中建立的模型，由于它直接源于测量过程，各轴向间完全不存在耦合，因此，各轴向测量误差可分别建模，这既方便处理、又有利于改善滤波性能。

使用这类模型时，需要在传感器坐标系中建立目标的运动模型，使得一些典型的运动，如匀速直线运动，其运动方程将具有严重的非线性和轴间耦合。这是该类模型在实际应用中受到局限的主要原因。

上述两个测量模型，可以用紧缩的矩阵形式表示：

$$\boldsymbol{Z} = H\boldsymbol{X} + \boldsymbol{W} \tag{3-77}$$

其中，$\boldsymbol{Z} = [r, b, e, \dot{r}]^{\mathrm{T}}$ 或 $\boldsymbol{Z} = [r, u, v, \dot{r}]^{\mathrm{T}}$，$H = \boldsymbol{I}$，$\boldsymbol{I}$ 为单位矩阵，$\boldsymbol{X} = [r, b, e, \dot{r}]^{\mathrm{T}}$ 或 $\boldsymbol{X} = [r, u, v, \dot{r}]^{\mathrm{T}}$，$\boldsymbol{W} \sim N(\boldsymbol{0}, \boldsymbol{R})$，$\boldsymbol{W} = [w_r, w_b, w_e, w_{\dot{r}}]^{\mathrm{T}}$ 或 $\boldsymbol{W} = [w_r, w_u, w_v, w_{\dot{r}}]^{\mathrm{T}}$。

3.3.2 混合坐标系中的测量模型

这类模型，其状态变量以笛卡尔坐标为基准，其测量变量以传感器坐标为基准，因此，它是一种建立在混合坐标系中的测量模型，简称混合坐标测量模型。混合坐标系测量模型

的矢量形式为

$$Z = h(X) + W \tag{3-78}$$

其中,X 为目标状态在笛卡尔坐标系中的表示,Z、W 分别为目标的测量和测量附加噪声在传感器坐标系中的表示。以 (x,y,z)、$h(X)=[r_t,b_t,e_t,\dot{r}_t]^T=[h_r,h_b,h_e,h_{\dot{r}}]^T$ 分别表示目标在笛卡尔坐标系和球坐标系中的真实位置,$Z=[r,b,e,\dot{r}]^T$ 表示传感器的测量值,则

$$\begin{aligned} h_r &= r_t = \sqrt{x^2+y^2+z^2} \\ h_b &= b_t = \tan^{-1}\frac{y}{x} \\ h_e &= e_t = \tan^{-1}\frac{z}{\sqrt{x^2+y^2}} \\ h_{\dot{r}} &= \dot{r}_1 = \frac{x\dot{x}+y\dot{y}+z\dot{z}}{\sqrt{x^2+y^2+z^2}} \end{aligned} \tag{3-79}$$

对于 RUV 测量,则有 $Z=[r,u,v,\dot{r}]^T$、$h(X)=[r_t,u_t,v_t,\dot{r}]^T=[h_r,h_u,h_v,h_{\dot{v}}]^T$ 以及:

$$\begin{aligned} h_u &= u_t = \frac{x}{\sqrt{x^2+y^2+z^2}} \\ h_v &= v_t = \frac{y}{\sqrt{x^2+y^2+z^2}} \end{aligned} \tag{3-80}$$

显然,这类模型是非线性的,且是坐标耦合的,一般情况下,基于该模型设计滤波器,如扩展卡尔曼滤波器(Extended Kalman Filter, EKF),首先要对其线性化。

本节约定符号如下:以 $\bar{x}$ 表示利用在 $(k-1)$ 时刻的测量值 Z 预测状态 X 在 k 时刻的值,$\hat{x}_{k|k-1}$,$\hat{x}$ 表示状态 X 在 k 时刻的估计值 $\hat{x}_{k|k}$,$\bar{P}$、P 分别为 $\bar{x}$ 和 $\hat{x}$ 的误差协方差矩阵。

(一)基于微分的模型线性化

这是一种最常用的线性化方法。对式(3-78)在预测状态 $\bar{X}$ 的邻域内展开,并忽略非线性项,则有

$$h(X) \approx h(\bar{X}) + \left.\frac{\partial h}{\partial X}\right|_{X=\bar{X}}(X-\bar{X}) \tag{3-81}$$

据此,可写出非线性模型(3-78)的近似线性模型

$$Z = H(\bar{X})X + \mathrm{d}(\bar{X}) + W \tag{3-82}$$

其中,$H(\bar{X}) = \left.\frac{\partial h}{\partial X}\right|_{X=\bar{X}}$ 是 $h(X)$ 的雅可比矩阵,$\mathrm{d}(\bar{X}) = h(\bar{X}) - H(\bar{X})\bar{X}$。

由于该模型要求 $(X-\bar{X})$ 足够小,否则,较大的 $(X-\bar{X})$ 可能放大滤波误差、甚至在有些情况下会导致滤波发散,因此,在使用中,要注意实际情况是否能满足其前提条件。

(二)基于差分的模型线性化

为了消除对 $(X-\bar{X})$ 足够小的要求,可以以差分取代微分。设

$$H(X,\bar{X}) = \frac{h(X)-h(\bar{X})}{X-\bar{X}},\ \forall X \neq \bar{X} \tag{3-83}$$

显然,$H(X,\bar{X})$ 是连接 $h(X)$ 与 $h(\bar{X})$ 的直线的斜率。特殊情况下,可规定

$$H(\bar{X},\bar{X}) = \lim_{X\to\bar{X}}\frac{h(X)-h(\bar{X})}{X-\bar{X}} = H(\bar{X}) = \left.\frac{\partial h}{\partial X}\right|_{X=\bar{X}} \tag{3-84}$$

假设 $\boldsymbol{X}^*$ 比 $\bar{\boldsymbol{X}}$ 的估计精度要高一些，则：

$$\boldsymbol{Z}=\boldsymbol{h}(\bar{\boldsymbol{X}})+H(\boldsymbol{X}^*,\bar{\boldsymbol{X}})(\boldsymbol{X}^*-\bar{\boldsymbol{X}})+\boldsymbol{W} \tag{3-85}$$

将比微分模型的精度要高一些。其中

$$H(\boldsymbol{X}^*,\bar{\boldsymbol{X}})=[H_{ij}],\quad H_{ij}=\frac{h_i(\boldsymbol{X}^*)-h_i(\bar{\boldsymbol{X}})}{X_j^*-\bar{X}_j} \tag{3-86}$$

在滤波计算中，$\boldsymbol{X}^*$ 可以简单地取为 $\hat{\boldsymbol{X}}$，也可以利用反函数求取：假设可以将 $\boldsymbol{h}$ 分为可逆 $\boldsymbol{h}_1$ 和不可逆 $\boldsymbol{h}_2$ 两部分，即 $\boldsymbol{h}=[\boldsymbol{h}_1^{\mathrm{T}},\boldsymbol{h}_2^{\mathrm{T}}]^{\mathrm{T}}$，令 $\boldsymbol{X}_1=\boldsymbol{h}_1^{-1}(\boldsymbol{Z})$，则可以取 $\boldsymbol{X}^*=[\boldsymbol{X}_1^{\mathrm{T}},\bar{\boldsymbol{X}}_2^{\mathrm{T}}]=[(\boldsymbol{h}_1^{-1}(\boldsymbol{Z}))^{\mathrm{T}},\bar{\boldsymbol{X}}_2^{\mathrm{T}}]^{\mathrm{T}}$。

（三）模型的最优化线性化

这里的最优化是在均方误差（Mean Square Error，MSE）最小意义下的。设最优化线性方程的形式为

$$\boldsymbol{h}(X)=\boldsymbol{a}+H(X-\bar{X}) \tag{3-87}$$

令 $\tilde{\boldsymbol{X}}=\boldsymbol{X}-\bar{\boldsymbol{X}}$，则代价函数为

$$J=E[(\boldsymbol{h}(X)-\boldsymbol{a}-H\tilde{\boldsymbol{X}})^{\mathrm{T}}(\boldsymbol{h}(X)-\boldsymbol{a}-H\tilde{\boldsymbol{X}})] \tag{3-88}$$

可以证明，$\boldsymbol{a}$ 和 H 的取值应为

$$\boldsymbol{a}=\{E[\boldsymbol{h}(X)]-E[(\boldsymbol{h}(X)\tilde{\boldsymbol{X}}^{\mathrm{T}})]\bar{P}^{-1}E[\tilde{\boldsymbol{X}}]\}/(1-E[\tilde{\boldsymbol{X}}^{\mathrm{T}}]\bar{P}^{-1}E[\tilde{\boldsymbol{X}}]) \tag{3-89}$$

$$H=\{E[(\boldsymbol{h}(X)\tilde{\boldsymbol{X}}^{\mathrm{T}})]-E[\boldsymbol{h}(X)]E[\tilde{\boldsymbol{X}}^{\mathrm{T}}]\}\bar{\boldsymbol{P}}^{-1}(\boldsymbol{I}-E[\tilde{\boldsymbol{X}}]E[\tilde{\boldsymbol{X}}]E[\tilde{\boldsymbol{X}}]^{\mathrm{T}}\bar{P}^{-1})^{-1} \tag{3-90}$$

若 $E[\tilde{\boldsymbol{X}}]=\boldsymbol{0}$，$\boldsymbol{a}$ 和 H 则可以进一步简写为

$$\boldsymbol{a}=E[\boldsymbol{h}(X)],H=E[(\boldsymbol{h}(X)\tilde{\boldsymbol{X}}^{\mathrm{T}})]\bar{P}^{-1} \tag{3-91}$$

（四）减小线性化误差的方法

（1）按顺序处理各非线性测量元素

研究结果表明，按照各测量元素的精度，由高到低，依序处理各测量元素，有利于获得好的处理性能。

（2）迭代处理

在得到 $\hat{\boldsymbol{X}}$ 以后，可以用 $\hat{\boldsymbol{X}}$ 取代 $\bar{\boldsymbol{X}}$，重新计算线性化模型中的各参数，从而可以减小非线性模型的线性化误差。基于重新线性化的模型，可以重新估计状态以及状态的误差协方差矩阵。这种迭代处理过程可以多次重复，直到取得满意结果为止。

（3）以高阶多项式模型取代线性化模型

非线性模型的线性化误差源于泰勒级数展开式中的截断误差，而通过提高展开式中的阶数，可以减小截断误差，从而在一定程度上降低线性化误差。

3.3.3　笛卡尔坐标系中的测量模型

虽然传感器的测量是基于传感器坐标系的，它给出的测量数据通常也是以传感器坐标系为基准的；但以传感器坐标系为基准的测量数据所表示的物理位置，在笛卡尔坐标系中会有唯一的一个坐标值与其对应，于是，我们可以将这个在笛卡尔坐标系中对应的坐标值作为目标的测量值，并得到目标在笛卡尔坐标系中的测量方程

$$\boldsymbol{Z}_c=\boldsymbol{Z}_t+\boldsymbol{W}_c=H\boldsymbol{X}+\boldsymbol{W}_c \tag{3-92}$$

其中，$\boldsymbol{Z}_c$ 为目标在笛卡尔坐标系中的测量值，$\boldsymbol{X}=[x,y,z]^{\mathrm{T}}$ 为目标的真实状态矢量，$H=I$，$\boldsymbol{Z}_t$

$=HX$ 为目标在笛卡尔坐标系中的真实位置，$W_c=[w_x,w_y,w_z]^{\mathrm T}$ 为在笛卡尔坐标系中测量噪声矢量。

式(3-92)在形式上是线性的，与线性状态方程一起使用时，不需要采用非线性滤波技术，可以直接使用线性卡尔曼滤波器。以 3.3.1 节中的三维雷达为例，令 $Z_s=[r,b,e]^{\mathrm T}$ 或 $Z_s=[r,u,v]^{\mathrm T}$ 为目标的测量值，则

$$Z_c=\begin{bmatrix}x_c\\y_c\\z_c\end{bmatrix}=\varphi(Z_s)=\begin{bmatrix}r\cos b\cos e\\r\sin b\cos e\\r\sin e\end{bmatrix}=\begin{bmatrix}(r_t+w_r)\cos(b_t+w_b)\cos(e_t+w_e)\\(r_t+w_r)\sin(b_t+w_b)\cos(e_t+w_e)\\(r_t+w_r)\sin(e_t+w_e)\end{bmatrix}=HX+W_c \tag{3-93}$$

或

$$Z_c=\begin{bmatrix}x_c\\y_c\\z_c\end{bmatrix}=\phi(Z_s)=\begin{bmatrix}ru\\rv\\rw\end{bmatrix}=\begin{bmatrix}(r_t+w_r)(u_t+w_u)\\(r_t+w_r)(v_t+w_v)\\(r_t+w_r)(w_t+w_w)\end{bmatrix}=HX+W_c \tag{3-94}$$

可见，在传感器坐标系中，虽然测量噪声 $W_s=[w_r,w_b,w_e]^{\mathrm T}$ 或 $W_s=[w_r,w_u,w_v]^{\mathrm T}$ 在各轴向是独立的，当测量值从传感器坐标系变换到笛卡尔坐标系后，其中的测量噪声则变成坐标耦合和状态相关的，而且也不再满足零均值高斯分布。采用这种测量模型时，需要从已知的 $W_s=[w_r,w_b,w_e]^{\mathrm T}$ 或 $W_s=[w_r,w_u,w_v]^{\mathrm T}$ 的统计特性，确定 $W_c=[w_x,w_y,w_z]^{\mathrm T}$ 的统计特性。

为简化处理，可以采用泰勒级数的一阶展开式近似 W_c 的均值和协方差：

$$Z_c=\varphi(Z_s)=Z_s+W_c=Z_s+J(Z_s)W_s-O(W_s)\approx Z_s+J(Z_s)W_s=Z_s+W^L \tag{3-95}$$

其中

$$J(Z_s)=\frac{\partial\varphi}{\partial Z}\bigg|_{z=z_s}=\begin{bmatrix}\cos b\cos e&-r\sin b\cos e&-r\cos b\sin e\\\sin b\cos e&r\cos b\cos e&-r\sin e\\\sin e&0&r\cos e\end{bmatrix} \tag{3-96}$$

则有

$$E[W^L\mid Z_s]=E[J(Z_s)\cdot W_s]=0 \tag{3-97}$$

$$\operatorname{cov}(W^L\mid Z_s)=J(Z_s)\operatorname{cov}(Z_s)J^{\mathrm T}(Z_s) \tag{3-98}$$

需要注意的是，以式(3-97)和(3-98)分别近似 W_c 的均值和协方差，是有一系列假设条件的，这其中必将引入近似误差。因此，当采用这种近似方法用于滤波时，滤波结果实际上是有误差的。其中，由于将非零均值的 W_e 以零均值作为参数用于滤波器设计，将导致滤波器输出是有偏的。为此，有些研究采取了一些措施，如采取去偏措施，取代或改进泰勒级数的一阶展开式方法，以减弱因坐标转换对滤波精度带来的影响，对之不再介绍。

3.4　基本的滤波方法

在目标跟踪问题中，滤波是为了确定目标的状态，包括目标的位置、速度、加速度、加加速度等。在设计滤波器时，滤波器的输出的状态估计究竟要包含位置以及位置的几阶导数，需要根据应用的要求确定；另外，还需要选择滤波器的类型。目前，常用的基本滤波方法有很多，包括最小二乘滤波、α-β 滤波、维纳滤波、卡尔曼滤波等。本节主要介绍最小二

乘滤波方法、卡尔曼滤波方法和 α - β 滤波方法。

3.4.1 最小二乘滤波方法

最小二乘滤波又称最小二乘估计，是一种很经典的估计方法。由于它实用、简单、具有很多优良的品质，因而在很多领域得到了广泛的应用。另外，以最小二乘滤波算法为基础，有助于理解其他滤波算法。

设过程的输入输出关系可以用如下方程描述：

$$z(k) = \boldsymbol{h}^{\mathrm{T}}(k)\theta + w(k) \tag{3-99}$$

其中，$z(k)$ 为过程的输出，$\boldsymbol{h}(k)$ 是可观测的数据向量，θ 为待估计的参数，$w(k)$ 为均值为零的平稳随机噪声。利用数据序列 $\{z(k)\}$ 和 $\{\boldsymbol{h}(k)\}$，极小化下列准则函数：

$$J(\theta) = \sum_{k=1}^{L}[z(k) - \boldsymbol{h}^{\mathrm{T}}(k)\theta]^2 \tag{3-100}$$

称作参数 θ 的最小二乘估计，估计值记为 $\hat{\theta}$。

对于目标跟踪问题，可以将目标在某个轴向上的运动用下面的一般多项式表示：

$$x(t) = a_0 + a_1 t + a_2 t^2 + \cdots + a_m t^m + w(t) \tag{3-101}$$

式中 t——测量时间；

$x(t)$——测量值；

$w(t)$——测量噪声；

$a_i(i=0,1,2,\cdots,m)$——待估计的参数。

当以式(3-100)为准则估计出参数 $\hat{a}_i,(i=0,1,2,\cdots,m)$ 的值以后，则有

$$\hat{x}(t) = \hat{a}_0 + \hat{a}_1 t + \hat{x}_2 t^2 + \cdots + \hat{x}_m t^m \tag{3-102}$$

对式(3-102)两边求相应阶次的导数，便可得速度、加速度的估计值。例如，速度估计的计算表达式为

$$\hat{\dot{x}}(t) = \hat{a}_1 + 2\hat{a}_2 t + \cdots + m\hat{a}_m t^{m-1} \tag{3-103}$$

最小二乘估计有多种形式，如累加形式、递推形式、矩阵形式等。其中，最小二乘的累加形式便于对滤波性质进行数学分析，而递推形式则更适合于计算机编程实现。

(一) 累加形式的最小二乘滤波

由前文可知，在直角坐标系下，一阶、二阶多项式模型假设目标的运动规律分别是匀速直线运动和匀加速直线运动。这里，设传感器对目标的测量是等间隔的，间隔时间为 T，即式(3-101)中的 $t=iT,(i=1,2,\cdots,N)$。本小节中，仅以 x 轴为例，介绍目标在各轴向上的状态估计。

1. 基于一阶多项式模型的最小二乘滤波

由最小二乘算法可知

$$\hat{a}_0 = \frac{2(2N+1)}{N(N-1)}\sum_{i=1}^{N} z_i - \frac{6}{N(N-1)}\sum_{i=1}^{N} i z_i \tag{3-104}$$

$$\hat{a}_1 = -\frac{6}{N(N-1)}\sum_{i=1}^{n} z_i + \frac{12}{N(N^2-1)T}\sum_{i=1}^{N}(i \cdot z_i) \tag{3-105}$$

则有 x 轴位置和速度估计

$$\hat{x}_N = \hat{x}(NT) = \hat{a}_0 + \hat{a}_1(NT) = -\frac{2}{N}\cdot\sum_{i=1}^{N} z_i + \frac{6}{N(N+1)}\cdot\sum_{i=1}^{N}(i\cdot z_i) \tag{3-106}$$

$$\hat{\dot{x}}_N = \hat{a}_1 = -\frac{6}{N(N-1)T}\sum_{i=1}^{N} z_i + \frac{12}{N(N^2-1)T}\sum_{i=1}^{N}(i\cdot z_i) \tag{3-107}$$

已知 $E[z_i]=0, E[z_i z_j]=\sigma_i\delta_{ij}$，其中，$\delta_{ij}$ 为狄利克雷函数。当目标匀速直线运动时，可以得到滤波器输出的均方差

$$\sigma_x = \sqrt{\frac{2(2N-1)}{N(N+1)}}\cdot\sigma_z = \frac{\gamma_{10}(N)}{N^{0.5}}\cdot\sigma_z \tag{3-108}$$

$$\sigma_{\dot{x}} = \sqrt{\frac{12}{N(N^2-1)\cdot T^2}}\cdot\sigma_Z = \frac{\gamma_{11}(N)}{T\cdot N^{1.5}}\cdot\sigma_Z \tag{3-109}$$

函数 $\gamma_{10}(N)$ 与 $\gamma_{11}(N)$ 在 $N<100$ 时的曲线分别如图 3-8、图 3-9 所示。

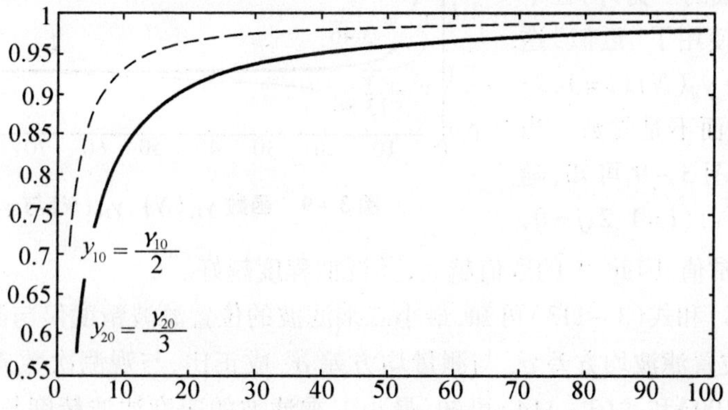

图 3-8 函数与 $\gamma_{10}(N)$ 与 $\gamma_{20}(N)$

2. 基于二阶多项式模型的最小二乘滤波

同样，可求出二阶多项式模型在 x 轴上的位置、速度和加速度估计

$$\hat{x}_N = \frac{3}{N}\cdot\sum_{i=1}^{N} z_i - \frac{6(4N+3)}{N(N+1)(N+2)}\cdot\sum_{i=1}^{N}(i\cdot z_i) + \frac{30}{N(N+1)(N_2)}\cdot\sum_{i=1}^{N}(i^2\cdot z_i) \tag{3-110}$$

$$\hat{\dot{x}}_N = \frac{6(4N-3)}{N(N-1)(N-2)T}\sum_{i=1}^{N} z_i - \frac{12(14N^2-11)}{N(N^2-1)(N^2-4)T}\sum_{i=1}^{N}(i\cdot z_i) + \frac{180}{N(N+1)(N^2-4)T}\sum_{i=1}^{N}(i^2\cdot z_i) \tag{3-111}$$

$$\hat{\ddot{x}}_N = \frac{60}{N(N-1)(N-2)T^2}\sum_{i=1}^{N} z_i \frac{360}{N(N-1)(N^2-4)T^2}\sum_{i=1}^{N}(i\cdot z_i) + \frac{360}{N(N^2-1)(N^2-4)T^2}\sum_{i=1}^{N}(i^2\cdot z_i) \tag{3-112}$$

可得其滤波均方差

$$\sigma_x = \sqrt{\frac{3(3N^2-3N+2)}{N(N+1)(N+2)}} \cdot \sigma_z = \frac{\gamma_{20}(N)}{N^{0.5}} \cdot \sigma_z \tag{3-113}$$

$$\sigma_{\dot{x}} = \frac{1}{T} \cdot \sqrt{\frac{192N^2-360N+132}{N(N^2-1)(N^2-4)}} \cdot \sigma_Z = \frac{\gamma_{21}(N)}{T \cdot N^{1.5}} \cdot \sigma_Z \tag{3-114}$$

$$\sigma_{\ddot{x}} = \frac{1}{T^2} \cdot \sqrt{\frac{720}{N(N^2-1)(N^2-4)}} \cdot \sigma_Z = \frac{\gamma_{22}(N)}{T^2 \cdot N^{2.5}} \cdot \sigma_Z \tag{3-115}$$

函数 $\gamma_{20}(N)$、$\gamma_{21}(N)$ 与 $\gamma_{22}(N)$ 在 $N<100$ 时的曲线分别如图 3－8、图 3－9 所示。

3. 最小二乘滤波精度分析

假设运动模型能准确地描述目标的运动、跟踪误差的来源完全是由测量误差造成的。另外，在下文的分析中多次使用了“近似”这个词，主要是因为 $\gamma_{ij}(N)(i=1,2;j=0,1,2)$ 是函数而不是常数。当然，由图 3－8 和图 3－9 可知，随着 N 的增大，$\gamma_{ij}(N)(i=1,2;j=0,1,2)$ 趋近于一个常值，因此，N 的取值越大，其近似程度越好。

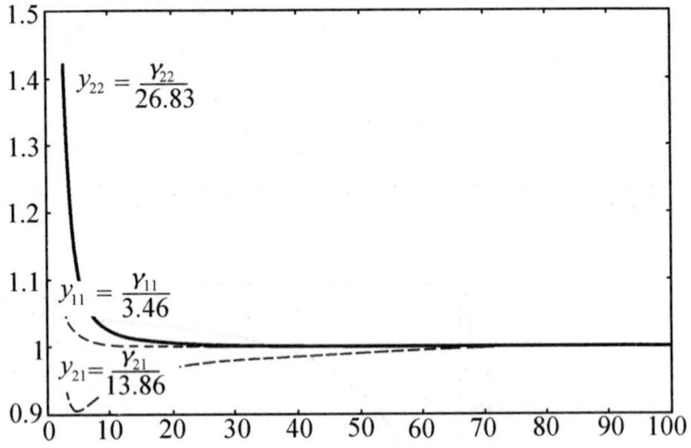

图 3－9 函数 $\gamma_{11}(N)$、$\gamma_{21}(N)$ 与 $\gamma_{22}(N)$

由式(3－108)和式(3－113)可知，最小二乘滤波的位置滤波精度仅与测量均方差和观测次数 N 有关，位置滤波均方差 σ_x 与测量均方差 σ_z 成正比、与观测次数 N 的开方近似成反比。由式(3－109)和式(3－114)可知，最小二乘滤波的速度滤波精度与测量均方差、观测次数和测量时间间隔都有关，速度滤波均方差 $\hat{\dot{x}}_N$ 与测量均方差 σ_z 成正比，与测量时间间隔 T 成反比，与观测次数 N 近似成反比。

在测量时间间隔相同的情况下，观测次数每增加一倍，位置、速度和加速度的滤波均方差将分别约为原来的 0. 707 倍、0. 354 倍、0. 177 倍。因此，增加观测次数有利于提高滤波精度。

但在实际应用中，还需要综合考虑运动模型的误差，也就是说，并不是观测次数越多越好，尤其是当目标有意机动的情况下，过多的观测次数将引起对机动跟踪的严重滞后。这也是采用有限记忆长度最小二乘滤波算法的主要原因。

比较式(3－108)和式(3－113)可知，为达到相同的位置滤波精度，二阶最小二乘算法，需要更多的观测次数(对应于更长的观测时间)，约为一阶最小二乘的 2. 25 倍。比较式(3－109)和式(3－114)可知，为达到相同的速度滤波精度，二阶最小二乘算法，需要更多的观测次数，约为一阶最小二乘的 2. 52 倍。因此，为减小对存储容量和计算能力的要求，在采用低阶模型可以满足要求的情况下，应当尽量避免使用高阶模型。

由式 (3－113)、(3－114)和(3－115)可知，当滤波器取固定观测次数进行滤波时，采样周期每减小一半，位置、速度和加速度的滤波均方差将分别约为原来的 1. 0 倍、0. 5 倍和 0. 25 倍。因此，若观测设备提高了数据率，而不改变最小二乘滤波器的观测次数，将降低速度和加速度的滤波精度。

由式(3－113)、(3－114)和(3－115)可知:

$$\sigma_x = \frac{\gamma_{20}(N)}{N^{0.5}} \cdot \sigma_z = \frac{\gamma_{20}(N) \cdot T^{0.5}}{\Delta t^{0.5}} \cdot \sigma_z \tag{3-116}$$

$$\sigma_{\dot{x}} = \frac{\gamma_{21}(N)}{T \cdot N^{1.5}} \cdot \sigma_Z = \frac{\gamma_{21}(N) \cdot T^{0.5}}{\Delta t^{1.5}} \cdot \sigma_Z \tag{3-117}$$

$$\sigma_{\ddot{x}} = \frac{\gamma_{22}(N)}{T^2 \cdot N^{2.5}} \cdot \sigma_Z = \frac{\gamma_{22}(N) \cdot T^{0.5}}{\Delta t^{2.5}} \cdot \sigma_Z \tag{3-118}$$

其中,$\Delta t = T \cdot N$ 为观测时间。在观测时间相同的情况下,减小测量时间间隔 T,将会提高位置、速度和加速度的滤波精度,测量时间间隔 T 每减小一半,位置、速度和加速度的滤波均方差将约为原来的0.707倍。因此,为提高目标的跟踪精度,应尽量减小传感器对目标的测量时间间隔。

(二)递推形式的最小二乘滤波

1. 基于一阶多项式模型的最小二乘滤波

t_N 时刻的位置预报值为

$$\hat{x}_{N|N-1} = \hat{x}_{N-1} + T \cdot \hat{\dot{x}}_{N-1} \tag{3-119}$$

则有,t_N 时刻的估计值

$$\hat{x}_N = \hat{x}_{N|N-1} + \frac{2(2N-1)}{N(N+1)}[z_N - \hat{x}_{N|N-1}] = \hat{x}_{N|N-1} + k_1 \cdot [z_N - \hat{x}_{N|N-1}] \tag{3-120}$$

$$\hat{\dot{x}}_N = \hat{\dot{x}}_{N-1} + \frac{6}{N(N+1)T}[z_N - \hat{x}_{N|N-1}] = \hat{\dot{x}}_{N-1} + k_2 \cdot [z_N - \hat{x}_{N|N-1}] \tag{3-121}$$

式中,$k_1 = \frac{2(2N-1)}{N(N+1)}$,$k_2 = \frac{6}{N(N+1)T}$。

2. 基于二阶多项式模型的最小二乘滤波

t_N 时刻的位置和速度预报值分别为

$$\hat{x}_{N|N-1} = \hat{x}_{N-1} + T \cdot \hat{\dot{x}}_{N-1} + T^2\hat{\ddot{x}}_{N-1}/2 \tag{3-122}$$

$$\hat{\dot{x}}_{N|N-1} = \hat{\dot{x}}_{N-1} + T \cdot \hat{\ddot{x}}_{N-1} \tag{3-123}$$

则有, t_N 时刻的估计值

$$\hat{x}_N = \hat{x}_{N|N-1} + \frac{3(3N^2-3N+2)}{N(N+1)(N+2)}[z_N - \hat{x}_{N|N-1}] = \hat{x}_{N|N-1} + k_1 \cdot [z_N - \hat{x}_{N|N-1}] \tag{3-124}$$

$$\hat{\dot{x}}_N = \hat{\dot{x}}_{N|N-1} + \frac{18(2N-1)}{N(N+1)(N+2)T}[z_N - \hat{x}_{N|N-1}] = \hat{\dot{x}}_{N|N-1} + k_2 \cdot [z_N - \hat{x}_{N|N-1}] \tag{3-125}$$

$$\hat{\ddot{x}} = \hat{\ddot{x}}_{N|N-1} + \frac{60}{N(N+1)(N+2)T^2}[z_N - \hat{x}_{N|N-1}] = \hat{\ddot{x}}_{N|N-1} + k_3 \cdot [z_N - \hat{x}_{N|N-1}] \tag{3-126}$$

式中,$k_1 = \frac{3(3N^2-3N+2)}{N(N+1)(N+2)}$,$k_2 = \frac{18(2N-1)}{N(N+1)(N+2)T}$,$k_3 = \frac{60}{N(N+1)(N+2)T^2}$分别为位置、速度和加速度的预报误差修正系数,且

$$\lim_{N\to\infty} k_1 = \lim_{N\to\infty} k_2 = \lim_{N\to\infty} k_3 = 0$$

也就是说,当 N 越来越大时,修正系数的值就越来越小,它的修正能力就越来越弱。当目标的实际运动偏离运动模型所代表的运动规律后,就会出现跟踪误差过大、以至于发散的情况。为此,在计算修正系数时,可以限定其最小值,也就是当 N 继续增大时,不再改变(减小)修正系数。另外,累加形式和递推形式的最小二乘滤波都还可以采用有限记忆长度的算法,彻底消除“过时”数据对滤波精度的不良影响。

(三)加权最小二乘滤波

以矩阵的形式表示由式(3-99)描述的多个测量,则有

$$\boldsymbol{Z} = H\boldsymbol{\theta} + \boldsymbol{W} \tag{3-127}$$

式中,$\boldsymbol{Z} = [z_1, z_2, \cdots, z_N]^{\mathrm{T}}$,$H = [\boldsymbol{h}_1^{\mathrm{T}}, \boldsymbol{h}_2^{\mathrm{T}}, \cdots, \boldsymbol{h}_N^{\mathrm{T}}]^{\mathrm{T}}$,$\boldsymbol{W} = [w_1, w_2, \cdots, w_N]^{\mathrm{T}}$,其代价函数可表示为

$$J(\boldsymbol{\theta}) = (\boldsymbol{Z} - H\boldsymbol{\theta})^{\mathrm{T}}[\boldsymbol{Z} - H\boldsymbol{\theta}] \tag{3-128}$$

则有

$$\hat{\boldsymbol{\theta}} = (H^{\mathrm{T}}H)^{-1}H^{\mathrm{T}}\boldsymbol{Z} \tag{3-129}$$

在式(3-128)表示的代价函数中,各测量值是作为同样重要的数据来处理的。当不同时刻的测量,其测量精度不同时,宜对各次测量数据分别施以不同的权值,即

$$J(\boldsymbol{\theta}) = (H^{\mathrm{T}}H)^{-1}H^{\mathrm{T}}\boldsymbol{Z} \tag{3-130}$$

式中,W 为加权系数矩阵。可以证明,当各次测量相互独立,并令 $\tilde{\boldsymbol{Z}} = \boldsymbol{Z} - H\hat{\boldsymbol{\theta}}$,且取:

$$W = R^{-1} = \mathrm{diag}[\sigma_{z_1}, \sigma_{z_2}, \cdots, \sigma_{z_N}]^{-2} \tag{3-131}$$

则有

$$J(\hat{\boldsymbol{\theta}}) = [\boldsymbol{Z} - H\hat{\boldsymbol{\theta}}]W[\boldsymbol{Z} - H\hat{\boldsymbol{\theta}}] = \frac{\tilde{z}_1^2}{\sigma_{z_1}^2} + \frac{\tilde{z}_2^2}{\sigma_{z_2}^2} + \cdots + \frac{\tilde{z}_N^2}{\sigma_{z_N}^2} \tag{3-132}$$

可见,取 $W = R^{-1}$ 对改进最小二乘的性能是很有意义的。

3.4.2 卡尔曼滤波方法

(一)标准卡尔曼滤波方程

假设离散系统的状态方程为

$$\boldsymbol{X}_k = \boldsymbol{\Phi}_{k-1}\boldsymbol{X}_{k-1} + \boldsymbol{W}_{k-1} \tag{3-133}$$

测量方程为

$$\boldsymbol{Z}_k = H_k\boldsymbol{X}_k + \boldsymbol{V}_k \tag{3-134}$$

其中,$\boldsymbol{X}_k$ 为 k 时刻的 n 维状态向量,$\boldsymbol{\Phi}_k$ 为 k 时刻的状态转移矩阵,$\boldsymbol{Z}_k$ 为 k 时刻的 m 维测量向量,H_k 为 k 时刻的量测矩阵,$\boldsymbol{W}_k$、$\boldsymbol{V}_k$ 分别为 n、m 维高斯白噪声过程,并且:

$$E[\boldsymbol{W}_k] = 0, E[\boldsymbol{W}_k\boldsymbol{W}_j^{\mathrm{T}}] = \boldsymbol{Q}_k\delta_{kj}, E[\boldsymbol{V}_k] = 0, E[\boldsymbol{V}_k\boldsymbol{V}_j^{\mathrm{T}}] = R_k\delta_{kj}, E[\boldsymbol{W}_k\boldsymbol{V}_j^{\mathrm{T}}] = 0 \tag{3-135}$$

式中,δ_{kj} 为狄利克雷函数。

则有最小均方误差意义下的滤波方程:

$$\hat{\boldsymbol{X}}_{k|k-1} = \boldsymbol{\Phi}_{k-1}\hat{\boldsymbol{X}}_{k-1} \tag{3-136}$$

$$P_{k|k-1} = \boldsymbol{\Phi}_{k-1}P_{k-1|k-1}\boldsymbol{\Phi}_{k-1}^{\mathrm{T}} + \boldsymbol{Q}_{k-1} \tag{3-137}$$

$$K_k = P_{k|k-1}H_k^{\mathrm{T}}[H_kP_{k|k-1}H_k^{\mathrm{T}} + \boldsymbol{R}_k]^{-1} \tag{3-138}$$

$$\hat{\boldsymbol{X}}_{k|k} = \hat{\boldsymbol{X}}_{k|k-1} + K_k(\boldsymbol{Z}_k - H_k\hat{\boldsymbol{X}}_{k|k-1}) \tag{3-139}$$

$$P_{k|k} = (I - K_kH_k)P_{k|k-1} \tag{3-140}$$

式中，$P_{k|k}=E[(\hat{X}_{k|k}-X_{k|k})(\hat{X}_{k|k}-X_{k|k})^{T}]$为估计误差的协方差。

当以不同的运动规律描述目标的运动，以及当假设目标的运动在各轴向间存在或不存在耦合时，离散系统的状态方程(3－133)的维数和元素都会不同。例如，假设目标运动符合匀速直线运动规律时，状态方程可采用式(3－13)；当目标的运动规律假定为匀加速度模型时，状态方程可采用式(3－18)或(3－20)，等等。

从上面的滤波方程可知，误差的协方差的计算循环是独立的，它不依赖于状态的估计。而且，当$\boldsymbol{\Phi}_k$、$\boldsymbol{H}_k$、$\boldsymbol{Q}_k$、$\boldsymbol{R}_k$都为与时间无关的常值矩阵时，随着 k 的增大，误差协方差阵$P_{k|k}$、增益矩阵$\boldsymbol{K}_k$都趋于一常值矩阵。

另外，增益矩阵$\boldsymbol{K}_k$还可以表示成

$$\boldsymbol{K}_k=\boldsymbol{P}_{k|k}\boldsymbol{H}_k^{T}\boldsymbol{R}_k^{-1} \tag{3-141}$$

由式(3－137)、(3－138)和(3－141)可知，当$\boldsymbol{Q}_k$较大、$\boldsymbol{R}_k$较小时，$\boldsymbol{K}_k$将取较大的值，此时，滤波器将会以新的测量信息对状态的预报值进行强度较大的修改，以充分利用测量信息修正运动模型引入的状态估计误差；当$\boldsymbol{Q}_k$较小、$\boldsymbol{R}_k$较大时，$\boldsymbol{K}_k$将取较小的值，此时，滤波器将会以新的测量信息对状态的预报值进行强度较小的修改，减小较低测量精度的测量信息对状态估计精度造成的负面影响。也因此可以通过在线估计$\boldsymbol{Q}_k$或$\boldsymbol{R}_k$，使得卡尔曼滤波器能够根据使用情况在线调整$\boldsymbol{K}_k$，从而实现一种自适应卡尔曼滤波器。

目标的测量方程是建立在笛卡尔坐标系中的。虽然卡尔曼滤波器本身是无偏滤波器，由 3.3.3 小节可知，由于观测方程将实际上是非零均值的测量噪声近似作为零均值白噪声进行处理，因此，该滤波器对目标的跟踪实际上是有偏的。

若$\boldsymbol{Q}_k$或$\boldsymbol{R}_k$取固定值，则可以离线计算并存储增益矩阵$\boldsymbol{K}_k$，滤波器启动运行时依序读出，供滤波使用，这样可以减轻在线计算负担。而且，在各轴向运动独立处理、运动方程为二阶或三阶状态方程时，卡尔曼滤波器在形式上可以转化为$\alpha-\beta$或$\alpha-\beta-\gamma$滤波的形式。因此，可以认为$\alpha-\beta$滤波器是卡尔曼滤波器的一种简化实现。

（二）扩展卡尔曼滤波

在上一节中已经提到，在有些雷达目标跟踪的应用中会采用混合坐标系，扩展卡尔曼滤波器就是在混合坐标系下建立测量方程的，在实际运算时，其测量方程是经过线性化的。扩展卡尔曼滤波器与标准卡尔曼滤波方程的区别主要是它在球坐标系中计算残差，在笛卡尔坐标系中进行滤波计算，在其间需要在球坐标系和笛卡尔坐标系间进行坐标变换。

离散系统的状态方程为

$$\boldsymbol{X}_k=\boldsymbol{\Phi}_{k-1}\boldsymbol{X}_{k-1}+\boldsymbol{W}_{k-1} \tag{3-142}$$

测量方程为

$$\boldsymbol{Z}_k=\boldsymbol{\mu}(\boldsymbol{X}_k)+\boldsymbol{V}_k \tag{3-143}$$

其滤波方程为

$$\hat{\boldsymbol{X}}_{k|k-1}=\boldsymbol{\Phi}_{k-1}\hat{\boldsymbol{X}}_{k-1} \tag{3-144}$$

$$H_k=\frac{\partial\boldsymbol{\mu}}{\partial\boldsymbol{X}}\bigg|\hat{\boldsymbol{X}}_{k|k-1} \tag{3-145}$$

$$\boldsymbol{P}_{k|k-1}=\boldsymbol{\Phi}_{k-1}\boldsymbol{P}_{k-1|k-1}\boldsymbol{\Phi}_{k-1}^{T}+\boldsymbol{Q}_{k-1} \tag{3-146}$$

$$\boldsymbol{K}_k=\boldsymbol{P}_{k|k-1}\boldsymbol{H}_k^{T}[\boldsymbol{H}_k\boldsymbol{P}_{k|k-1}\boldsymbol{H}_k^{T}+\boldsymbol{R}_k]^{-1} \tag{3-147}$$

$$\hat{\boldsymbol{X}}_{k|k}=\hat{\boldsymbol{X}}_{k|k-1}+\boldsymbol{K}_k\boldsymbol{\mu}^{-1}[\boldsymbol{Z}_k-\boldsymbol{\mu}(\hat{\boldsymbol{X}}_{k|k-1})] \tag{3-148}$$

$$P_{k|k} = (I - K_k H_k) P_{k|k-1} \tag{3-149}$$

3.4.3 α－β(－γ)滤波方法

$\alpha-\beta(-\gamma)$滤波器假设目标运动在笛卡尔坐标系各轴向间不存在耦合，因而可以对目标在各单轴向上的测量数据分别进行滤波处理。

(一)$\alpha-\beta$ 滤波

$\alpha-\beta$ 滤波器假设目标以匀速直线运动规律运动，其运动模型为

$$\begin{bmatrix} x_k \\ v_k \end{bmatrix} = \begin{bmatrix} 1 & T \\ 0 & 1 \end{bmatrix} \begin{bmatrix} x_{k-1} \\ v_{k-1} \end{bmatrix} + \begin{bmatrix} 0 \\ 1 \end{bmatrix} w_{k-1} \tag{3-150}$$

其中，x_k 为目标在 k 时刻的位置，v_k 为目标在 k 时刻的速度，w_k 是均值为零、方差为 σ^2 的白噪声，T 为采样周期。

则 $\alpha-\beta$ 滤波器的滤波方程为

预测方程

$$\begin{bmatrix} x_{k|k-1} \\ v_{k|k-1} \end{bmatrix} = \begin{bmatrix} 1 & T \\ 0 & 1 \end{bmatrix} \begin{bmatrix} \hat{x}_{k-1} \\ \hat{v}_{k-1} \end{bmatrix} \tag{3-151}$$

测量残余误差

$$\tilde{z}_k = z_k - \hat{x}_{k|k-1} \tag{3-152}$$

状态更新

$$\begin{bmatrix} \hat{x}_k \\ \hat{v}_k \end{bmatrix} = \begin{bmatrix} 1 & 0 \\ 0 & 1 \end{bmatrix} \begin{bmatrix} \hat{x}_{k|k-1} \\ \hat{v}_{k|k-1} \end{bmatrix} + \begin{bmatrix} \alpha \\ \beta/T \end{bmatrix} \tilde{z}_k \tag{3-153}$$

α、β 的值可以在频域内设计，也可以基于不同的最优化准则确定：可以采用卡尔曼滤波器的稳态增益，也可以按最小二乘准则来确定（此时，$\alpha-\beta$ 滤波实质上为最小二乘的递推形式）。

(二)$\alpha-\beta-\gamma$ 滤波

$\alpha-\beta-\gamma$ 滤波器假设目标以匀加速直线运动规律运动，其运动模型为

$$\begin{bmatrix} x_k \\ v_k \\ a_k \end{bmatrix} = \begin{bmatrix} 1 & T & T^2/2 \\ 0 & 1 & T \\ 0 & 0 & 1 \end{bmatrix} \begin{bmatrix} x_{k-1} \\ v_{k-1} \\ a_{k-1} \end{bmatrix} + \begin{bmatrix} 0 \\ 0 \\ 1 \end{bmatrix} w_{k-1} \tag{3-154}$$

其中，a_k 为目标在 k 时刻的加速度。

则 $\alpha-\beta-\gamma$ 滤波器的滤波方程为

预测方程

$$\begin{bmatrix} \hat{x}_{k|k-1} \\ \hat{v}_{k|k-1} \\ \hat{a}_{k|k-1} \end{bmatrix} = \begin{bmatrix} 0 & T & T^2/2 \\ 0 & 1 & T \\ 0 & 0 & 1 \end{bmatrix} \begin{bmatrix} \hat{x}_{k-1} \\ \hat{v}_{k-1} \\ \hat{a}_{k-1} \end{bmatrix} \tag{3-155}$$

测量残余误差

$$\tilde{z}_k = z_k - \hat{x}_{k|k-1} \tag{3-156}$$

状态更新

$$\begin{bmatrix}\hat{x}_k\\ \hat{v}_k\\ \hat{a}_k\end{bmatrix}=\begin{bmatrix}1&0&0\\0&1&0\\0&0&1\end{bmatrix}\begin{bmatrix}\hat{x}_{k|k-1}\\ \hat{v}_{k|k-1}\\ \hat{a}_{k|k-1}\end{bmatrix}+\begin{bmatrix}\alpha\\ \beta\\ 2\gamma/T^2\end{bmatrix}\tilde{z}_k \tag{3-157}$$

3.5　多模型滤波方法

单模型滤波器在设计时，通常先假设目标运动符合某种规律，再据此设计跟踪模型。而滤波器在实际使用中，由于目标的运动规律不可能与假设的规律一直完全吻合，必然会因为模型的失配而产生跟踪误差。最初的方法是通过在运动模型中增加一个随机过程作为控制输入，但这只适合用于模型失配较弱的情况。当模型失配严重时，由于目标机动毕竟是一种有意行为，因此，将它模型化为一个随机过程是不合适的，必将引起较大的跟踪误差。还有一些方法，如基于人工神经网络的无模型滤波方法等，由于它完全放弃目标运动的先验知识，也难以取得最佳效果。

目前，解决目标运动不确定性问题的主要方法是多模型方法（Multiple - Model Methods，MM）。它的基本思路是构造一个模型集合，其元素为目标当前各种可能运动模式对应的运动模型，同时运行一组分别由该集合中不同模型为基础构造的滤波器，并以各滤波器的输出综合出目标的运动状态估计。由于模型集合中包含有对应于目标当前的真实运动规律的模型，因此，理论上，MM 方法具备达到全局最优估计的潜力。

虽然多模型滤波已应用在某些系统中，并取得了很好的效果，在理论上，它仍然处在快速发展之中，它仍是目标跟踪领域的研究热点。本节仅介绍其中的一些基本概念和部分结论。

3.5.1　问题描述

MM 方法可以用混合系统来描述：

$$\dot{\boldsymbol{X}}(t)=\boldsymbol{f}(\boldsymbol{X}(t),\boldsymbol{S}(t),\boldsymbol{W}(t),t) \tag{3-158}$$

$$\boldsymbol{Z}(t)=\boldsymbol{h}(\boldsymbol{X}(t),\boldsymbol{S}(t),\boldsymbol{V}(t),t) \tag{3-159}$$

其中，$\boldsymbol{X}(t)$ 是基态，是连续变化的；$\boldsymbol{s}(t)$ 为系统模态（模式状态或模型状态），是离散变化的，呈阶梯状，也就是说随着时间的变化其取值要么不变、要么跳转；$\boldsymbol{Z}(t)$ 为测量数据；$\boldsymbol{W}(t)$ 和 $\boldsymbol{V}(t)$ 分别为过程噪声与测量噪声。

MM 方法还可以用一种称之为线性阶跃系统的离散混合系统来描述：

$$\boldsymbol{X}_{k+1}=F_k(\boldsymbol{S}_{k+1})\boldsymbol{X}_k+G_k(\boldsymbol{S}_{k+1})\boldsymbol{W}_k(\boldsymbol{S}_{k+1}) \tag{3-160}$$

$$\boldsymbol{Z}_k=H_k(\boldsymbol{S}_k)\boldsymbol{X}_k+\boldsymbol{V}_k(\boldsymbol{S}_k) \tag{3-161}$$

定义 $\xi=[\boldsymbol{X}^{\mathrm{T}},\boldsymbol{S}^{\mathrm{T}}]^{\mathrm{T}}$ 为系统的全部状态，则系统为一个既包含连续状态，又包含离散状态的混合系统。显见，这类系统为非线性系统。但如果 $\boldsymbol{S}$ 是已知的，则系统就可看成是线性系统了。另外，如果 $\boldsymbol{S}$ 是马尔可夫链，即对于任意的 i,j,k，$P\{\boldsymbol{S}_{k+1}^{(j)}\mid\boldsymbol{S}_k^{(j)}\}=p_{ij,k}$，则称该系统为马尔可夫跳跃系统，其中，$\boldsymbol{S}_k^{(j)}$ 表示在时刻 k 以目标模式或模型进行运动。

这里，模式是指目标的结构或现象的一种特定的样式，而模型则是对这种样式的一种数学表示或描述，对于同一种运动模式，可以由多种精度不同的数学模型描述。因此，模型通常是对模式的一种简化或近似描述,也就是说模型对目标运动的描述是有误差的;而且,模型集合 M 的元素要远多于模式空间 S 的元素。

多模滤波主要包含如下要素:

(1)模型集的构造

这是多模型滤波器区别于其他滤波器的关键特征,它同时需要利用多个模型,而不是一个模型进行滤波。多模滤波的性能很大程度上取决于所构造的模型集。如果模型集中没有与目标真实运动模式很好匹配的模型或与之匹配模型的精度太低,将严重影响滤波的性能。模型集可以由一定数量的、预先设计好的固定参数模型组成,也可以根据运行情况,自适应地构造模型。

(2)模型序列的构造

多模滤波同时运行的多个滤波器分别使用不同的模型。然而,对于不同的应用,其中的单个滤波器使用的模型序列可以有不同的构造方法:有的被设计成只采用单个固定的模型(也就是模型不发生跳转)进行滤波,有的则允许从一个模型迁移到另一个模型。在允许模型迁移的情况下,若需要控制计算复杂性,类似于进化算法,需要进行模型序列的筛选。

(3)基于模型序列的滤波

基于每一个构造的模型序列,采用传统的滤波方法,如卡尔曼滤波器、扩展卡尔曼滤波器或概率数据互联滤波器等,进行滤波计算。

(4)对单个滤波器输出的综合

依据不同的策略得到多模型滤波器的综合输出,如选择最优的滤波器的输出作为多模型滤波器的综合输出(硬决策),或对所有的单模型滤波器的输出进行组合得到多模型滤波器的综合输出(属于软决策方法)。

可以看出,多模型滤波可以基于不同的假设或简化策略进行系统抽象,它们的计算复杂性往往有较大的差别。一般说来,虽然并不是更复杂的算法就能得到更好的滤波性能,但更好的滤波性能往往需要更复杂的算法。在多模型滤波中,尤其是在"构造模型序列 - 基于模型序列的滤波"的过程中,需要采用迭代算法,因此,往往需要占用较多的系统资源。

从模型序列构造的角度,可以大致将多模型滤波分为三类:自治多模型(Autonomous MM, AMM)滤波,协同多模型(Cooperating MM, CMM)滤波和变结构多模型(variable - structure MM, VSMM)滤波,它们的基本假设如下表所示:

表 3-1 多模型滤波分类

多模型滤波方法 / 基本假设	AMM	CMM	VSMM
A1:对于任意的 k,s_k 是定常的,即 $s_k=s$	是	否	否
A2:对于任意的 k,S 是定常的,且 $S_k=\mathrm{M}$	是	是	否
A3:s_k 是(半)马尔可夫序列	否	是	是

变结构多模型滤波中,如何根据测量序列构造各个时刻用于组成模型集的候选模型是至关重要的问题,由于这种方法仍在快速发展之中,而实际应用较少,因此,不作为本节介绍内容。

3.5.2　最优判据

令 x 为连续型随机变量，m 为有 M 个可能的取值的离散型随机变量，则 $\xi=(x,m)$ 为一个混合随机变量。用数据 z 以经典贝叶斯方法估计 ξ，需要估计联合概率密度函数－概率质量函数(joint probability density function － probability mass function，pdf－pmf)。但多模型滤波往往采用值估计方法，尤其是最小均方差方法(minimum mean－square error，MMSE)和最大后验概率方法(maximum a posteriori，MAP)。定义连续变量 x 和离散变量 m 的估计器：

$$\begin{aligned}\hat{x}^{\mathrm{MMSE}}&=E[x\mid z]\\ \hat{m}^{\mathrm{MMSE}}&=E[m\mid z]\\ \hat{x}^{\mathrm{MAP}}&=\arg\max_{x} f(x\mid z)\\ \hat{m}^{\mathrm{MAP}}&=\arg\max_{m} p(m\mid z)\end{aligned}\tag{3-162}$$

其中，$f(\cdot)$ 为 pdf，$p(\cdot)$ 为 pmf，$\arg\max\limits_{x} g(x)$ 表示以 x 为参数对函数 $g(x)$ 的取值最大化。定义：

$$(\hat{x}^{\mathrm{JMAP}},\hat{m}^{\mathrm{JMAP}})=\arg\max_{x,m} p(x,m\mid z)\tag{3-163}$$

其中，$p(x,m)=f(x\mid m)p(m)$ 为联合 pdf－pmf。定义：

$$\hat{x}^{\mathrm{AMP}}(\hat{m})\arg\max_{x} f(x\mid z,\hat{m})\tag{3-164}$$

其中，$\hat{m}$ 可能取各种优化意义下的估计器，但通常取为 $\hat{m}^{\mathrm{MAP}}$。

下面举例说明式(3－162)、(3－163)和(3－164)的含义。设高斯分布的合成密度函数：

$$f(x)=p_1N(y_1;\bar{y}_1,\sigma_1^2)+p_2N(y_2;\bar{y}_2,\sigma_2^2)+p_3N(y_3,\bar{y}_3,\sigma_3^2)\tag{3-165}$$

$$N(y_i;\bar{y}_i,\sigma_i^2)=\frac{1}{\sqrt{2\pi}\sigma_i}\exp\left[\frac{-(y_i-\bar{y}_i)^2}{2\sigma_i^2}\right],p_i=p\{m=m^{(i)}\}\tag{3-166}$$

取 $(\bar{y}_1,\bar{y}_2,\bar{y}_3)=(-3,0,5)$，$(\sigma_1^2,\sigma_2^2,\sigma_3^2)=(1.6^2,2.25^2,2^2)$，若定义：

$\hat{x}_1=\hat{x}^{\mathrm{MMSE}}=p_1\bar{y}_1+p_2\bar{y}_2+p_3\bar{y}_3$；

$\hat{x}_2=\hat{x}^{\mathrm{JMAP}}$ 位于加权概率密度峰值最大的分量的峰值；

$\hat{x}_3=\hat{x}^{\mathrm{MAP}}$ 位于混合概率密度函数 $f(x)$ 的峰值；

$\hat{x}_4=\hat{x}^{\mathrm{MAP}}(\hat{m}^{\mathrm{MAP}})$ 位于概率 p_i 最大的分量的峰值；

$\hat{x}_5=\hat{x}^{\mathrm{MAP}}(\hat{m}=m^{(i)})$ 位于概率密度函数峰值最大的分量的峰值处。当权重集合取不同的值时，各估计器分别示于图 3－10(a)、(b)中：

图中，粗实线为混合概率密度。$\hat{x}^{\mathrm{MMSE}}$ 和 $\hat{x}^{\mathrm{MAP}}$ 这两种常用的值估计器，它们分别对应于下面的贝叶斯代价函数的均值最小的情况：

$$C_1(x-\hat{x})=(x-\hat{x})^2\tag{3-167}$$

$$C_3(x-\hat{x})=\lim_{\varepsilon\to 0}\mathbf{1}(|x-\hat{x}|-\varepsilon)\tag{3-168}$$

其中 $\mathbf{1}(x)$ 为单位阶跃函数。

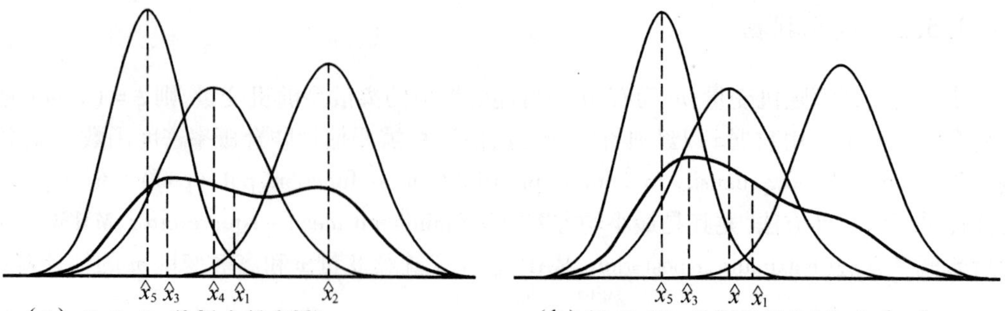

(a) p_1,p_2,p_3=(0.21,0.41,0.38)　　(b) (p_1,p_2,p_3)=(0.25,0.51,0.24), $\hat{x}=\hat{x}_2=\hat{x}_4$

图 3－10　MMSE 和 MAP 估计器示意图

3.5.3　自治多模型滤波

自治多模型滤波是基于表 3－1 中的 $A1$、$A2$ 两个假设的，它假设目标的真实运动模式是未知和定常的且不存在模型失配，它的模型序列如图 3－11 所示。

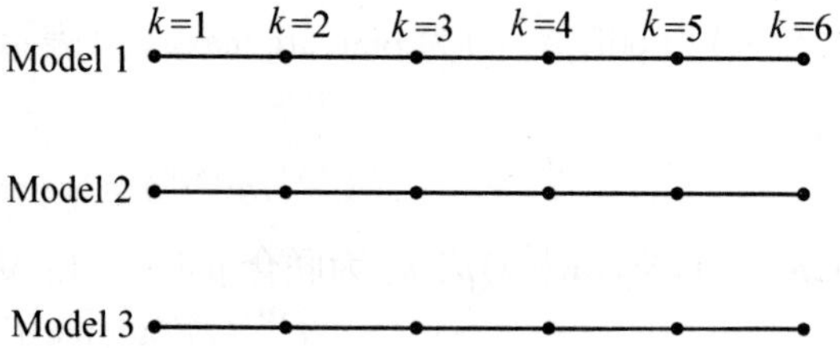

图 3－11　自治多模型滤波的模型序列

由于在整个过程中，假定目标的运动规律不发生变化，因此在各种情况下模型在 k 时刻的概率与模型序列概率相等，即：

$$P\{m_k^{(i)} \mid A,A1\} = P\{m_1^{(i)},m_2^{(i)},\cdots,m_k^{(i)} \mid A,A1\} \tag{3-169}$$

其中，A 表示任何事件，$m_k^{(i)}$ 表示模型 $m^{(i)}$ 在 k 时刻与目标的真实运动模式相匹配。

为简化表示，将各个模型序列简写为

$$m_{(i)}^k = \{m_1^{(i)},m_2^{(i)},\cdots,m_k^{(i)}\},m^{(i)} \in M \tag{3-170}$$

下面介绍 MMSE－AMM 最优滤波器的状态估计，其表达式为

$$\boldsymbol{X}_{k|k} = E[\boldsymbol{X}_k \mid \boldsymbol{Z}^k,A1,A2] = \sum_{i=1}^{M} E[\boldsymbol{X}_k \mid \boldsymbol{Z}^k,m_{(i)}^k]P\{m_{(i)}^k \mid \boldsymbol{Z}^k,A1,A2\} = \sum_{i=1}^{M} \hat{\boldsymbol{X}}_{k|k}^{(i)}\mu_k^{(i)} \tag{3-171}$$

其中，$\boldsymbol{Z}^k=(\boldsymbol{Z}_1,\boldsymbol{Z}_2,\cdots,\boldsymbol{Z}_k)$ 表示测量序列，$\mu_k^{(i)}=P\{m_{(i)}^k \mid \boldsymbol{Z}^k,A1,A2\}$ 表示模型序列 $m_{(i)}^k$ 在假设 $A1$、$A2$ 条件下的后验模型概率，$\hat{\boldsymbol{X}}_{k|k}^{(i)}=E[\boldsymbol{X}_k \mid \boldsymbol{Z}^k,m_{(i)}^k]$ 是采用第 i 个模型 $m^{(i)}$ 的 MMSE 滤波器在 k 时刻的估计值。

按照 MMSE－AMM 方法，高斯白噪声系统的卡尔曼滤波方程可分为以下三个部分：

(1) 单模型的滤波 ($i=1,2,\cdots,M$)

状态预测

$$\hat{\boldsymbol{X}}_{k|k-1}^{(i)} = \boldsymbol{F}_{k-1}^{(i)}\hat{\boldsymbol{X}}_{k-1|k-1}^{(i)} + \boldsymbol{G}_{k-1}^{(i)}\overline{\boldsymbol{W}}_{k-1}^{(i)} \tag{3-172}$$

协方差预测

$$\boldsymbol{P}_{k|k-1}^{(i)} = \boldsymbol{F}_{k-1}^{(i)}\boldsymbol{P}_{k-1|k-1}^{(i)}(\boldsymbol{F}_{k-1}^{(i)})^{\mathrm{T}} + \boldsymbol{G}_{k-1}^{(i)}\boldsymbol{Q}_{k-1}^{(i)}(\boldsymbol{G}_{k-1}^{(i)})^{\mathrm{T}} \tag{3-173}$$

测量残余误差

$$\tilde{\boldsymbol{Z}}_k^{(i)} = \boldsymbol{Z}_k - \boldsymbol{H}_k^{(i)}\hat{\boldsymbol{X}}_{k|k-1}^{(i)} + \overline{\boldsymbol{V}}_{k-1}^{(j)} \tag{3-174}$$

残余误差的协方差

$$S_k^{(j)} = H_k^{(i)} P_{k|k-1}^{(i)} (H_k^{(i)})^{\mathrm{T}} + R_k^{(i)} \tag{3-175}$$

滤波器增益

$$K_k^{(i)} = P_{k|k-1}^{(i)} (H_k^{(i)})^{\mathrm{T}} (S_k^{(i)})^{-1} \tag{3-176}$$

状态更新

$$\hat{\boldsymbol{X}}_{k|k}^{(i)} = \hat{\boldsymbol{X}}_{k|k-1}^{(i)} + K_k^{(i)} \tilde{\boldsymbol{Z}}_k^{(i)} \tag{3-177}$$

协方差更新

$$P_{k|k}^{(j)} = P_{k|k-1}^{(i)} - K_k^{(i)} S_k^{(i)} (K_k^{(i)})^{\mathrm{T}} \tag{3-178}$$

(2)模型概率计算($i=1,2,\cdots,M$)

令模型似然

$$L_k^{(i)} = p[\tilde{\boldsymbol{Z}}_k^{(i)} \mid m_{(i)}^k, \boldsymbol{Z}^{k-1}] = \frac{\exp[-(1/2)(\boldsymbol{Z}_k^{(i)})^{\mathrm{T}}(S_k^{(i)})^{-1}\tilde{\boldsymbol{Z}}_k^{(i)}]}{\sqrt{2\pi S_k^{(i)}}} \tag{3-179}$$

模型概率

$$\mu_k^{(i)} = \frac{\mu_{k-1}^{(i)} L_k^{(i)}}{\sum_{j=1}^{M} \mu_{k-1}^{(j)} L_k^{(j)}} \tag{3-180}$$

(3)合成输出值估计

总的估计

$$\hat{\boldsymbol{X}}_{k|k} = \sum_{i=1}^{M} \hat{\boldsymbol{X}}_{k|k}^{(i)} \mu_k^{(i)} \tag{3-181}$$

总的协方差

$$P_{k|k} = \sum_{i=1}^{M} [P_{k|k}^{(i)} + (\hat{\boldsymbol{X}}_{k|k} - \hat{\boldsymbol{X}}_{k|k}^{(i)})(\hat{\boldsymbol{X}}_{k|k} - \boldsymbol{x}_{k|k}^{(i)})^{\mathrm{T}}] \mu_k^{(i)} \tag{3-182}$$

3.5.4　协同多模型滤波

协同多模型滤波是基于表 3-1中的 A2 、A3 两个假设的，它假设模型对目标的真实运动模式不存在匹配误差，但目标的运动模式是随时间以马尔可夫过程或半马尔可夫过程变化的，可以证明，对于有 M 个模型的最优 MM 滤波器的模型序列个数随时间 k 按指数规律 M^k 增长，如图 3-12 所示。

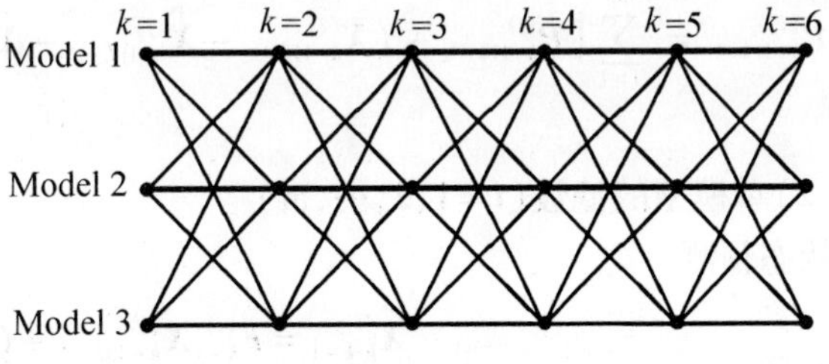

图 3-12　最优的 MM 滤波器的模型序列

对于不同的模型序列，将产生不同的估计结果。这要求在时刻 k，M 个滤波器都需要进行 M^{k-1}次单步滤波计算，每一次都采用不同的估计初始状态 $\bar{x}_{k-1|k-1}^{(i)} = E[x_{k-1} \mid z^{k-1}, m^{k-1,j}]$ 及其协方差，其中，$m^{k-1,i}$表示 $k-1$ 时间内 M^{k-1}个模型序列中的一个。

为了减少计算负担，不同的协同多模型滤波方法给出了不同的模型序列数量控制策略、第 k 步滤波计算的初始状态及其协方差(称之为滤波器再初始化)。其中，著名的交互多模型(Interacting Multiple - Model, IMM)滤波将模型序列始终控制在 M 个，对于任意时刻

k,每个滤波器都只进行一次单步滤波计算,其输入为所有滤波器在 $k-1$ 时刻的加权输出,如图3-13所示。IMM 滤波器的再初始化为

$$X_{k-1|k-1}^{(i)} = E[X_{k-1} \mid z^{k-1}, m_k^{(i)}] = E\{E[X_{k-1} \mid m_{k-1}^{(i)}, m_k^{(i)}, Z^{k-1}] \mid Z^{k-1}, m_k^{(i)}\}$$

$$= \sum_{j=1}^{M} \hat{X}_{k-1|k-1}^{(j)} P\{m_{k-1}^{(j)} \mid Z^{k-1}, m_k^{(i)}\} \tag{3-183}$$

对于以式(3-160)、(3-161)表示的以高斯白噪声为过程噪声和测量噪声的马尔可夫跳跃系统,令 $\tau_{k-1}^{(i)}$ 为到 $k-1$ 时刻目标的运动模式停留在 $m^{(i)}$ 的时间长,定义模型逗留时间下的模型转移概率为

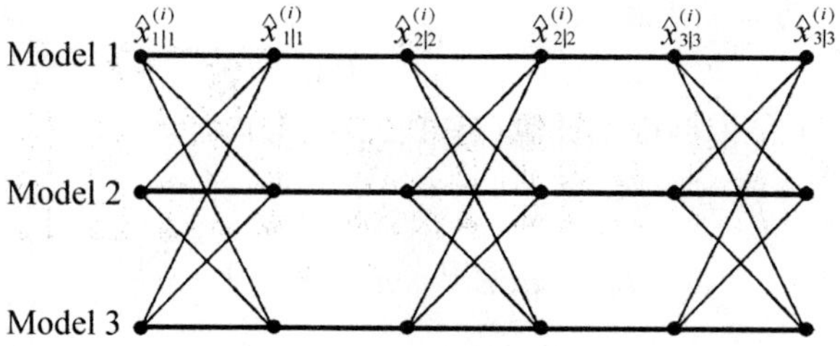

图 3-13 IMM 滤波器的模型序列

$$\pi_{ji}(\tau) = P\{m_k^{(j)} \mid m_{k-1}^{(i)}, \tau_{k-1}^{(i)} = \tau\} \tag{3-184}$$

则 IMM 完整的迭代计算过程如下:

(1)单模型的再初始化($i=1,2,\cdots,M$)

令模型预测概率

$$\mu_{k|k-1}^{(i)} = P\{m_k^{(i)} \mid Z^{k-1}\} = \sum_{j=1}^{M} \pi_{ji}\mu_{k-1}^{(j)} \tag{3-185}$$

令混合权值

$$\mu_{k-1}^{j|i} = P\{m_{k-1}^{(j)} \mid m_k^{(i)}, Z^{k-1}\} = \pi_{ji}\mu_{k-1}^{(j)}/\mu_{k|k-1}^{(j)} \tag{3-186}$$

令混合估计

$$\overline{X}_{k-1|k-1}^{(i)} = E[X_{k-1} \mid m_k^{(i)}, Z^{k-1}] = \sum_{j=1}^{M} \hat{X}_{k-1|k-1}^{(j)}\mu_{k-1}^{j|i} \tag{3-187}$$

混合协方差

$$\overline{P}_{k-1|k-1}^{(i)} = \sum_{j=1}^{M} [P_{k-1|k-1}^{(j)} + (\overline{X}_{k-1|k-1}^{(i)} - \hat{X}_{k-1|k-1}^{(j)} - \hat{X}_{k-1|k-1}^{(j)})(\overline{X}_{k-1|k-1}^{(i)} - \hat{X}_{k-1|k-1}^{(j)})^{\mathrm{T}}]\mu_{k-1}^{j|i} \tag{3-188}$$

(2)单模型的滤波($i=1,2,\cdots,M$)

状态预测

$$\hat{X}_{k|k-1}^{(i)} = F_{k-1}^{(i)}\hat{X}_{k-1|k-1}^{(i)} + G_{k-1}^{(i)}\overline{W}_{k-1}^{(i)} \tag{3-189}$$

协方差预测

$$P_{k|k-1}^{(i)} = F_{k-1}^{(i)}P_{k-1}^{(i)}(F_{k-1}^{(i)})^{\mathrm{T}} + G_{k-1}^{(i)}Q_{k-1}^{(i)}(G_{k-1}^{(i)})^{\mathrm{T}} \tag{3-190}$$

测量残余误差

$$\tilde{Z}_k^{(i)} = Z_k - H_k^{(i)}\hat{X}_{k|k-1}^{(i)} + \overline{V}_{k-1}^{(i)} \tag{3-191}$$

残余误差的协方差

$$S_k^{(i)} = H_k^{(i)}P_{k|k-1}^{(i)}(H_{k|k-1}^{(i)})^{\mathrm{T}} + R_k^{(i)} \tag{3-192}$$

滤波器增益

$$K_k^{(i)} = P_{k|k-1}^{(i)}(H_k^{(i)})^{\mathrm{T}}(S_k^{(i)})^{-1} \tag{3-193}$$

状态更新

$$\hat{X}_{k|k}^{(i)}=\hat{X}_{k|k-1}^{(i)}+K_k^{(i)}\tilde{Z}_k^{(i)} \tag{3-194}$$

协方差更新

$$P_{k||k}^{(i)}=P_{k|k-1}^{(i)}-K_k^{(i)}S_k^{(i)}(K_k^{(i)})^{\mathrm{T}} \tag{3-195}$$

(3)模型概率计算($i=1,2,\cdots,M$)

令模型似然

$$L_k^{(i)}=p[\tilde{Z}_k^{(i)}\mid m_{(i)}^k,Z^{k-1}]=\frac{\exp[-(1/2)(\tilde{Z}_k^{(i)})^{\mathrm{T}}(S_k^{(i)})^{-1}\tilde{Z}_k^{(i)}]}{\sqrt{2\pi S_k^{(i)}}} \tag{3-196}$$

模型概率

$$\mu_k^{(i)}=\frac{\mu_{k|k-1}^{(i)}L_k^{(i)}}{\sum\limits_{j=1}^{M}\mu_{k|k-1}^{(j)}L_k^{(j)}} \tag{3-197}$$

(4)合成输出值估计

总的估计

$$\hat{X}_{k|k}=\sum_{i=1}^{M}\hat{X}_{k|k}^{(j)}\mu_k^{(i)} \tag{3-198}$$

总的协方差

$$P_{k|k}=\sum_{i=1}^{M}[P_{k|k}^{(i)}+(\hat{X}_{k|k}-\hat{X}_{k|k}^{(i)})(\hat{X}_{k|k}-\hat{X}_{k|}^{(i)})^{\mathrm{T}}]\mu_k^{(i)} \tag{3-199}$$

3.6 应用示例

本节介绍一种在线实时估计目标运动加速度的方法,并以之实时优化最小二乘滤波器的记忆长度,从而实现一种面向机动目标的最小二乘自适应滤波器。

3.6.1 最小二乘滤波记忆长度的优化

考虑目标加速度大小恒定、沿圆周在一个水平面内运动的情况。令 R 为目标运动轨迹的半径,v_z 为目标速度 V 在竖直轴的投影,(x_0,y_0)为目标的旋转中心坐标,则:

$$v_z=0 \tag{3-200}$$

$$\sqrt{(x-x_a)^2+(y-y_0)^2}=R \tag{3-201}$$

x、y 的表达式也可写为

$$x=x_o+R\cdot\cos(\omega\cdot t+\omega_0) \tag{3-202}$$

$$y=y_o+R\cdot\sin(\omega\cdot t+\omega_0) \tag{3-203}$$

式中,$|V|=\sqrt{v_x^2+v_y^2+v_z^2}$,$\omega=|V|/R$。

基于最小二乘的滤波算法的滤波误差主要来源于以下三个部分:

(1)模型误差:由于目标运动模型与目标的实际运动规律的差异引起的误差;

(2)算法误差:由于记忆长度 N 是有限的,滤波算法不可能完全消除测量误差的影响;

(3)计算误差:基本上可以忽略。

下面仅说明以 x 轴向数据滤波。以 e_x 表示滤波输出误差,将其近似为算法误差和模型误差的代数和。

当最小二乘算法采用匀速直线运动模型时，在图 3－14 所示情况下，由模型引入的误差 $l(R,\theta)=|AB|$。令 $\gamma_{1M}(\theta)=\dfrac{l(R,\theta)}{R\cdot\theta^2}$，$\Delta=v\cdot T$，$a=\sqrt{a_x^2+a_y^2+a_z^2}$，数值计算表明，当 $\theta\in(0,1)$ 时，可以近似取 $\gamma_{1M}=0.32$。

由于算法误差和模型误差相互独立，为使 $E(e_x^2)$ 取最小值，由式(3－108)可知，以 $(\gamma_{1M}\cdot R\cdot\theta^2)^2$ 和 $4\cdot\sigma_{\bar{x}}^2/N$ 对 N 求导，其导数和应为零，则有：

$$N^{2.5}=\frac{4\cdot R\cdot\sigma_{\bar{x}}}{\gamma_{1M}\cdot\Delta^2}\approx\frac{12.5\cdot R\cdot\sigma_{\bar{x}}}{\Delta^2}=\frac{12.5\cdot\sigma_{\bar{x}}}{a\cdot T^2}\tag{3-204}$$

其中，N 为最小二乘的记忆长度，a 为目标的机动加速度，T 为雷达测量周期，$\sigma_{\bar{x}}$ 为雷达测量误差在 x 轴向的均方差。当最小二乘算法采用匀加速直线运动模型时，在图 3－15 所示情况下，由模型引入的误差 $l(R,\theta)=|EG|$。令 $\gamma_{2M}(\theta)=\dfrac{l(R,\theta)}{R\cdot\theta^4}$，数值计算表明，当 $\theta\in(0,1)$ 时，可以近似取 $\gamma_{2M}=0.0088$。同样，由式(3－113)可知，以 $(\gamma_{2M}\cdot R\cdot\theta^4)^2$ 和 $9\cdot\sigma_{\bar{x}}^2/N$ 对 N 求导，当导数和为零时，$E(e_x^2)$ 取最小值，则

$$N^{4.5}=\frac{12\sqrt{2}\cdot R^3\cdot\sigma_{\bar{x}}}{\gamma_{2M}\cdot\Delta^4}\approx\frac{1\,928\cdot R\cdot\sigma_{\bar{x}}}{a^2\cdot T^4}\tag{3-205}$$

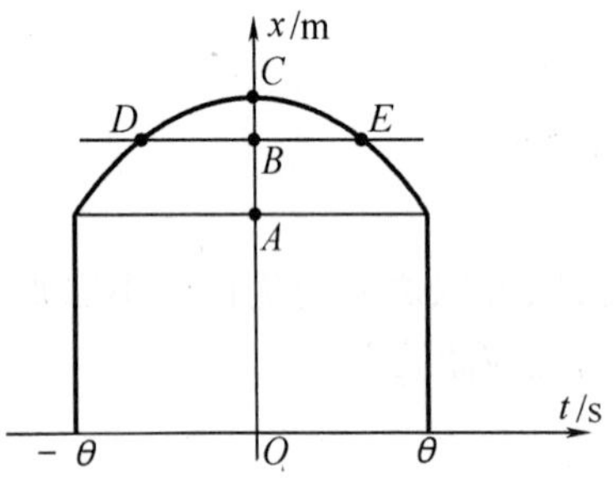

图 3－14　采用匀速直线运动模型时模型引入的误差示意图

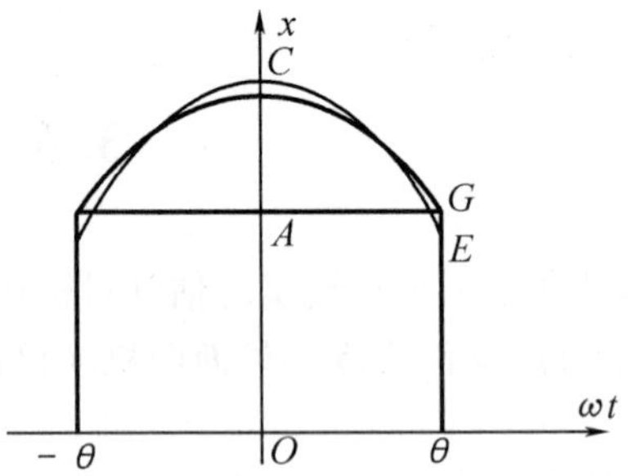

图 3－15　采用匀加速直线运动模型时模型引入的误差示意图

由式(3－204)、(3－205)可以看出，目标的机动强度（加速度 a、运动半径 R）、雷达的数据率、雷达测量误差对最小二乘滤波器的优化记忆长度都有影响。因此，对于机动目标跟踪问题，滤波器的自适应，至少应包含对目标的机动强度、雷达的数据率、雷达测量误差这三个主要影响因素的自适应。其中，由于雷达为已方设备，其参数（数据率、测量误差）容易得到；而目标的机动强度则只能通过估计得到。

3.6.2　加速度的估计问题

可以以式(3－112)估算目标的加速度。当"观察长度"N 取值较小时，能较早地发现目标大强度的机动，但将引入较大的加速度估计误差。因此，N 的取值应当与目标的运动加速度的大小相关，而不应是一个常值。

首先考查一阶最小二乘滤波器的情况。令 N_1 为一阶最小二乘滤波器的优化记忆长

度，N_2 为运动目标加速度估计的"观察长度"，$N_2=\gamma_a\cdot N_1$，由式(3-108)和式(3-204)可知：

$$\sigma_{a_x}=\frac{26.83}{T^2\cdot N_2^{2.5}}\cdot\sigma_{\tilde{x}}=\frac{26.83}{T^2\cdot(\gamma_a\cdot N_1)^{2.5}}\cdot\sigma_{\tilde{x}}=\frac{26.83}{T^2\cdot\gamma_a^{2.5}\cdot\dfrac{12.5\cdot\sigma_{\tilde{x}}}{a_x\cdot T^2}}\cdot\sigma_{\tilde{x}}=\frac{2.15a_x}{\gamma_a^{2.5}} \tag{3-206}$$

γ_a 的取值可以在[2.5,3.5]内，此时，$0.094a_x\leqslant\sigma_{a_x}\leqslant0.218a_x$，$a_x$ 的估计值的可信度能够接受，也能及时地检测出目标的机动。

对于二阶最小二乘滤波器，可以取 $\gamma_a=1$。

3.6.3 最小二乘滤波的记忆长度在线实时优化

前文分析表明，为估计 a 需要先确定 N_2，为确定 N_2 需要先确定 N_1，而 N_1 的确定又需要先知道 a，a、N_2、N_1 的确定互相依赖。本文采用试探法求解最小二乘滤波的记忆长度 N_1。

对于一阶或二阶最小二乘滤波器，考虑有 M 个试探点，则试探点集合 $R_{N2}=\{N_{2i}\mid 1\leqslant i\leqslant M\}$。由此可分别计算出 M 个 a_i，继而分别计算出 M 个 N_{1i}，令集合 $R_{N1}=\{N_{1i}\mid 1\leqslant i\leqslant M\}$，$k$ 为模型的阶次，则 N_1 的候选集合：

$$S=\{N_{1i}\mid N_{1i}\leqslant N_{2i}/D_k(N_{2i}),i=1,\cdots,M\} \tag{3-207}$$

其中，$D_k(N_{2i})$ 为系数，其取值方法参考式(3-206)的讨论。

基于大强度机动优先准则，N_1 的取值应为：

$$N_1=\min(S) \tag{3-208}$$

3.6.4 自适应最小二乘滤波仿真实验

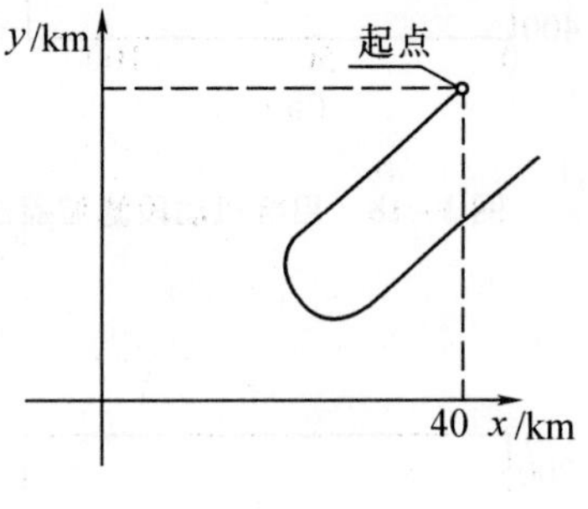

图 3-16　目标运动轨迹示意图

在数值实验中，取雷达测量的距离均方差为 50 m、方位均方差为 5.5 mrad(约 0.3 arcdeg)、数据率为 2 秒；目标 A、B、C 均以形如图 3-16 所示的轨迹恒速率运动，起点坐标为(40,40)，当目标运动到(20,20)时做半圆周运动后返回，其速率分别为 300 m/s、15 m/s、2.5 m/s，转弯半径分别为 9 km、1 km、1 km；滤波器取一阶模型，对于三个目标，其最大记忆长度分别取为 20、90、90，加速度估计试探点个数均为 7。单次数值实验中滤波器在机动段附近的记忆长度与输出误差曲线分别如图 3-17、图 3-18 所示。100 次数值实验中滤波器在机动段附近的输出误差的均值和均方差分别如图 3-19、图 3-20 所示。

由图 3-17 可以看出，基于最小二乘的自适应滤波器的记忆长度能在机动段自动调整，能较好地处理机动与非机动目标跟踪的矛盾。

在机动段，由于目标 A 的机动强度最大、最小二乘滤波器采用记忆长度最小，目标位置的滤波输出误差最大，如图 3-18 所示。这一结论与式(3-108)相吻合。

目标在机动段，由于滤波模型的原理性误差，因此，目标位置估计的误差的均值(根据 100 次数值实验统计)不为零，也就是滤波器在目标机动段存在系统误差，如图 3-19 所示。

由于在各次数值实验中传感器的误差各不相同，因此，滤波器发现目标机动的时刻也

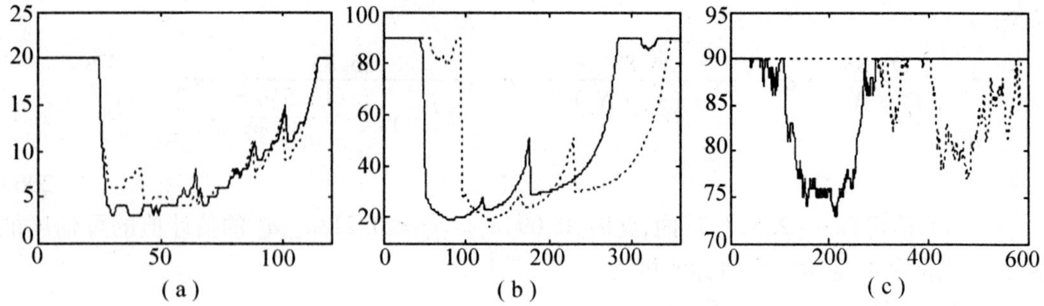

图 3-17 目标机动段滤波器的记忆长度(实线和虚线分别为 X、Y 轴的记忆长度)

(a)目标 A;(b)目标 B;(c)目标 C

是一个随机变量。对于不同的数值实验,在目标开始机动的短时间内,滤波器的记忆长度差别较大,因此,在该时间段,不同实验滤波器的输出方差较大。另外,不同实验、相同时刻的目标机动强度估计值也是一个随机变量,因此,滤波器的输出在各时段均存在一定的方差。如图 3-20 所示。

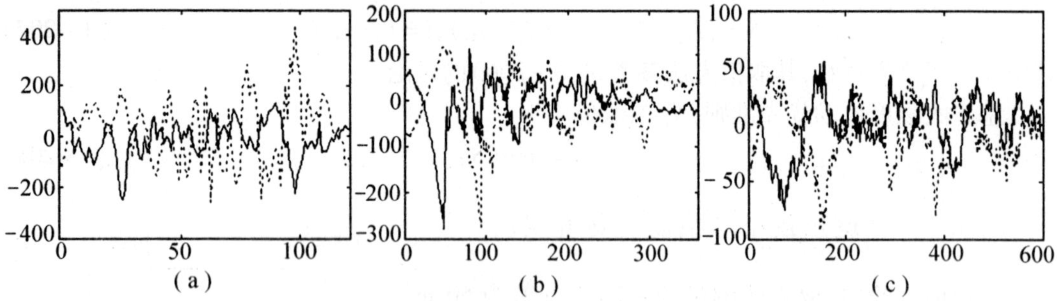

图 3-18 目标机动段滤波器的输出误差(实线和虚线分别为 X、Y 轴的滤波误差,单位为 m)

(a)目标 A;(b)目标 B;(c)目标 C

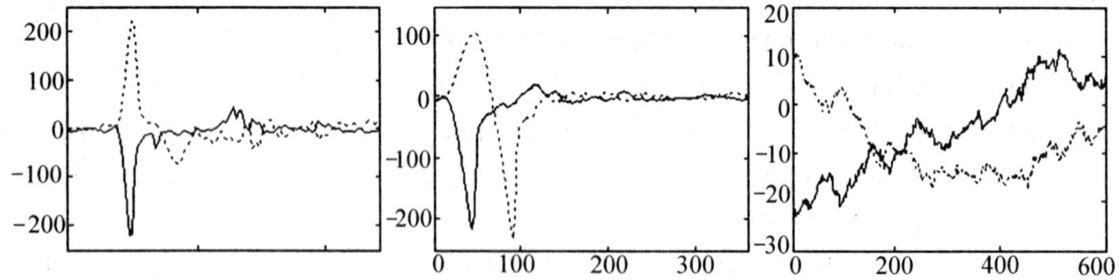

图 3-19 目标机动段滤波器输出误差的均值

(100 次数值实验;实线和虚线分别表示 X、Y 轴的均值,单位为 m)

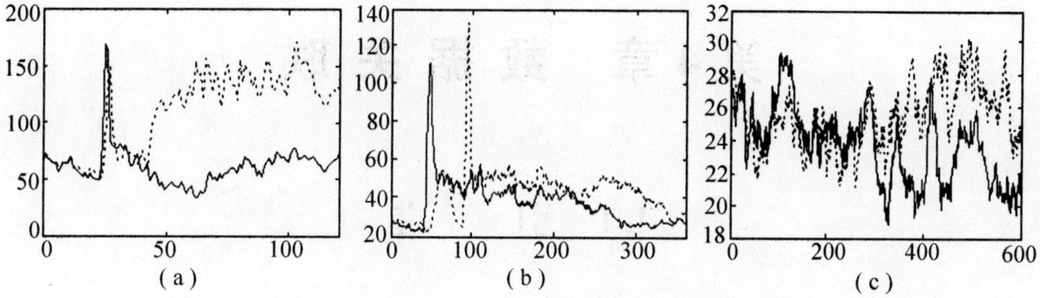

图 3-20　目标机动段滤波器输出误差的均方差

(100 次数值实验;实线和虚线分别表示 *X*、*Y* 轴的均方差,单位为 m)

(a)目标 *A*;(b)目标 *B*;(c)目标 *C*

参 考 文 献

[1] Y. Bar - Shalom, W. D. Blair, Eds. Multitarget - Multisensor Tracking: Applications and Advances III[M]. Norwood:Atech House Inc. 2000.

[2] David L. Hall, James Llinas. Handbook of Multi - sensor Data Fusion[M]. New York:CRC press, 2001.

[3] X. Rong Li, Vesselin P. Jilkov. A Survey of Maneuvering Target Tracking: Dynamic Models [J]. Proceedings of SPIE, Vol. 4048: 212 ~ 234.

[4] X. Rong Li, Vesselin P. Jilkov. A Survey of Maneuvering Target Tracking - Part III: Measurement Models[J]. Proceedings of SPIE Vol. 4473: 423 ~ 446.

[5] Y. Bar - Shalom, X. Rong Li. Multitarget - Multisensor Tracking: Principles and Techniques [M]. Storrs. YBS Publishing, CT, 1995.

[6] 戴自立. 现代舰载作战系统[M]. 北京:兵器工业出版社,1989.

[7] X. Rong Li, Vesselin P. Jilkov. A Survey of Maneuvering Target Tracking-Part V: Multiple-Model Methodfs. IEEE Transactions on Aerospace and Electronis Systems, Volltl: 1255 ~ 1321

[8]《现代数学手册》编纂委员会. 现代数学手册. 随机数学卷[M]. 武汉:华中科技大学出版社,2000

第4章　数据关联

4.1　引　言

在 C^3I 系统中,数据关联主要处理两类问题:第一类是单雷达多目标环境下的点迹与航迹的相关,即雷达当前检测到的点迹与已有航迹相互配对的过程,从而确定出点迹的隶属关系,进而进行滤波,完成航迹的更新和延续,实现系统的边扫描边跟踪;第二类是多传感器数据/多源数据的相关,即判断收到的来自多个情报源的数据(其中主要是目标的航迹数据)是否表示现实世界中同一个目标的问题。如果它们是同一个目标,则要进一步给出本融合中心依据多源输入,对目标位置和运动状态的估计,即表示同一目标的多源数据的合成。

上述第一类数据关联问题处理的常常是单源输入,主要是单雷达的输入,这是单雷达多目标的航迹处理的基本问题,也是 C^3I 系统研制的核心技术问题和难点之一;如果有办法能将点迹按目标分类,多目标跟踪就简化成了单目标跟踪,只剩下后续的滤波处理了。由于在处理方法上与第二类数据关联问题有相通之处,我们将两类数据关联问题合成一章介绍。同时,我们不严格区分“关联”与“相关”这两个意义相通的词的含义与使用。

4.2　单雷达多目标的点迹与航迹的相关

4.2.1　粗相关

在边扫描边跟踪系统中,“点迹与航迹的相关”和“滤波”是互为条件、交叉进行的。通过“相关”,以点迹的分类为滤波获得信息;通过“滤波”,以滤波获得的目标运动规律通过预测再帮助进行点迹分类;边相关边滤波,周而复始地进行。点迹和航迹的相关又可分为粗相关和细相关两个过程。实现粗相关的基本工具是跟踪波门,通过跟踪波门可以筛选出属于某个航迹的下一个周期的候选点迹。粗相关的实现可用图 4－1 表示。图中 P_0P_i 是一条已建立的目标航迹,P_i 是第 i 个周期目标经滤波以后的位置。从 P_i 出发,根据目标的运动参数和雷达天线的扫描周期等参数,计算第 $i+1$ 个雷达天线周期目标的可能位置,即外推点 P'_{i+1}。以 P'_{+1}为中心建立跟踪波门 BM,若在第 $i+1$ 个周期实时录取得到了点迹 P_a 并位于 BM 内,则认为 P_a 与航迹 P_0P_i 是粗相关的(即是一个相关点迹),而图中的 P_b 点迹则不属于 P_0P_i。如果 P_b 同时也不属于其他的任何航迹,则应是自由点迹。

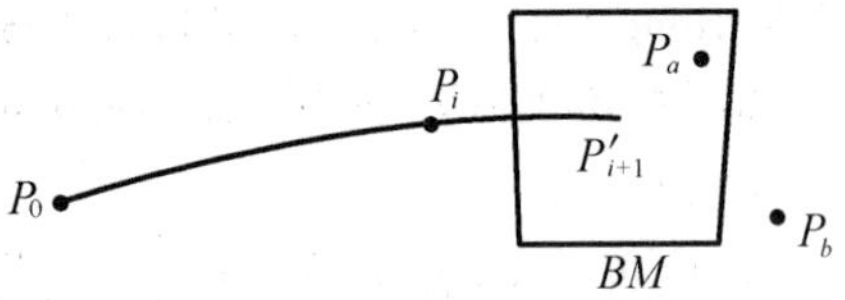

图 4－1　粗相关

对于上述情况，由于 P_a 是与 P_0P_i 唯一相关的，因此有理由认为 P_a 是 P_0P_i 的延续，从而就完成了整个相关过程，显然这是比较简单的。

4.2.2 细相关

但是在多目标环境下，通常出现一些复杂的情况，如波门内多于一个点迹、波门内没有出现点迹、两个波门相交且点迹位于交集内等，因此必须进一步用细相关技术确定候选点迹与航迹的正确配对关系。目前有两种基本方法可用来解决这些复杂问题。

（一）"全邻"方法

"全邻"方法与"最近邻"方法的不同点在于全面考虑了跟踪波门内的所有候选点迹，并根据所有候选点迹的加权和，取这些点迹的等效点迹作为航迹的相关点迹。图 4－2 是全邻相关法的一个示意图，P_1 和 P_2 分别是航迹Ⅰ和Ⅱ的外推点，相应的跟踪波门分别为 BM_1 和 BM_2，并在各自的波门内出现了若干候选点迹，用全邻相关法即是取每一波门内各点迹的加权中心如 P_a、P_b 点分别作为航迹Ⅰ、Ⅱ的相关点迹，我们可形象地称其为"重心法"。全邻法的典型代表是概率数据关联方法（PDA）和联合概率数据关联（JPDA）方法，它特别适用于高密集多回波的复杂环境，代表着现代多目标跟踪技术的发展方向。

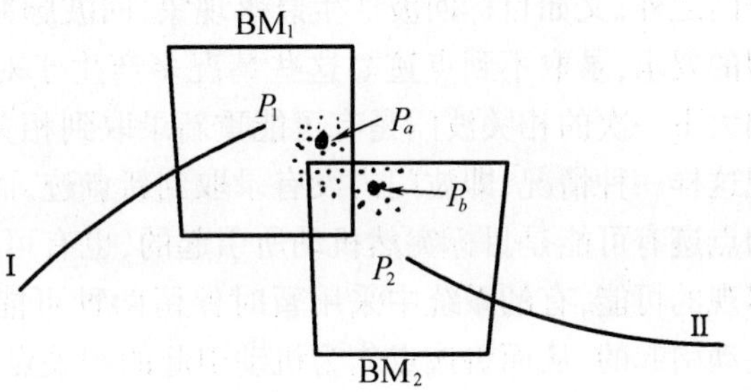

图 4－2 全邻相关法

（二）"最近邻"方法

"最近邻"方法的基本原则是选择统计距离最小或残差概率密度最大的点迹作为航迹的相关点迹（参见 4.3.2 节）。这种方法计算较简单，但在航迹交叉及航迹间距较小时，离外推点较近的点迹未必一定是该航迹的点迹，从而可发生误跟或失跟现象。

下面，就"最近邻"方法介绍细相关的一些准则。

1. 当某一航迹与一个点迹唯一相关，即只有一个点迹时，则该点迹即为该航迹的相关点迹（见图 4－1）。

2. 当某一航迹同时和几个点迹相关，在这些点迹中的某几个又和其他航迹唯一相关时，这几个点迹应属于与其唯一相关的航迹，本航迹只考虑与剩下的其他点迹相关。

如图 4－3 所示的情况，共有航迹 1、航迹 2、航迹 3 等 3 条航迹。对于航迹 1 来说，有 P_1、P_2、P_3、P_4 4 个点迹都落在其跟踪波门内，因此，它们都与航迹 1 相关。但与此同时，P_2 又是航迹 2 的唯一相关点，P_3 是航迹 3 的唯一相关点。根据上述准则，应将 P_2 和 P_3 分别判为航迹 2 和航迹 3 的新点迹，而航迹 1 只考虑与剩下的点

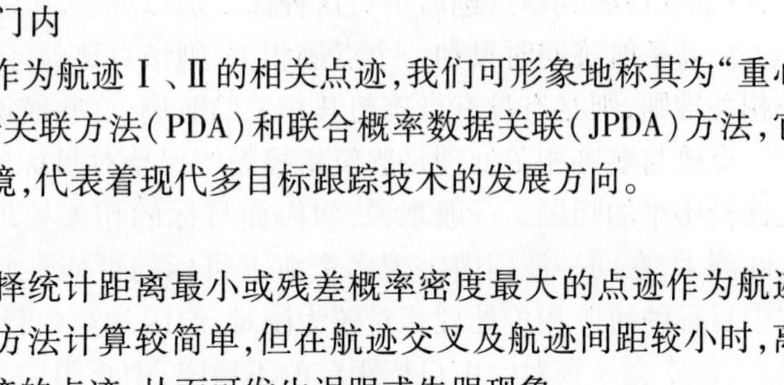

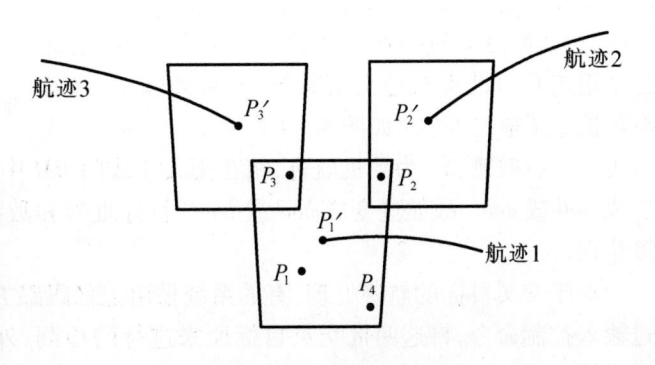

图 4－3 某一航迹同时与几个点迹相关

迹 P_1 和 P_4 相关即可，至于 P_1 和 P_4 哪个才是航迹 1 的真正相关点，还要依据另外的准则进一步加以判断。

3. 一条航迹和几个点迹同时相关时，取距离最近的作为这条航迹的新点迹。如图 4－3 中的 P_1 和 P_4 点与航迹 1 都相关，根据本准则，由于 P_1 点离航迹 1 最近，应判 P_1 作为航迹 1 的相关点迹，P_4 作为自由点迹。

4. 如果在波门内不出现新点迹，则取外推点作为新点迹，同时加大波门，以便再次录取判决。

在航迹相关过程中，出现录取不到点迹的情况有多种可能，如目标突然快速机动跑出波门之外；又如目标回波产生衰落现象，回波脉冲少或密度小，没有满足检测器检测目标准则的要求，录取不到点迹。这些情况多产生于对空中目标的跟踪过程中。按照本条准则，加大下一次的相关波门是有可能重新录取到相关点迹，并继续实施跟踪的。有时也可能出现这样一种情况，即波门内没有录取到新点迹，而在波门的外缘附近却出现点迹，这个外缘的点迹有可能是目标突然机动所引起的，也有可能是由干扰产生的虚假点迹。对于这两种客观的可能，有的系统中采用暂时保留两种可能性的办法，即考虑到这个边缘点迹是目标机动引起的，从而将该点作为机动引起的相关点迹，并按此进行外推；考虑到边缘点迹可能是虚假点，而由于衰落未能录取到目标点迹的情况，从而又同时按原航迹加大波门继续外推，待继续检测到新点迹后再对这种保留加以取舍。

5. 几条航迹同时只和一个点迹相关，则该点迹属于与其距离最近的那一条航迹。按本条相关准则，则必有没有点迹与其相关的航迹，这些航迹可按前述第 4 条办法处理。

点迹与航迹相关处理是舰艇指控系统保持对目标实施正确跟踪的十分重要的，同时也是比较困难的问题。一般来说，对海面目标的相关处理比较简单，这是因为海面目标的编队间隔大，在同一波门内出现多个海上目标的可能性较小，目标速度慢，回波较强而稳定。空中目标的航迹相关处理相对较为困难，原因是空中目标编队间隔小、速度快、回波小且起伏大，常常会导致对空中目标跟踪的不稳定、中止跟踪或丢失跟踪。因此，在考虑对空中目标的跟踪时，如何保证跟踪的稳定可靠是必须重视的大问题。下面再简单介绍一下空中目标交叉可能引起的相关错误及其处理办法。

4.2.3 目标交叉的处理

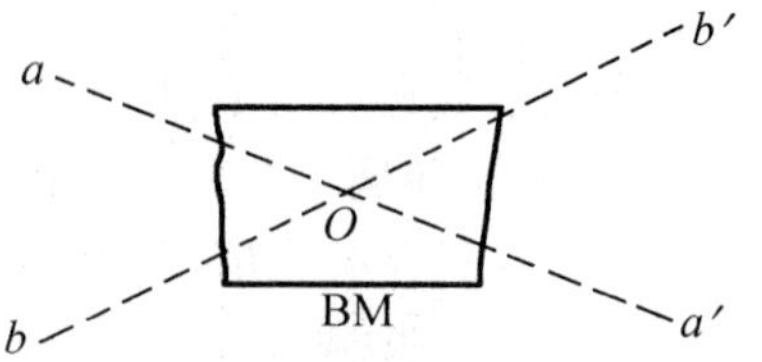

图 4－4 目标交叉可能造成的相关错误

对空中目标的跟踪有时会出现目标交叉处理问题。空战中的敌我双方飞机完全有可能进入同一波门内，两条航迹分别与两个点迹同时相关，这种情况包括追击和两批飞机迎头交叉等，如果处理不好，就有可能造成航迹互换（如图 4－4 所示）。设 aa' 为我方飞机飞行航迹，bb' 为敌机航迹，相互交叉在波门 BM 中。处理产生错误时，可能使我航迹变成 aob 或 aob'，敌航迹变成 boa 或 boa'，目标批号和敌我属性同时互换，以致造成战术决策错误。

对于交叉目标的航迹处理，有的系统采用记忆跟踪方法，当操作手发现目标交叉时，通过输入控制命令，将这两批交叉目标原来进行的检测、外推跟踪，改为记忆跟踪，即对这两批目标不进行实时的提取、相关和滤波处理，而是按目标原来的航向、航速进行外推跟踪。

如图4－4的两目标，分别按 aa' 和 bb' 方向记忆跟踪，从而避免在波门内检测可能造成的航迹处理错误。一旦两目标结束交叉，便重新恢复检测跟踪。在这个过程中，操作手应密切注意处理跟踪情况，防止出现目标转向时可能造成的错误。

要正确地进行航迹相关，在系统设计时应将可能引起相关错误的各种情况考虑周到，并采取相应的处理方法；另一方面，作为系统的操作人员，特别是录取手，要时时注意目标运动情况，尤其对于那些相互接近、交叉而有可能出现航迹相关错误的目标，更应随时监视，及时正确地进行操作，以防出现跟踪错误，一旦发现错误了，应立即纠正。

4.3　多源数据的相关

在分布式多传感器环境中，大多数传感器都有自己的信息处理系统。这些传感器信息处理系统将产生的目标航迹信息，按实际的情报报知关系，上报给预定的融合处理中心。对于融合处理中心来说，一个重要问题是如何判断来自于不同传感器系统的两组航迹数据是否代表同一个目标；如果是同一个目标，又如何将两组数据合成，以获得对目标的更好的估计；同时它也包含了将不同的目标正确的区分开来的任务。这就是来自不同传感器的航迹与航迹的同一性判定及其合成处理问题，称为航迹相关(Correlation)。实际上，它就是解决传感器空间覆盖区域中的目标重复跟踪问题，因而航迹相关也称为去重复。

在实际应用中，完成信息融合任务的常常是一个地理位置分布的依托广域网的多级式大系统，一个个分级别的融合中心则是其中的节点。融合中心常常既是情报的接收者(信宿)，又是情报的发送者(信源)。作为信宿，它接收下级融合中心的情报上报、上级融合中心或友邻融合中心的情报通报，还可能接收其下属传感器系统的上报情报。

对于传感器系统一类的信源，我们常称为直接情报源；对于融合中心一类的信源，则称为间接情报源。当然，情报的最早起源地一般为直接情报源。在实际应用中，对于某一级融合中心来说，它要对所有的输入信息进行相关处理，以避免目标的重复跟踪，不管这个输入是来自上级、还是来自下级，也不管这个输入是来自直接情报源、还是来自间接情报源。从而，我们既要考虑直接情报源与直接情报源的相关、又要考虑间接情报源与间接情报源的相关、也要考虑直接情报源与间接情报源的相关问题。图4－5的(a)、(b)、(c)分别表示了上述三类的相关。其中，直接情报源与直接情报源的相关也就是多传感器的数据相关，它是多源数据相关的组成部分和主要基础。

多源输入按情报源位置，可分为同平台、不同平台二大类。某些多源输入，它们来自同一载体平台，例如来自同一载体平台的多部雷达的数据；而有些则是不同平台的，例如来自不同地理位置的雷达的数据。对于来自同一载体平台的多传感器数据，我们常常可以将这些传感器的探测中心视为同一点，忽略这些探测中心之间的位置差异，以简化数据融合处理。显然，同平台多源数据的处理应该是不同平台多源数据的处理的特例。

在不同情报源报来的航迹间相距很远、同时没有干扰和杂波的情况下，相关处理比较简单。但在多目标、干扰、杂波、噪声和交叉、分叉航迹较多的场合下，特别在目标密集的环境中，航迹相关处理就变得困难。再加上由于传感器在距离、方位上的测量误差造成的输入数据的随机误差、传感器所在平台的位置误差、时空对准和坐标变换误差等因素的影响，使正确相关变得更加复杂和困难。

现实中的多源输入呈现多种多样的形态。为研究方便，我们可以按输入信息中含有的

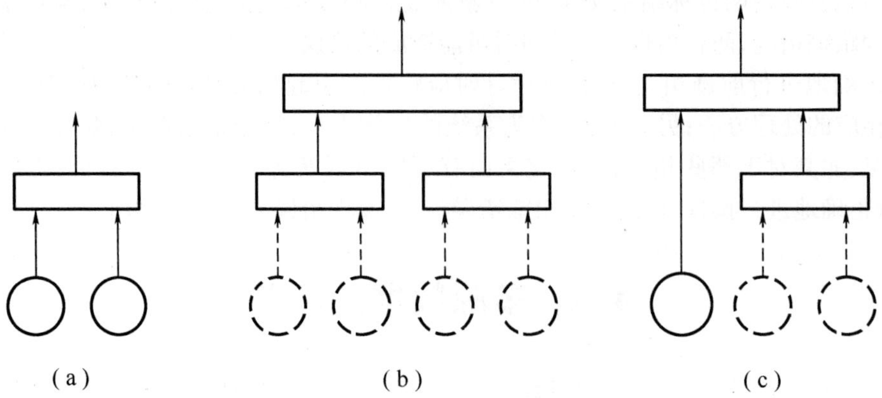

图 4－5 相关处理对象的抽象

注:图中,圆圈代表直接情报源,矩形代表间接情报源

独立测量的个数来进行分类,我们称其为维数。某些传感器,如电子侦察设备和被动工作方式下的声纳等,只能报出所测目标的方位(角度量)测量值,我们将它们的数据概括为一维数据。工程中大量使用的二坐标雷达能报出目标的方位、距离测量值,其特征是给出了目标的水平位置,我们称其为二维数据。二个具有不同地理位置的一维探测器对同一目标的方位测量,经交叉定位解算,可以得到目标的水平位置,此时也获得了一个二维数据。三坐标雷达能报出目标的方位、距离、仰角的测量值,其特征是给出了目标的空间位置,我们称其为三维数据。红外设备是一种特殊的探测器,它能报出目标的方位、仰角(均为角度量)测量值,但得不到目标的水平位置估计;它在本质上是两个一维数据测量值,为便于研究,将其单列,称为双一维数据。间接情报源报出的数据,其本质上是对直接情报源数据的处理,仍然可以根据其独立分量的个数确定其维数,例如以 x、y 形式或经纬度形式报出的目标数据是二维数据,带上目标高度信息,则成为三维数据等。

多源数据的相关处理主要涉及时空对准技术、相关判定技术和航迹合成技术。

4.3.1 时空对准

时空对准是多源数据相关的基础。它包含时间对准和空间对准两部分内容。

4.3.1.1 时间对准

多雷达或多传感器工作时,在时间上是不同步的,主要是因为以下几个方面的原因造成的:每部雷达或传感器的开机时间是不一样的;它们可能有不同的脉冲重复周期和扫描周期,即有不同的采样率;在扫描过程中,由于目标与各传感器相对位置的不同,来自不同雷达或不同传感器的目标观测数据通常不是在同一时刻得到的,存在着观测数据的时间差异。这样,在对多传感器数据作相关处理前,必须先将它们进行时间同步,或者称为时间对准。间接情报源报出的数据本质上是传感器数据的再加工,来自多个间接情报源的数据一般也是时间不同步的,也需要时间对准。

在进行多源数据的时间对准时,通常的作法是以某个来源的数据的时间作为基准,将其他来源的数据统一到这个时间点上来。

4.3.1.1.1 二维数据和三维数据的时间对准

一般,二维数据或三维数据的时间对准,可以利用其速度进行外推,也可以利用二点位置的线性插值求得。这里,假设了在局部时间范围内,目标作直角坐标系下的匀速直线运动这一基本假设。

(1)已知第 k 个情报源在时间 t_j 的位置数据 $Z_k(t_j)$,及其在时间 t_j 的速度 V;我们想将其同步到公共时间 t_i 上,则有

$$Z_k(t_i)=Z_k(t_j)+V\times(t_i-t_j) \tag{4-1}$$

(2)已知第 k 个情报源在时间 t_{j1} 和 t_{j2} 的位置数据 $Z_k(t_{j1})$ 和 $Z_k(t_{j2})$;我们想获得公共时间 t_i 上的位置数据,则有

$$Z_k(t_i)=Z_k(t_{j1})+\frac{Z_k(t_{j2})-Z_k(t_{j1})}{t_{j2}-t_{j1}}(t_i-t_{j1}) \tag{4-2}$$

4.3.1.1.2 一维数据的时间对准

众所周知,两个具有不同地理位置的纯方位探测器(例如电子侦察设备)获得的对目标的方位测量值,经过交叉定位,可以获得对目标水平位置的估计。显然,这两个方位测量必须时间同步。因此,研究一维数据的时间对准问题是有意义的。

一维数据的时间对准实际上是目标方位值向公共时间的插值,我们不能把目标在极坐标系下作匀速运动作为基本假设,因此,它比二维数据和三维数据的时间对准要困难些。

工程中有六种常用算法处理纯方位插值问题:匀角速度算法、匀角加速度算法、恒定角速变化率算法、拉格朗日插值(n 点插值)算法、三次样条插值算法和曲线拟合局部线性化的最小二乘法方位算法。

(1)匀角速度算法

假设目标在$[t_i,t_{i+2}]$时间段内围绕 A 站作匀角速运动。设 A 平台在 t_i、t_{i+1}两时刻测得的目标方位分别为 $\theta(t_i)$ 和 $\theta(t_{i+1})$,则目标在 t 时刻(t 为在$[t_i,t_{i+2}]$之间的某一时刻)的方位 $\theta(t)$为:

$$\theta(t)=\theta(t_{t+1})+\frac{\theta(t_{i+1})-\theta(t_i)}{t_{i+1}-t_i}(t-t_{i+1}) \tag{4-3}$$

(2)匀角加速度算法

设 A 平台在 t_i、t_{i+1}、t_{i+2}时刻对某目标的测量方位为 $\theta(t_i)$、$\theta(t_{i+1})$、$\theta(t_{i+2})$,于是目标在$[t_i,t_{i+1}]$,$[t_{i+1},t_{i+2}]$(它们为等时间段,即:$\Delta t=t_{i+1}-t_i=t_{i+2}-t_{i+1}$)两个时间段内相对于 A 平台的角速度为:

$$\omega_{i+1}=\frac{\theta(t_{i+1})-\theta(t_i)}{t_{i+1}-t_i}$$

$$\omega_{i+2}=\frac{\theta(t_{i+2})-\theta(t_{i+1})}{t_{i+2}-t_{i+1}}$$

由于是等角加速运动,所以目标在$[t_{i+2},t_{i+3}]$时间段内的角加速度为:

$$\varepsilon=\frac{\omega_{i+2}-\omega_{i+1}}{\Delta t}$$

于是 t 时刻(其中 t 为在$[t_{i+2},t_{i+3}]$时间段之间的某一时刻)的目标方位 $\theta(t)$为:

$$\theta(t)=\theta(t_{i+2})+\omega_{i+2}(t-t_{i+2})+\frac{1}{2}\varepsilon(t-t_{i+2})^2 \tag{4-4}$$

这就是匀角加速度外推公式。

(3)恒定角速变化率算法

恒定角速变化率外推法就是假设目标相对于传感器而言,具有恒定的角速变化率。

假设传感器平台在 t_0,t_1,t_2,t_3 时刻测量目标的方位为 $\theta_0,\theta_1,\theta_2,\theta_3$。

可以求出目标在$[t_0,t_1]$,$[t_1,t_2]$,$[t_2,t_3]$三个时间段内的角速度分别为 ω_1、ω_2、ω。

$$\omega_1=\frac{\theta_1-\theta_0}{t_1-t_0}$$

$$\omega_2=\frac{\theta_2-\theta_1}{t_2-t_1}$$

$$\omega_3=\frac{\theta_3-\theta_2}{t_3-t_2}$$

根据前提假设,有

$$\frac{\omega_3}{\omega_2}=\frac{\omega_2}{\omega_1}$$

由此可推得,目标在 t(t 为$[t_2,t_3]$时间段内的某一时刻)时刻的方位 $\theta(t)$为:

$$\theta(t)=\theta_2+(t-t_2)\frac{\omega_2^2}{\omega_1} \tag{4-5}$$

(4)拉格朗日插值算法

设 A 平台在 $t_0,t_1,t_2,\cdots,t_{n-1},t_n$ 时刻对某目标的测量方位为 $\theta(t_0),\theta(t_1),\theta(t_2),\cdots,\theta(t_{n-1}),\theta(t_n)$,于是 t 时刻(其中 t 为在$[t_i,t_{i+1}]$时间段中的某一时刻)的目标方位 $\theta(t)$为:

$$\theta(t)=\sum_{k=0}^{n}\Big[\prod_{j=0,j\neq k}^{n}\frac{(t-t_j)}{(t_k-t_j)}\Big]\theta_k \tag{4-6}$$

(5)三次样条插值算法

三次样条插值函数 $\theta(t)$可以有多种表示方法,我们这里只用其中的一种,即三弯矩法。记

$$M_i=\theta''(t_i)\quad i=0,1,2,\cdots,n$$

由于 $\theta(t)$在子区间$[t_{i-1},t_i]$上是三次多项式,所以 $\theta''(t)$在$[t_{i-1},t_i]$上是线性函数,可以表示为

$$\theta''(t)=\frac{t_i-t}{h_i}M_{i-1}+\frac{t-t_{i-1}}{h_i}M_i$$

其中

$$h_i=t_i-t_{i-1}$$

将上式积分两次,并利用插值条件 $\theta(t_{i-1})=y_{i-1}$,$\theta(t_i)=y_i$ 定出积分常数后得

$$\theta(t)=\frac{(t_i-t)^3}{6h_i}M_{i-1}+\frac{(t-t_{i-1})^3}{6h_i}M_i+\left(\frac{y_{i-1}}{h_i}-\frac{h_i}{6}M_{i-1}\right)(t_i-t)+\left(\frac{y_i}{h_i}-\frac{h_i}{6}M_i\right)(t-t_{i-1})$$

$$t_{i-1}\leqslant t\leqslant t_i,\ i=1,2,\cdots,n \tag{4-7}$$

这就是三次样条插值公式。其中的 M_i 由线性方程组(4-8)来确定。

由连续性条件有

$$\theta'(t_i^-)=\theta'(t_i^+)\qquad i=1,2,\cdots,n-1$$

即

$$\gamma_iM_{i-1}+2M_i+\alpha_iM_{i+1}=\beta_i\qquad i=1,2,\cdots,n-1$$

其中

$$\alpha_i = \frac{h_{i+1}}{h_i + h_{i+1}}$$

$$\beta_i = \frac{6}{h_i + h_{i+1}}\left[\frac{y_{i+1} - y_i}{h_{i+1}} - \frac{y_i - y_{i-1}}{h_i}\right]$$

$$\gamma_i = \frac{h_i}{h_i + h_{i+1}} = 1 - \alpha_i$$

$$i = 1, 2, \cdots, n-1$$

由边界条件有

$$\theta'(t_0) = y'_0, \quad \theta'(t_n) = y'_n$$

即

$$\begin{cases} 2M_0 + \alpha_0 M_1 = \beta_0 \\ \gamma_n M_{n-1} + 2M_n = \beta_n \end{cases}$$

其中

$$\alpha_0 = 1,\ \gamma_n = 1,\ \beta_0 = \frac{6}{h_1}\left(\frac{y_1 - y_0}{h_1} - y'_0\right),\ \beta_n = \frac{6}{h_1}\left(y'_n - \frac{y_n - y_{n-1}}{h_n}\right)$$

于是有

$$\begin{bmatrix} 2 & 1 & & & \\ \gamma_1 & 2 & \alpha_1 & & \\ & \ddots & \ddots & \ddots & \\ & & \gamma_{n-1} & 2 & \alpha_{n-1} \\ & & & \gamma_n & 2 \end{bmatrix} \begin{bmatrix} M_0 \\ M_1 \\ \vdots \\ M_{n-1} \\ M_n \end{bmatrix} = \begin{bmatrix} \beta_0 \\ \beta_1 \\ \vdots \\ \beta_{n-1} \\ \beta_n \end{bmatrix} \tag{4-8}$$

(6)曲线拟合局部线性化的最小二乘法方位算法

假设目标方位随时间的变化关系为直线，在目标点的局部邻域内建立一个线性回归方程：

$$\theta(t) = \alpha_0 + \alpha_1 t + \varepsilon$$

其中：ε 为随机误差。

利用最小二乘法可以得到回归系数：

$$\alpha_0 = \frac{2(2n+1)}{n(n-1)}\sum_{i=1}^{n}\theta_i - \frac{6}{n(n-1)}\sum_{i=1}^{n} i\theta_i$$

$$\alpha_1 = -\frac{6}{n(n-1)\Delta t}\sum_{i=1}^{n}\theta_i + \frac{12}{n(n^2-1)\Delta t}\sum_{i=1}^{n} i\theta_i$$

其中：θ_i 表示 t_i 时刻目标相对于本站的方位的测量值。

目标在 $t_n = n\Delta t$ 时刻的方位为：

$$\theta(t_n) = -\frac{2}{n}\sum_{i=1}^{n}\theta_i + \frac{6}{n(n+1)}\sum_{i=1}^{n} i\theta_i$$

于是目标在 t 时刻（t 在 $[t_n, t_{n+1}]$ 之间）的方位为：

$$\theta(t) = \theta(t_n) + \alpha_1(t - t_n) \tag{4-9}$$

4.3.1.2　空间对准

对处于不同地点的各个传感器送来的数据进行关联，必须对坐标系进行统一，即把数据都转换到融合中心的公共坐标系上来。

由于融合中心处理的常常是处于不同地点的多源数据，不再具有探测设备的测量中心的概念，因此，它应该采用全球一致的地理坐标系：对二维数据，以经纬度表示其位置，对三维数据，以经纬度加高度(或高程)表示其位置；也可以采用笛卡儿坐标系，即直角坐标系，用 x、y 坐标或 x、y、z 坐标表示二维数据或三维数据。

但雷达和多数传感器给出的目标位置是极坐标形式的数据，即目标的斜距 r、方位角 θ 和仰角 φ。在进行数据处理时，需要将其变换成地理坐标或直角坐标的形式。

这类坐标变换问题，在航海和导航界称为大地测量计算或大地主题解算，它包括正解和反解两部分。大地主题正解，是指已知一点的经纬度坐标及它与另一点的距离和方位，求另一点的经纬度坐标。大地主题反解，是指已知两点的经纬度坐标，求它们之间的距离和方位。即：

大地主题正解：已知 L_1, B_1, S, α_{12}，求 L_2, B_2, α_{21}；

大地主题反解：已知 L_1, B_1, L_2, B_2，求 $S, \alpha_{12}, \alpha_{21}$；

其中，(L_1, B_1)，(L_2, B_2) 为两点的经纬度，S 为两点间的距离，α_{12}、α_{21} 分别为第二点相对于第一点的方位和第一点相对于第二点的方位。

在处理具有不同地理位置的多个情报源数据问题中，指控系统对极坐标与地理坐标或直角坐标双向变换的处理，大致经历了三阶段，早期是简易的平面直角坐标公式，上世纪九十年代借用航海界的 Vincenty 精密公式和 Bowring 公式处理二维坐标转换，近年出现了处理三维问题的三维空间对准算法。

需要注意的是：Vincenty、Bowring 公式中的两点距离 S 是导航中的两点间大地线的距离，而平面直角坐标公式和以下两个三维空间对准算法中的两点距离 S 是平面或空间的两点间的直线距离。

4.3.1.2.1 平面直角坐标公式

早期指控使用一组基于平面三角的坐标变换公式。该公式假设地球为球体，在范围不大的区域内，将地球表面近似视为平面的条件下，建立平面直角坐标系，推导得出的近似计算公式。

正解：

$$B_2 = B_1 + \frac{S\cos\alpha_{12}}{f_1 f_\psi} \tag{4-10}$$

$$L_2 = L_1 + \frac{S\sin\alpha_{12}\cos\left(\dfrac{B_2 + B_1}{2}\right)}{f_1 f_\psi} \tag{4-11}$$

反解：

$$f_\lambda = \frac{2\pi R\cos\left(\dfrac{B_2 + B_1}{2} \cdot \dfrac{\pi}{180}\right)}{360}$$

$$y = f_1 f_\psi (B_2 - B_1)$$

$$x = f_1 f_\lambda (L_2 - L_1)$$

$$S = \sqrt{x^2 + y^2} \tag{4-12}$$

$$\alpha_{12} = \tan^{-1}\frac{x}{y} \tag{4-13}$$

式中 $R = 3\,437.75$ 海里

$f_\psi = 60$

$f_1 = 1.852$

4.3.1.2.2 Vincenty 精密公式

Vincenty 精密公式由 T. Vincenty[美]于 1975 年提出,后又经部分修改的正反解公式可应用于解算几厘米至两万千米的大地线,精度达毫米级。因此它可用来作为检验其他解法的精度标准。下面所列公式摘自文献[6]。

(1)正解公式:

$$\tan\delta_1 = \tan u_1 / \cos a_{12}$$

$$\sin m = \cos u_1 \sin a_{12}$$

$$A = \frac{1 + \frac{1}{4}k_1^2}{1 - k_1}$$

$$B = k_1\left(1 - \frac{3}{8}k_1^2\right)$$

$$k_1 = \frac{\sqrt{1 + e'^2 \cos^2 m} - 1}{\sqrt{1 + e'^2 \cos^2 m} + 1}$$

$$2\delta_m = 2\delta_1 + \delta \quad (令\ E = 2\cos^2 2\delta_m - 1) \tag{4-14}$$

$$\Delta\delta = B\sin\delta\left\{\cos 2\delta_m + \frac{B}{4}\left[E\cos\delta - \frac{B}{6}\cos 2\delta_m(4\sin^2\delta - 3)(2E - 1)\right]\right\} \tag{4-15}$$

$$\delta = \frac{s}{bA} + \Delta\delta \tag{4-16}$$

迭代式(4-14)、(4-15)、(4-16),直至 δ 满足要求为止。则正解结果:

$$\tan B_2 = \frac{\sin u_1 \cos\delta + \cos u_1 \sin\delta \cos a_{12}}{(1-f)\left[\sin^2 m + (\sin u_1 \sin\delta - \cos u_1 \cos\delta \cos a_{12})^2\right]^{1/2}}$$

$$\tan\lambda = \frac{\sin\delta \sin a_{12}}{\cos u_1 \cos\delta - \sin u_1 \sin\delta \cos a_{12}}$$

$$C = \frac{f}{16}\cos^2 m\left[4 + f(4 - 3\cos^2 m)\right]$$

$$L_2 - L_1 = \lambda - (1-c)f\sin m\{\delta + c\sin\delta[\cos 2\delta_m + E \cdot C \cdot \cos\delta]\}$$

$$\tan a_{21} = \frac{\sin m}{\cos u_1 \cos\delta \cos a_{12} - \sin u_1 \sin\delta} \tag{4-17}$$

(2)反解公式:

$$\lambda = l$$

$$\sin^2\delta = (\cos u_2 \sin\lambda)^2 + (\cos u_1 \sin u_2 - \sin u_1 \cos u_2 \cos\lambda)^2 \tag{4-18}$$

$$\cos\delta = \sin u_1 \sin u_2 + \cos u_1 \cos u_2 \cos\lambda \tag{4-19}$$

$$\tan\delta = \sin\delta / \cos\delta \tag{4-20}$$

$$\sin m = \cos u_1 \cos u_2 \sin\lambda / \sin\delta \tag{4-21}$$

$$\cos 2\delta_m = \cos\delta - 2\sin u_1 \sin u_2 / \cos^2 m \tag{4-22}$$

$$\lambda = L_2 - L_1 + (1-c)f\sin m\{\delta + c\sin\delta[\cos 2\delta_m + E \cdot C \cdot \cos\delta]\} \tag{4-23}$$

迭代式(4-18)至(4-23),直至 λ 满足终止条件为止,则

$$S=(\delta-\Delta\delta)bA \tag{4-24}$$

式中 $\Delta\delta$ 由式(4－15)求得：

$$\tan\alpha_{12}=\frac{\cos u_2\sin\lambda}{\cos u_1\sin u_2-\sin u_1\cos u_2\cos\lambda} \tag{4-25}$$

$$\tan a_{21}=\frac{-\cos u_1\sin\lambda}{\cos u_2\sin u_1-\sin u_2\cos u_1\cos\lambda} \tag{4-26}$$

注：按式(4－25)、(4－26)求正反方位角时，尚需依据分子、分母的符号确定象限。

4.3.1.2.3 Bowring 公式

Bowring 公式是 Bowring[英]于1981 年按椭球面对球面的正形投影，导出的一个崭新的椭球面上的大地主题解算公式。该公式结构非常简单，计算量小；与 Vincenty 精密公式不同，它没有迭代收敛过程，计算量可以事先控制；在其适应范围内精度很高，且易于编程。文献[6]讨论了 Bowring 公式的精度：对于 150 km 距离上精度达毫米级；对于 300 km 精度可达 0.1 m；对于 1 500 km 精度可达 10 m。

为了保证 Bowring 公式的计算精度，通常的做法是：在正算的同时又将正算的结果作为初值进行反算，比较反算的结果与正算的初值之间的差值，如果差值在误差要求的范围之内，说明正算是可以信任的，否则就需重新计算。

(1)Bowring 公式正解算法的描述

Bowring 公式的正解如下：

$$A=\sqrt{1+\mathrm{e}'^2\cos^4 B_1}$$

$$B=\sqrt{1+\mathrm{e}'^2\cos^2 B_1}$$

$$C=\sqrt{1+\mathrm{e}'^2}$$

$$\omega=A(L_2-L_1)/2$$

$$\sigma=SB^2/(aC)$$

$$L_2=L_1+\frac{1}{A}\tan^{-1}\frac{A\tan\sigma\sin\alpha_{12}}{B\cos B_1-\tan\sigma\sin B_1\cos\alpha_{12}} \tag{4-27}$$

$$D=\frac{1}{2}\sin^{-1}\left[\sin\sigma\left(\cos\alpha_{12}-\frac{1}{A}\sin B_1\sin\alpha_{12}\tan\omega\right)\right]$$

$$B_2=B_1+2D\left[B-\frac{3}{2}\mathrm{e}'^2D\sin\left(2B_1+\frac{4}{3}BD\right)\right] \tag{4-28}$$

$$\alpha_{21}=\tan^{-1}\frac{-B\sin\alpha_{12}}{\cos\sigma(\tan\sigma\cdot\tan B_1-B\cos\alpha_{12})} \tag{4-29}$$

式中 a——地球大半径，约为 6 378.245 0 km；

b——地球小半径，约为 6 356.863 019 km。

$\mathrm{e}^2=\dfrac{a^2-b^2}{a^2}$——第一偏心率的平方

$\mathrm{e}'^2=\dfrac{a^2-b^2}{b^2}$——第二偏心率的平方

(2)Bowring 公式反解算法的描述

Bowring 公式的反解如下：

$$\Delta B=B_2-B_1$$

$$D=\frac{\Delta B}{2B}\left[1+\frac{3(e')^2}{4B^2}\Delta B\sin\left(2B_1+\frac{2}{3}\Delta B\right)\right]$$

$$\omega=A(L_2-L_1)/2$$

$$E=\sin D\cdot\cos\omega$$

$$F=\frac{1}{A}\sin\omega[B\cos B_1\cos D-\sin B_1\sin D]$$

$$\sin^2\left(\frac{\sigma}{2}\right)=E^2+F^2$$

$\tan\alpha=F/E$　（象限由 E、F 的符号判定）

$$\tan H=\frac{1}{A}\tan\omega(\sin B_1+B\cos B_1\tan D)$$

$$S=aC\sigma/B^2 \tag{4-30}$$

$$\alpha_{12}=\alpha-H \tag{4-31}$$

$$\alpha_{21}=\alpha+H\pm180° \tag{4-32}$$

式中

$$\alpha=\frac{1}{2}(\alpha_{12}+\alpha_{21})$$

$$H=\frac{1}{2}(\alpha_{21}-\alpha_{12})$$

4.3.1.2.4　TDSL 公式

TDSL(Three-dimensional Space Location)公式采用空间不同坐标系的转换和投影的方法，实现经纬度、高度(高程)与方位、距离、仰角之间的双向转换，是一种计算效率高，精确度高、具有实用价值的空间三维定位方法。

(1)TDSL 正解公式

已知 A 点的经纬度和高度(j_1,w_1,h_1)以及 B 点相对 A 点的地平坐标(x,y,z)，求 B 点的经纬度和高度(j_2,w_2,h_2)，其解算流程为

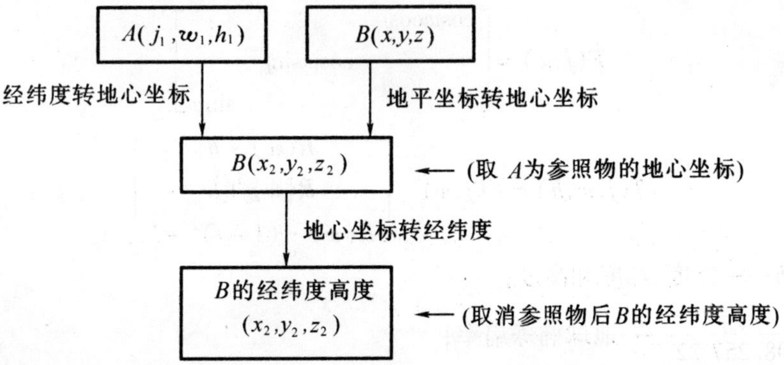

图 4-6　TDSL 正解公式流程

(2)TDSL 反解公式

已知 $A(j_1,w_1,h_1)$ 以及 $B(j_2,w_2,h_2)$，求 B 相对于 A 的地平坐标(x,y,z)，其解算流程为：

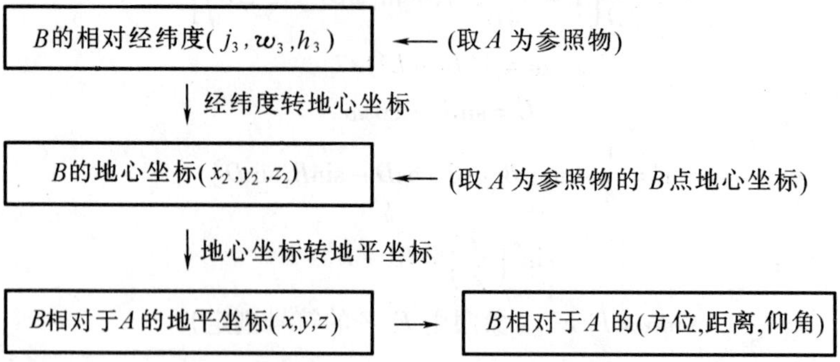

图 4-7 TDSL 反解公式流程

(3)TDSL 反解公式(仅对相对距离的求解)改进

首先我们把地球近似当作圆球体,先利用地平坐标求出两点的直线距离(圆的弦长)$d_1=\sqrt{x^2+y^2+z^2}$,再通过弦长求弧长公式,就是我们所要的近似的大地线距离:

$$d=2R\cdot\sin^{-1}\frac{d_1}{2R}$$

4.3.1.2.5 SPL 公式

SPL(Space Precision Location)方法是一种精确度高的空间三维精确定位方法。它是根据空间不同坐标系之间的转换得到的一套很具实用性的算法,避免了上面 TDSL 公式由于在某些问题的求解中采用投影方法带来的误差,使其精确性更高、稳定性更好。

在叙述 SPL 正反解之前,引入几个空间不同坐标系之间的转换矩阵的定义。

令

$$D(j,w)=\begin{bmatrix}-\sin j & \cos j & 0\\ -\sin w\cos j & -\sin w\sin j & \cos w\\ \cos w\cos j & \cos w\sin j & \sin w\end{bmatrix}$$

$$F(j,w)=\begin{bmatrix}\cos w\cos j & & \\ & \cos w\sin j & \\ & & \sin w\end{bmatrix}$$

$$T(j,w,h)=F(j,w)\cdot\begin{bmatrix}R(w)+h\\ R(w)+h\\ R(w)\cdot(1-f)^2+h\end{bmatrix}$$

式中 j,w,h——经度、纬度和高度;

$f=\dfrac{1}{298.257\,22}$——地球椭球扁率;

$R(w)=\dfrac{r}{\sqrt{\cos^2 w+(1-f)^2\sin^2 w}}$——地球纬半径;

$r=6\,378\,137$ 米——地球长半轴。

(1)SPL 正解公式

已知 A 点的经纬度和高度(j_1,w_1,h_1)以及 B 点相对 A 点的地平坐标(x,y,z),求 B 点的

经纬度和高度(j_2,w_2,h_2),其解算公式为

$$B\begin{bmatrix} j_2 \\ w_2 \\ h_2 \end{bmatrix} = D^T(j_1,w_1)\cdot\begin{bmatrix} x \\ y \\ z \end{bmatrix} + T(j_1,w_1,h_1) \tag{4-33}$$

(2)SPL 反解公式

已知$A(j_1,w_1,h_1)$以及$B(j_2,w_2,h_2)$,求B相对于A的地平坐标(x,y,z),其解算公式为

$$B\begin{bmatrix} x \\ y \\ z \end{bmatrix} = D(j_1,w_1)\cdot[T(j_2,w_2,h_2) - T(j_1,w_1,h_1)] \tag{4-34}$$

由B点相对于A点的地平坐标,依据三维直角坐标系可以方便的求取B点相对于A点的方位、距离和仰角。

4.3.2 多源数据的相关判别

情报的最早起源地是传感器,多源数据的相关判别与多传感器数据的相关判定在技术上是类似的。因此,下面介绍多传感器的数据关联技术。

数据关联可以分为逻辑关联和分析关联,首先用逻辑原则进行关联,逻辑关联不能解决的数据,再进行分析关联,分析关联包括位置关联和位置—速度关联。

4.3.2.1 逻辑关联

根据以下逻辑原则进行关联。

(1)在一个扫描周期内来自一部雷达的多个观测数据应属于多个目标,这些观测数据不能进行关联,因为一部雷达在一个扫描周期内,对一个目标不可能收到两组观测数据(雷达不正常工作除外,例如天线付瓣过大或多路效应等)。

(2)在数据临近空域内(各观测数据之间的欧基里德距离差小于一目标最大可能运动距离的范围),每部雷达报来一个观测数据,则认为这些观测数据属同一目标,因为两个相临近的目标,很少可能一部雷达只观测到其中一个目标,而另一部雷达只观测到其中的另一目标。

(3)在数据临近空域内,每部雷达都报来相同数量的观测数据,则这一数量将是目标的数量。

(4)在多雷达中有二次雷达(或未来先进导航系统 FANS)数据时,二次雷达观测数据都包含目标编号,则可利用目标编号信息进行多雷达数据关联。

4.3.2.2 位置关联及关联门

假设多部雷达都有相同的维数M,例如两坐标雷达$M=2$,三坐标雷达$M=3$等。设空间和时间校准后两个观测/点迹的归一化统计距离定义为

$$\boldsymbol{D}^2 = \boldsymbol{A}^T\boldsymbol{S}^{-1}\boldsymbol{A} \tag{4-35}$$

式中 $\boldsymbol{A}$——观测误差矩阵;

$\boldsymbol{S}$——误差协方差矩阵。

为了简单起见,假定当$M=2$时,处在关联门中心的观测1的坐标为x_1、y_1,即观测1的位置x_1、y_1与预测位置相对应,观测2的坐标为x_2、y_2。这时观测误差矩阵

$$\boldsymbol{A} = \begin{bmatrix} x_2 - x_1 \\ y_2 - y_1 \end{bmatrix} \tag{4-36}$$

设 x_2-x_1，y_2-y_1 的随机误差相互独立，且均值为零，方差分别为 σ_x^2 及 σ_y^2，这时 x_2-x_1 及 y_2-y_1 的误差协方差矩阵为：

$$\boldsymbol{S}=\begin{bmatrix}\sigma_x^2 & 0\\ 0 & \sigma_y^2\end{bmatrix} \tag{4-37}$$

$\boldsymbol{S}$ 的逆为

$$\boldsymbol{S}^{-1}=\begin{bmatrix}\dfrac{1}{\sigma_x^2} & 0\\ 0 & \dfrac{1}{\sigma_y^2}\end{bmatrix} \tag{4-38}$$

将式(4-36)至(4-38)代入式(4-35)，得

$$\boldsymbol{D}^2=\begin{bmatrix}x_2-x_1\\ y_2-y_1\end{bmatrix}^T\begin{bmatrix}\dfrac{1}{\sigma_x^2} & 0\\ 0 & \dfrac{1}{\sigma_y^2}\end{bmatrix}\begin{bmatrix}x_2-x_1\\ y_2-y_1\end{bmatrix} \tag{4-39}$$

或

$$\boldsymbol{D}^2=\frac{(x_2-x_1)^2}{\sigma_x^2}+\frac{(y_2-y_1)^2}{\sigma_y^2} \tag{4-40}$$

由式(4-39)可以看出，$\boldsymbol{D}^2$ 是一个归一化的随机变量。当(4-39)中的 x_2-x_1 及 y_2-y_1 为正态分布时，则 $\boldsymbol{D}^2=x$ 服从自由度为 M 的 χ^2 分布的概率密度函数

$$f(x)=\frac{x^{\frac{M}{2}-1}}{2^{\frac{M}{2}}\Gamma\left(\frac{M}{2}\right)}\exp\left(-\frac{x}{2}\right) \tag{4-41}$$

其中，M 为测量维数。实际上这就把第二个点迹是否落入关联门或波门内的问题变成了一个统计检验的问题。根据 χ^2 检验我们知道，若随机变量 $\boldsymbol{D}^2$ 小于临界值 χ_α^2，就认为是试验成功或接受该检验，否则就认为试验失败或者说该检验被拒绝。成功就说明第二个点迹落入波门之内，落入概率为

$$P=\int_0^{\chi_\alpha^2}f(x)\,\mathrm{d}x \tag{4-42}$$

随机变量落入门限之外的概率，即拒绝概率

$$P_G=\int_{\chi_\alpha^2}^{\infty}f(x)\,\mathrm{d}x \tag{4-43}$$

这样就把波门的大小与落入概率联系起来了。由以上表达式可以看出，波门的边界与 χ_α^2 相对应，波门的大小主要取决于误差 σ_x 和 σ_y。临界点 χ_α^2 可根据自由度 M 及所给定的落入概率 P 由 χ^2 分布表中查到。

对单传感器来说，随机变量 $\boldsymbol{D}^2$ 小于临界值 χ_α^2 就意味着第二个点迹与第一个点迹是同一个目标的反射点迹，或者说，传感器送来的当前观测与已经建立的航迹属于同一个目标，关联成功。

将 $\boldsymbol{D}^2=k^2$ 代入式(4-39)，这里 k 是常数，并用坐标变量 x 及 y 分别代替 x_2 及 y_2，则得一椭圆方程，这就是椭圆关联门方程。

$$\frac{(x-x_1)^2}{(k\sigma_x)^2}+\frac{(y-y_1)^2}{(k\sigma_y)^2}=1 \tag{4-44}$$

式(4-44)为二维椭圆关联门公式。椭圆中心是点(x_1, y_1)。$k\sigma_x$ 及 $k\sigma_y$ 是椭圆的两个半轴。

这里,还可以将椭圆关联门变换成矩形关联门。取$2k\sigma_x$和$2k\sigma_y$作为矩形的两个边长。当关联准则为

$$(|x_2 - x_1| < k\sigma_x) \cap (|y_2 - y_1| < k\sigma_y)$$

时,则认为观测1与观测2关联;当

$$(|x_2 - x_1| \geqslant k\sigma_x) \cup (|y_2 - y_1| \geqslant k\sigma_y)$$

时,则认为两个观测不关联。很明显,当k相同时,点迹落入矩形关联门的概率比落入椭圆关联门的概率要大。

用类似的方法可求得$M=3$时的三维椭球关联门方程:

$$\frac{(x - x_1)^2}{(k\sigma_x)^2} + \frac{(y - y_1)^2}{(k\sigma_y)^2} + \frac{(z - z_1)^2}{(k\sigma_z)^2} = 1 \tag{4-45}$$

当统计距离

$$D^2 = \frac{(x_2 - x_1)^2}{\sigma_x^2} + \frac{(y_2 - y_1)^2}{\sigma_y^2} + \frac{(z_2 - z_1)^2}{\sigma_z^2} < k^2 \tag{4-46}$$

时,则认为观测2与观测1关联,否则不关联。也可以使用三维矩形立方体关联门,三维矩形立方体关联门的三个边长分别为$2k\sigma_X$、$2k\sigma_Y$、$2k\sigma_Z$。当满足

$$(|x_2 - x_1| < k\sigma_x) \cap (|y_2 - y_1| < k\sigma_y) \cap (|z_2 - z_1| < k\sigma_z)$$

时,则为关联。当

$$(|x_2 - x_1| \geqslant k\sigma_x) \cup (|y_2 - y_1| \geqslant k\sigma_y) \cup (|z_2 - z_1| \geqslant k\sigma_z)$$

时,则不关联。

这里需要强调的是,在三维的情况下,只要有一维不满足关联条件,关联就算失败。实际上,二维的情况也是如此。

4.3.2.3 位置—速度关联

为提高关联性能,还可以考虑位置—速度关联。位置—速度关联又分为位置—速度统一关联和位置—速度分别关联。

1. 位置—速度统一关联

假设$\dot{x}_1$、$\dot{y}_1$、$\dot{z}_1$为观测1的速度分量,$\dot{x}_2$、$\dot{y}_2$、$\dot{z}_2$为观测2的速度分量,$\sigma_{\dot{x}}$、$\sigma_{\dot{y}}$、$\sigma_{\dot{z}}$分别为$\dot{x}_2 - \dot{x}_1$,$\dot{y}_2 - \dot{y}_1$,$\dot{z}_2 - \dot{z}_1$的随机误差的均方根值。

当$M=4$时,即四维位置—速度关联时,统计距离为

$$D^2 = \frac{(x_2 - x_1)^2}{\sigma_x^2} + \frac{(y_2 - y_1)^2}{\sigma_y^2} + \frac{(\dot{x}_2 - \dot{x}_1)^2}{\sigma_{\dot{x}}^2} + \frac{(\dot{y}_2 - \dot{y}_1)^2}{\sigma_{\dot{y}}^2} \tag{4-47}$$

四维椭球关联门方程为

$$\frac{(x_2 - x_1)^2}{(k\sigma_x)^2} + \frac{(y_2 - y_1)^2}{(k\sigma_y)^2} + \frac{(\dot{x}_2 - \dot{x}_1)^2}{(k\sigma_{\dot{x}})^2} + \frac{(\dot{y}_2 - \dot{y}_1)^2}{(k\sigma_{\dot{y}})^2} = 1 \tag{4-48}$$

当$M=6$时,即六维位置—速度关联时,统计距离和六维椭球关联门方程分别为:

$$D^2 = \frac{(x_2 - x_1)^2}{\sigma_x^2} + \frac{(y_2 - y_1)^2}{\sigma_y^2} + \frac{(z_2 - z_1)^2}{\sigma_z^2} + \frac{(\dot{x}_2 - \dot{x}_1)^2}{\sigma_{\dot{x}}^2} + \frac{(\dot{y}_2 - \dot{y}_1)^2}{\sigma_{\dot{y}}^2} + \frac{(\dot{z}_2 - \dot{z}_1)^2}{\sigma_{\dot{z}}^2} \tag{4-49}$$

$$\frac{(x_2-x_1)^2}{(k\sigma_x)^2}+\frac{(y_2-y_1)^2}{(k\sigma_y)^2}+\frac{(z_2-z_1)^2}{(k\sigma_z)^2}+\frac{(\dot{x}_2-\dot{x}_1)^2}{(k\sigma_{\dot{x}})^2}+\frac{(\dot{y}_2-\dot{y}_1)^2}{(k\sigma_{\dot{y}})^2}+\frac{(\dot{z}_2-\dot{z}_1)^2}{(k\sigma_{\dot{z}})^2}=1 \tag{4-50}$$

在给定落入概率 P 时，可以求得 $M=4$ 或 $M=6$ 时的关联门的尺寸因子 k^2 的值。

当 $D^2<k^2$ 时，认为观测 2 与观测 1 关联；相反地，当 $D^2\geqslant k^2$ 时，则认为不关联。

2. 位置—速度分别关联

在给定落入概率 P 的情况下，当维数 M 增大时，关联门的空间体积随之增大，就有可能使更多的假点迹和其他目标所形成的点迹落入关联门之内，这将使错判概率增大，这是位置—速度统一关联的不足之处。为克服这一不足，可采用位置—速度分别关联，即为了降低维数 M，先进行位置关联，如位置关联成功，再进行速度关联。只有位置关联和速度关联先后同时成功，才认为观测 2 与观测 1 关联。下面列出速度关联公式。

当 $M=2$，即二维关联时，统计速度

$$D_v^2=\frac{(\dot{x}_2-\dot{x}_1)^2}{\sigma_{\dot{x}}^2}+\frac{(\dot{y}_2-\dot{y}_1)^2}{\sigma_{\dot{y}}^2} \tag{4-51}$$

椭圆关联门方程为

$$\frac{(\dot{x}_2-\dot{x}_1)^2}{(k_v\sigma_{\dot{x}})^2}+\frac{(\dot{y}_2-\dot{y}_1)^2}{(k_v\sigma_{\dot{y}})^2}=1 \tag{4-52}$$

当 $M=3$ 时，即三维关联时，三维椭球关联门方程为

$$\frac{(\dot{x}_2-\dot{x}_1)^2}{(k_v\sigma_{\dot{x}})^2}+\frac{(\dot{y}_2-\dot{y}_1)^2}{(k_v\sigma_{\dot{y}})^2}+\frac{(\dot{z}_2-\dot{z}_1)^2}{(k_v\sigma_{\dot{z}})^2}=1 \tag{4-53}$$

统计速度

$$D_v^2=\frac{(\dot{x}_2-\dot{x}_1)^2}{\sigma_{\dot{x}}^2}+\frac{(\dot{y}_2-\dot{y}_1)^2}{\sigma_{\dot{y}}^2}+\frac{(\dot{z}_2-\dot{z}_1)^2}{\sigma_{\dot{z}}^2} \tag{4-54}$$

式中，k_v 为速度关联门的尺寸因子，在给定速度落入概率 P_v 时，可查 χ^2 分布表求得 k_v 值（或 k_v^2 值）。当 $D_v^2<k_v^2$ 时，认为观测 2 与观测 1 关联，反之，当 $D_v^2\geqslant k_v^2$ 时，认为观测 2 与观测 1 不关联。

如位置关联一样，速度关联也可采用二维矩形关联门或三维矩形关联门。在位置—速度关联中，要特别注意正确计算 $\sigma_x^2,\sigma_y^2,\sigma_z^2$。因位置—速度分别关联要求同时满足位置关联条件和速度关联条件，所以当位置关联和速度关联都采用相同维数时，则位置—速度分别关联克服了位置—速度统一关联的不足之处。

落入概率 P（或 P_v）和 k 值（或 k_v 值）的关系见表 4-1。

根据表 4-1，可按给定的落入概率 P（或 P_v）求出关联门的尺寸因子 k^2 值（或 k_v^2 值）。

将上述多源数据相关判定方法用于单雷达多目标的点迹—航迹的相关判定时，具体步骤如下：

（1）根据前一周期的测量值、目标运动速度和天线扫描周期，计算外推值或预测值；

（2）以前一周期的外推值或预测值为中心，设置本周期的关联波门；

（3）利用当前周期的测量值和前一周期的预测值及给定的误差，计算统计加权距离 D^2；

（4）根据给定的落入概率 P、自由度 M，由 χ^2 分布表中查出临界值 χ_α^2；

（5）由 χ_α^2 求出门限 γ，将加权距离与关联门限 γ 比较；

(6)判断是否关联，$D^2<\gamma$ 为关联成功，$D^2\geqslant\gamma$ 为关联失败；

(7)如果关联成功，则用测量值取代预测值，如果关联失败，将当前测量值送入数据库，若干周期之后，若是虚警，即在这些周期中没有延续点迹数据与它关联，弃之，若是新航迹的点迹，则按航迹起始的原则，建立新航迹。

表4-1 k 值与落入概率的关系

维数 M	落入概率 P	关联门尺寸因子 k 值
2	0.68	1.509 6
	0.90	2.146 0
	0.95	2.447 8
	0.99	3.034 9
3	0.68	1.872 4
	0.90	2.500 3
	0.95	2.795 5
	0.99	3.368 2
4	0.68	2.166 9
	0.90	2.789 2
	0.95	3.080 2
	0.99	3.673 7
6	0.68	2.647 5
	0.90	3.262 6
	0.95	3.548 5
	0.99	4.100 2

用矩形门进行单雷达点迹－航迹关联时，实现方法相似，不再赘述。

4.3.3 多源相关数据的合成

对在相关判别中判定为同一目标的多源数据，融合中心必须求取它们的“合成”，作为本中心对目标的位置和运动状态的估计，提供显示或其他使用。

数据融合的基本目标简单来说就是通过多源输入的组合获得比从任何单个输入数据更多、更好的信息，因此，很自然地，多源相关数据的合成的基本目标是融合中心的合成输出的精度不低于任何单个输入数据的精度。

这里介绍一种多雷达数据融合的合成方法：最大似然－加权最小二乘估计。工程界称其为质量加权平均法。

雷达目标数据状态估计就是根据观测方程

$$Y=f(X)+V \tag{4-55}$$

用观测数据 Y 以某种最优准则来估计状态函数 $f(X)$ 中的状态 X。

设式(4－55)中的状态函数 $f(X)$ 为线性函数矩阵，即 $f(X)=CX$，此时，时空对准后的

观测向量为

$$Y = CX + V \tag{4-56}$$

式中，C 为观测矩阵；X 为被估计的状态；V 为独立的均值为零的观测误差向量。并令 $\hat{X}$ 为状态向量 X 的估计。现设差向量 $Y - C\hat{X}$ 为 N 维正态分布，按最大似然估计原理，这时可生成 $\hat{X}$ 的似然函数

$$P(Y/\hat{X}) = \frac{1}{(2\pi)^{N/2}(\det R)^{1/2}} \cdot \exp\left[-\frac{1}{2}(Y - C\hat{X})^T R^{-1}(Y - C\hat{X})\right] \tag{4-57}$$

式中，R 为观测误差向量的方差矩阵：

$$R = E[VV^T] = \begin{bmatrix} \sigma_1^2 & 0 & \cdots & 0 \\ 0 & \sigma^2 & \cdots & 0 \\ \vdots & \vdots & & \vdots \\ 0 & 0 & \cdots & \sigma_N^2 \end{bmatrix} \tag{4-58}$$

R 为对称矩阵，即 $R^T = R$，$(R^{-1})^T = R^{-1}$。

为使似然函数最大，选取 $\hat{X}$，使 $P(Y/\hat{X})$ 最大，需使

$$\frac{\mathrm{d}P(Y/\hat{X})}{\mathrm{d}\hat{X}} = 0 \tag{4-59}$$

对正态分布来讲，使二次性能指标

$$J = (Y - C\hat{X})^T R^{-1}(Y - C\hat{X}) \rightarrow \min \tag{4-60}$$

便可使似然函数最大。考虑到 J 为纯量有：

$$\frac{\mathrm{d}J}{\mathrm{d}\hat{X}} = -C^T R^{-1}(Y - C\hat{X}) - C^T R^{-1}(Y - C\hat{X}) = -2C^T R^{-1}(Y - C\hat{X}) = 0 \tag{4-61}$$

从式(4-61)可得 X 的最大似然估计

$$\hat{X}_{ML} = (C^T R^{-1} C)^{-1} C^T R^{-1} Y \tag{4-62}$$

状态估计误差的方差矩阵

$$P_X = E[(X - \hat{X}_{ML})(X - \hat{X}_{ML})^T] \tag{4-63}$$

将式(4-56)代入式(4-62)有

$$\hat{X}_{ML} = (C^T R^{-1} C)^{-1} C^T R^{-1}(CX + V) = X + (C^T R^{-1} C)^{-1} C^T R^{-1} V \tag{4-64}$$

故

$$X - \hat{X}_{ML} = -(C^T R^{-1} C)^{-1} C^T R^{-1} V \tag{4-65}$$

将式(4-64)代入式(4-63)

有

$$\begin{aligned} P_X &= E[(C^T R^{-1} C)^{-1} C^T R^{-1} VV^T R^{-1} C(C^T R^{-1} C)^{-1}] \\ &= (C^T R^{-1} C)^{-1} C^T R^{-1} E[VV^T] R^{-1} C(C^T R^{-1} C)^{-1} \\ &= (C^T R^{-1} C)^{-1} C^T R^{-1} R R^{-1} C(C^T R^{-1} C)^{-1} \\ &= (C^T R^{-1} C)^{-1} \end{aligned} \tag{4-66}$$

按加权最小二乘估计原理，对于测量方程(4-56)，要使下列二次型

$$J_w(\hat{X}) = (Y - C\hat{X})^T W(Y - C\hat{X})$$

实施极小化，其中 W 是一个适当选取的正定加权阵。如果取 $W = I$，$J_w(\hat{X})$ 就是误差分量的平方和。使 $J_w(\hat{X})$ 达到极小的 $\hat{X}$，称为 X 的加权最小二乘估计，记作 $\hat{X}_{LS}(Y)$ 或 $\hat{X}_{LS}$。

$$\frac{\mathrm{d}}{\mathrm{d}\hat{X}} J_w(\hat{X}) = -2C^T W(Y - C\hat{X}) = 0$$

$$\hat{X}_{LS}=(C^TWC)^{-1}C^TWY$$

设 $EV=0$，V 的方差阵

$$E[(V-EV)(V-EV)^T]=E(VV^T)$$

记

$$R=E(VV^T)$$

估计误差

$$X-\hat{X}_{LS}=X-(C^TWC)^{-1}C^TW(CX+V)=-(C^TWC)^{-1}C^TWV$$

$$E(X-\hat{X}_{LS})=-(C^TWC)C^TWEV=0$$

可见加权最小二乘估计在 $EV=0$ 的假设下是无偏的。

估计误差的方差阵

$$E[(X-\hat{X}_{LS})(X-\hat{X}_{LS})^T]=(C^TWC)^{-1}C^TWE(VV^T)WC(C^TWC)^{-1}$$

取 $W=R^{-1}$，有

$$\hat{X}_{LS}=(C^TR^{-1}C)^{-1}C^TR^{-1}Y \tag{4-67}$$

$$E[(X-\hat{X}_{LS})(X-\hat{X}_{LS})^T]=(C^TR^{-1}C)^{-1}$$

式(4-67)与式(4-62)、(4-66)一致，说明当观测误差 V 为正态分布时，最大似然估计与加权最小二乘估计相同。所以，这种估计可叫做最大似然-加权最小二乘估计，又叫马尔柯夫估计。式(4-62)和(4-66)是最大似然-加权最小二乘估计的基本公式。

从式(4-58)可以看出，最大似然-加权最小二乘估计可用于非平稳随机过程($\sigma_1^2,\sigma_2^2,\cdots,\sigma_N^2$ 可不同)的状态估计，也可用于多个平稳随机过程——多雷达观测状态估计。

设

$$C=\begin{bmatrix}1\\1\\\vdots\\1\end{bmatrix},\quad C^T=[1\quad 1\quad \cdots\quad 1] \tag{4-68}$$

$$R^{-1}=\begin{bmatrix}\frac{1}{\sigma_1^2} & 0 & \cdots & 0\\ 0 & \frac{1}{\sigma_2^2} & \cdots & 0\\ \vdots & \vdots & \vdots & \vdots\\ 0 & 0 & \cdots & \frac{1}{\sigma_N^2}\end{bmatrix} \tag{4-69}$$

$$Y=\begin{bmatrix}Y_1\\Y_2\\\vdots\\Y_N\end{bmatrix} \tag{4-70}$$

$Y_1,Y_2,\cdots,Y_N$ 是 N 部雷达时空对准后某一坐标的观测值。

将式(4-68)，(4-69)及(4-70)代入式(4-62)，经运算得多雷达某一坐标数据状态估计(融合合成)：

$$\hat{X}=\frac{1}{\sum_{i=1}^{N}\frac{1}{\sigma_i^2}}\left(\frac{Y_1}{\sigma_1^2}+\frac{Y_2}{\sigma_2^2}+\cdots+\frac{Y_N}{\sigma_N^2}\right) \tag{4-71}$$

或

$$\hat{X}=W_1Y_1+W_2Y_2+\cdots+W_NY_N \tag{4-72}$$

式中

$$W_1=\frac{\frac{1}{\sigma_1^2}}{\sum_{i=1}^{N}\frac{1}{\sigma_i^2}},W_2=\frac{\frac{1}{\sigma_2^2}}{\sum_{i=1}^{N}\frac{1}{\sigma_i^2}},\cdots,W_N=\frac{\frac{1}{\sigma_N^2}}{\sum_{i=1}^{N}\frac{1}{\sigma_i^2}} \tag{4-73}$$

为归一化的加权系数。

最大似然－加权最小二乘估计误差的方差：将式(4－68)及(4－69)代入式(4－66)，有

$$P_X=\frac{1}{\sum_{i=1}^{N}\frac{1}{\sigma_i^2}} \tag{4-74}$$

分析式(4－74)可知，当 $\sigma_1^2,\sigma_2^2,\cdots,\sigma_N^2$ 不全相等时，

$$P_X<\sigma_i^2 \qquad \forall i \tag{4-75}$$

即说明 P_X 比 $\sigma_1^2,\sigma_2^2,\cdots,\sigma_N^2$ 中最小的还要小，这就是多雷达数据融合的得益。当 $\sigma_1^2=\sigma_2^2=\cdots=\sigma_N^2=\sigma^2$ 时，

$$P_X=\frac{\sigma^2}{N} \tag{4-76}$$

式(4－76)说明，当各雷达的观测误差相等时，则 N 个雷达数据融合后的状态估计误差的方差比单个雷达时空对准后的观测误差的方差小 N 倍。

另外，我们可以证明，N 个雷达数据的融合合成与 $N-1$ 次依次两两合成是等价的。

设 $N-1$ 部雷达的数据 $Y_1,Y_2,\cdots,Y_{N-1}$ 的质量加权融合合成为

$$\hat{Z}=U_1Y_1+U_2Y_2+\cdots+U_{N-1}Y_{N-1} \tag{4-77}$$

式中

$$U_1=\frac{\frac{1}{\sigma_1^2}}{\sum_{i=1}^{N-1}\frac{1}{\sigma_i^2}},U_2=\frac{\frac{1}{\sigma_2^2}}{\sum_{i=1}^{N-1}\frac{1}{\sigma_i^2}},\cdots,U_{N-1}=\frac{\frac{1}{\sigma_{N-1}^2}}{\sum_{i=1}^{N-1}\frac{1}{\sigma_i^2}} \tag{4-78}$$

$\hat{Z}$ 的方差为

$$\sigma_Z^2=\frac{1}{\sum_{i=1}^{N-1}\frac{1}{\sigma_i^2}} \tag{4-79}$$

将 $\hat{Z}$ 与 Y_N 进一步按质量加权平均作合成，得 N 部雷达的融合合成

$$\hat{X}=\frac{1}{\frac{1}{\sigma_Z^2}+\frac{1}{\sigma_N^2}}\left(\frac{\hat{Z}}{\sigma_Z^2}+\frac{Y_N}{\sigma_N^2}\right) \tag{4-80}$$

利用式(4－79)，得 $\hat{X}$ 的方差与式(4－74)相同

$$P_X=\frac{1}{\frac{1}{\sigma_Z^2}+\frac{1}{\sigma_N^2}}=\frac{1}{\sum_{i=1}^{N-1}\frac{1}{\sigma_i^2}+\frac{1}{\sigma_N^2}}=\frac{1}{\sum_{i=1}^{N}\frac{1}{\sigma_i^2}} \tag{4-81}$$

利用式(4－78)，得 $\hat{X}$ 的合成权系数与式(4－73)相同：

$$\hat{X} = \frac{1}{\sum_{i=1}^{N}\frac{1}{\sigma_i^2}}\left[\sum_{i=1}^{N-1}\frac{1}{\sigma_i^2}(U_1Y_1 + U_2Y_2 + \cdots + U_{N-1}Y_{N-1}) + \frac{Y_N}{\sigma_N^2}\right] =$$

$$\frac{1}{\sum_{i=1}^{N}\frac{1}{\sigma_i^2}}\left[\left(\frac{1}{\sigma_1^2}Y_1 + \frac{1}{\sigma_2^2}Y_2 + \cdots + \frac{1}{\sigma_{N-1}^2}Y_{N-1}\right) + \frac{Y_N}{\sigma_N^2}\right] =$$

$$W_1Y_1 + W_2Y_2 + \cdots + W_NY_N \tag{4-82}$$

这个多雷达数据的融合合成方法的工程意义在于：

(1)给出了参与线性合成的各输入的权系数；

(2)给出了合成输出的误差估计，获得了合成精度一般高于任何单个输入数据精度的理想结果；

(3)指明了可用多次两两合成代替个数不完全确定的多雷达数据的合成，以易于实现。

4.3.4 雷达数据相关器的基本性能测试

为叙述方便，我们将完成雷达数据相关处理的软件部件称为雷达数据相关器。

相关器的主要性能有两个：一是相关正确性和相关成功率；一是合成精度。前者是对多源数据同一性判断正确性的度量，后者是在同一性判断正确的前提下，对多源数据的合成性能的评定。

本节描述在高斯白噪声的条件下，雷达数据，即二、三维数据相关器这两个主要性能的测试环境，给出直观可信的定量评估的基本方法。至于与一维数据有关的相关性能测试也可类似处理。

4.3.4.1 测试环境

4.3.4.1.1 实验室仿真测试环境的组成

实验室仿真测试环境主要由剧情发生器、雷达模拟器、被测相关器、数据回收与性能评估器组成，如图4-8所示。

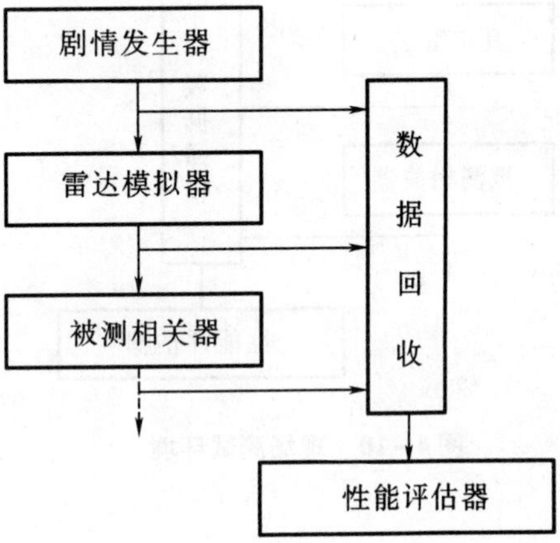

图4-8 实验室仿真测试环境

图中，剧情发生器运行测试用例，生成目标的理论轨迹，发送至雷达模拟器；雷达模拟器根据雷达当前所处位置、雷达的测量精度和威力范围等，模拟生成雷达测量点迹，并可根据需要进行滤波处理，生成目标航迹输出；雷达模拟器的输出即是被测相关器的输入，相关器进行相关处理后，输出处理后的航迹。数据回收计算机挂在该系统的局域网上，用软件侦听模式截收剧情发生器的目标理论航迹、各雷达模拟器的输出航迹、被测相关器输出航迹，供性能评估器作事后性能评估。

图4-8中的被测相关器的输入可以是多个雷达或多个直接情报源，也可以是多个间接情报源，甚至是直接情报源和间接情报源的不同组合，如图4-9所示。

4.3.4.1.2 现场测试环境的组成

在现场试验的环境下，图4-8的剧情发生器和雷达模拟器将由真实的雷达/传感器与真实的目标/态势替代，真实雷达的输出构成了被测相关器的输入，形成了如图4-10所示

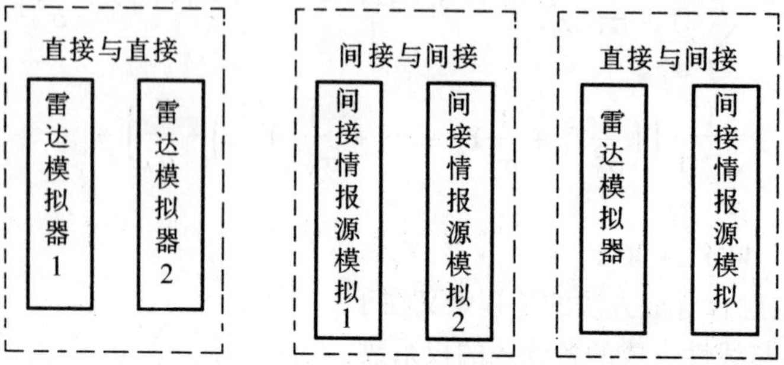

图 4-9 相关器的输入

的类似流程。

在现场环境下，我们无法像实验室仿真环境一样获得剧情发生器的输出，这时要用其他手段获得目标的近似理论轨迹。

4.3.4.1.3 实验室回灌测试环境的组成

由于现场测试环境更接近于实际使用环境，因此，现场测试是可信度最高的一种测试。但是，现场测试组织困难、费用高，不宜多次重复进行。

因此，如图 4-11 所示的实验室回灌测试环境是值得重视的。

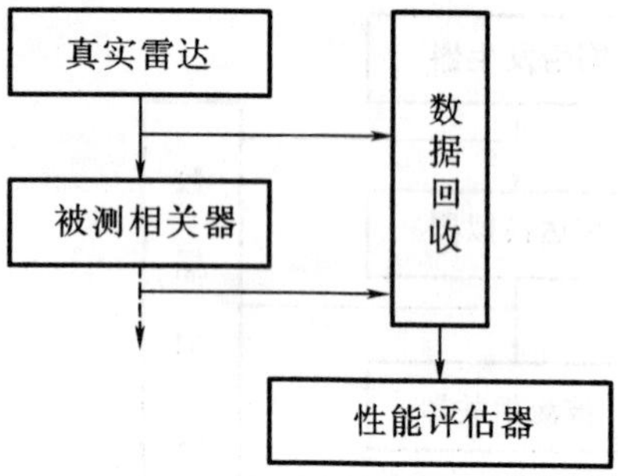

图 4-10 现场测试环境

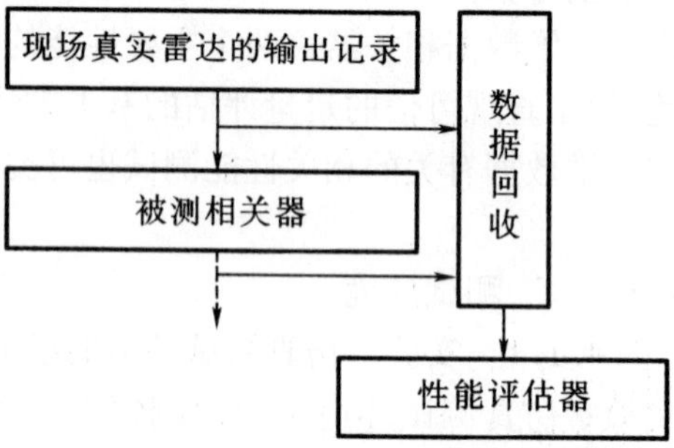

图 4-11 实验室回灌测试环境

图 4-11 与图 4-10 的唯一不同是被测相关器的输入改用现场真实雷达输出的记录数据，即在实验室环境下，把现场输入数据重新回灌给相关器。

这个环境既具有实验室环境的易于组织、可重复演示等优点，又能获得与现场基本一致的性能测试结果；在这个环境下，我们可以充分复现、分析现场暴露的问题，调试我们的程序。

4.3.4.2 相关正确性和相关成功率测试

4.3.4.2.1 测试内容

所谓相关正确性测试，是对相关器所作的多源输入同一性判断是否正确的判定。我们既不能将现实世界中一个目标的多源输入判为多个目标，也不能将现实世界中两个或两个以上目标的多源输入判为一个目标。

显然，当目标比较稀疏时，多源输入的相关判定比较容易；当目标比较密集时，由于输入的随机特性,相关判定就较容易发生错误。因此,一个相关器能够处理的目标密集程度是相关器性能的一个重要指标。

相关成功率则是测试相关器对不同“试题”的相关正确性的统计,或是对同一“试题”多次测试的统计,通常以百分比表示。

4.3.4.2.2 目标密集程度的表示

对于相关器来说,它的各个输入数据带有随机误差,这是由情报源头的传感器测量误差及其其后的各级处理过程造成的,输入数据的误差与传感器精度密切相关。因此,简单的用两个目标的空间距离来表征相关器处理目标密集程度的性能是不合理的。例如,对于两个相距2 km的目标,如果由两部高精度雷达探测、而目标离两部雷达的距离又较近时,两部雷达对两个目标的随机测量也许根本不会发生重迭与混淆;而同样距离的两个目标,若由低精度雷达来探测、目标又较远时,显然两部雷达对两个目标的随机测量也许会发生重迭与混淆,使相关判定变得困难得多。

因此,要把两部雷达的精度、目标与两部雷达的相对位置与目标密集程度的表征联系起来,也即将相关器的输入精度与目标密集程度的表征联系起来,这样才能科学、客观的评估一个相关器的性能。

我们考察两部二坐标雷达数据相关的情况。

设:二坐标雷达数据的距离精度、方位精度为(σ_{r1},$\sigma_{\theta1}$)和(σ_{r2},$\sigma_{\theta2}$),根据目标与两雷达的距离、方位,分别求取两部雷达对目标在直角坐标系下的方差(σ_{x1}^2,σ_{y1}^2)和(σ_{x2}^2,σ_{y2}^2),令

$$D=k\sqrt{(\sigma_{x1}+\sigma_{x2})^2+(\sigma_{y1}+\sigma_{y2})^2} \tag{4-83}$$

式(4-83)中,目标密集因子k可以作为衡量相关器处理密集目标的性能指标。k越小,相关器的性能越好。

实际测试中,对已知的两雷达精度,目标与两雷达的相对位置,试用不同的密集系数k,依据公式(4-83),求取不同的D,作为设置密集目标的间距,考察相关器的相关正确性和相关成功率,从而获得屏蔽了雷达精度与目标相对位置的目标密集系数的设定。

对于三坐标雷达,类似有

$$D=k\sqrt{(\sigma_{x1}+\sigma_{x2})^2+(\sigma_{y1}+\sigma_{y2})^2+(\sigma_{z1}+\sigma_{z2})^2} \tag{4-84}$$

对于间接情报源输入,利用输入数据的直角坐标系形式的方差,同样可以用不同的目标密集因子k测量相关器处理密集目标的性能。

式(4-83)和(4-84)中的k可以认为是衡量相关器处理密集目标的性能指标,式中的D则是设定态势时的目标最小间距。

4.3.4.2.3 信息流程

剧情运转时,剧情发生器在输出目标位置的同时,输出目标标识ID,由雷达模拟器和数据回收与评估部位接收。

雷达模拟器接收剧情数据,模拟输出目标数据和目标批号报给被测相关器,目标批号与剧情ID的对应关系由数据回收与评估部位接收。

被测相关器进行相关判定,将判定为同一目标的各情报源目标批号组成同一目标链,报给数据回收与评估器。

评估器由“同一目标链”(“被测相关器”报出)中的目标批号,通过“目标批号与剧情ID

的对应关系"("雷达模拟器"报出),回溯目标的剧情 ID 号;如果得到相同的剧情 ID,则相关判定成功。

4.3.4.3 合成精度测试

在经过前述的相关判定后,相关器须将已判定为同一目标的多个输入合成为一组数据输出,以表示本级融合中心对目标运动状态的估计。

所谓合成精度测试就是对其输出精度的测试。

数据融合的本质是综合多源信息,得到对目标的更好的估计。所以,一般要求合成输出精度不低于参与合成的任一输入的精度。

4.3.4.3.1 测试信息流

实验室测试信息流如图 4－12 所示。

整个环境由剧情发生、模拟器、被测系统三部分组成。

剧情运行时,以高精度的数据类型(Long、Double)、在离散时间点上(如:1 次/秒)在网上发送目标的理论真值,测试程序采集 *A* 点数据,形成数据库中的剧情库表。

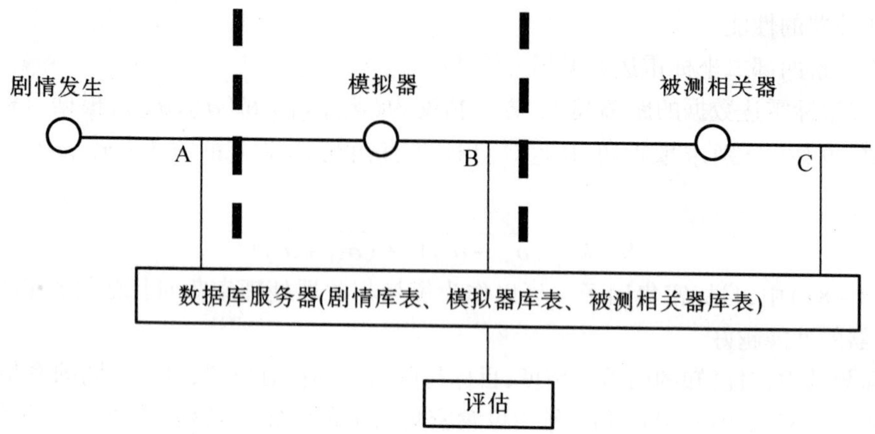

图 4－12 合成精度测试信息流程

A 点数据是模拟器的输入。各模拟器接收输入后,以各自的情报源工作特性,生成雷达数据发出,此时的 *B* 点数据既是模拟器的输出,又是被测相关器输入;测试程序采集 *B* 点数据,形成数据库中的模拟器库表。

被测相关器接收 *B* 点数据后,作必要的预处理,进行相关判定和数据合成,形成被测系统对目标运动状态的估计后输出;测试程序采集 *C* 点数据,形成数据库中的被测相关器库表;这是被测相关器的输出。

4.3.4.3.2 评估方法

我们按二坐标雷达数据的情况描述其评估方法,此方法易于推广到三坐标雷达数据的场合。

(1)输入误差

以 *A* 点为理论真值,*B* 点与 *A* 点之差为被测相关器的输入数据的误差。

注意,由于 *A*、*B* 二点数据的时戳一般不一致,应按理论航向、航速,将 *A* 点数据进行外推,以求得时戳一致的 *A*、*B* 二点数据,进而求二者之差。

收集测试周期内各时间点的 A、B 二点数据之差，得到被测相关器各输入的误差序列。

(2)输出误差

以 A 点为理论真值，C 点与 A 点之差为被测相关器的输出数据的误差。

同理，要将 A 点数据外推，以求得时戳一致的 A、C 二点数据之差。

收集测试周期内各时间点的 A、C 二点数据之差，得到被测相关器输出的误差序列。

(3)评估

将被测系统的每个输出与相应的多个输入对应起来。对每个输入的误差序列进行进一步处理：

按经度方向/纬度方向分别求取每个输入的误差均方根 σ_J、σ_W

$$\sigma_J = \sqrt{\frac{\sum\left(J_B - J_A - \frac{\sum(J_B - J_A)}{N}\right)^2}{N}} \tag{4-85}$$

$$\sigma_W = \sqrt{\frac{\sum\left(W_B - W_A - \frac{\sum(W_B - W_A)}{N}\right)^2}{N}} \tag{4-86}$$

其中，N 为测试段点数，求和对 N 个点进行。

由于小范围内，地球表面可视为平面，我们定义测试时间段的每个输入的“欧氏距离”D

$$D = \sqrt{\sigma_J^2 + \sigma_W^2} \tag{4-87}$$

同理，可以求出输出的“欧氏距离”。

对于某个输出，按“欧氏距离”，将其与对应的各个输入作比较，得出其输出精度是否高于相应的任一输入的结论。

采用上述方法评估合成精度时要按时间分段比较。

如图 4-13 所示，雷达 1 在时间段 AD 有数据到达，雷达 2 在时间段 BC 有数据到达，合成输出将在 AD 段产生。

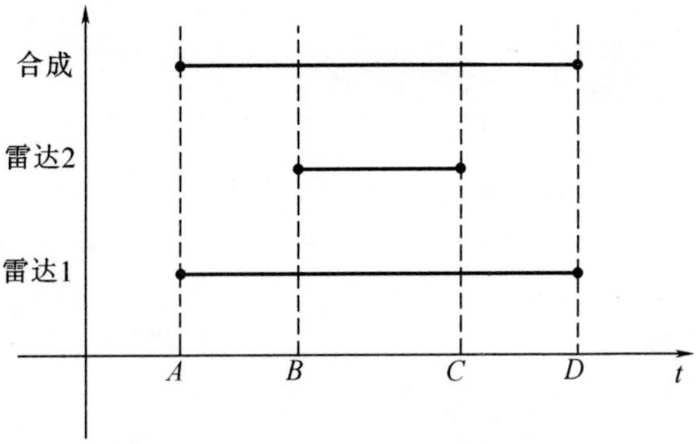

图 4-13 精度分析统计

如果作全程统计比较，雷达 1 统计 AD 段的精度，雷达 2 统计 BC 段的精度，合成输出统计 AD 段的精度。此时，有可能因为雷达 1 性能过差，其 AB 段和 CD 段的误差将掩盖 BC 段合成处理得到的精度改善，从而得不到对合成算法的客观评价。

因此，合理的比较方法是：考察有二个雷达共同输入的 BC 段的情况，比较其输出与每个输入的精度。或者，在实验室设计想定时，要努力使目标处于二个雷达共同探测范围的时间越长越好。

参考文献

[1] 戴自立,谢荣铭,虞汉民.现代舰艇作战系统[M].北京:国防工业出版社,1999.
[2] 何友.多传感器数据融合及其应用[M].北京:电子工业出版社,2000.
[3] 杨万海.多传感器数据融合及其应用[M].西安:西安电子科技大学出版社,2004.
[4] 刘兴.C^3I 系统多雷达数据处理[D].面向21世纪的指挥自动化——中国电子学会电子系统工程分会成立十周年学术年会论文集,1996(10):211~227.
[5] 唐素芬,周永丰.C^3I 工程应用中的大地测量计算[J].计算机与数字工程,1996(4):41~53.
[6] 董绪荣.导航应用中的大地测量计算[J].导航,1988(2):103~113.
[7] 周永丰,张圣华. 纯方位线性插值问题研究[J].舰船电子工程,2003(6):37~42.
[8] 周永丰,吴汉宝.雷达数据相关器的基本性能测试方法[J].舰船电子工程,2005(1):120~123.
[9] 吴汉宝,周永丰,孙为民.三维问题空间对准算法研究[J].舰船电子工程,2003(5):28~33.

第5章 目标综合识别

5.1 概 述

“知己知彼，百战不殆”不仅是我国古代的军事思想，而且也为现代军事家所推崇。所谓“知己知彼”就是要对敌我双方军事力量做到心知肚明，也就是说在实际的双方攻防战争中能够明确地识别出敌我双方的军事实体。

由于现代战争中电子战、精确制导等软硬杀伤武器的广泛应用，使得作为作战系统“神经中枢”的 C^3I 系统要求具有大纵深多层次的防御能力，能够进行全方位、全高度目标的探测和识别。但是在现代精确制导武器攻击下，依靠某一个单项装备不可能提高 C^3I 系统的生存能力和对抗能力。一方面，由于目标信号特征的不可重复性，环境杂波，数据库中数据的局限性，目标被遮蔽，以及没有充分利用与图像有关的信息（如前后关系、结构、范围等）等原因，影响了特征集的有效和可靠，使得目标识别系统的性能不理想。另一方面，不同的传感器有不同的获取信息能力，且只能获得目标某些方面的信息。如主动传感器有发射能量和接收从目标反射回来的能量等特征，而被动传感器就没有发射能量的特征。因此必须从体系与体系对抗的观点出发，采取综合的技术途径。正是在这种背景下，目标综合识别技术成为提高 C^3I 系统生存能力和对抗能力的一项关键技术。

C^3I 系统中的目标综合识别是将由系统中多个信源提供的关于目标身份的信息进行综合，产生比系统中任一单源更有效、更精确的身份估计和判决。利用多种类信源进行目标综合识别具有以下主要优点：

(1)可以拓宽监视探测的时空覆盖范围；

(2)可以发挥各传感器的优点，相互补充，提高目标识别率；

(3)多传感器抗干扰的整体性能大大优于单个传感器；

(4)改进了系统工作的可靠性、容错性，降低了成本。

本书第一章中介绍了目标识别级融合（也即是身份融合）按融合层次可分为三类，即决策级融合、特征级融合和数据级融合，具体定义请参见第一章，这里不再赘述。

5.1.1 目标综合识别思想与实现步骤

单传感器目标识别概念如图5-1所示。单传感器的输出可能是时间波形、离散数据、图像，也可能直接是身份信息。单传感器目标识别主要完成两个功能，首先对没有给出身份信息的原始数据进行特征提取，将传感器输出由数据空间变换到特征空间，形成特征向量。然后对特征向量进行分类识别，依据与先验模式的比较分析给出目标的身份报告。假定得到两个特征向量 $\{X_{11},X_{12},\cdots,X_{1n}\}$ 和 $\{X_{21},X_{22},\cdots,X_{2n}\}$，根据平台数据库中的先验身份信息，将特征向量变换成两个身份报告或身份说明。

C^3I 系统中的目标综合识别通常利用多个传感器（如雷达，ESM，IFF，IR 等）对目标分别进行识别处理，然后对多个带有不确定性的身份信息进行身份融合，得到联合身份说明。

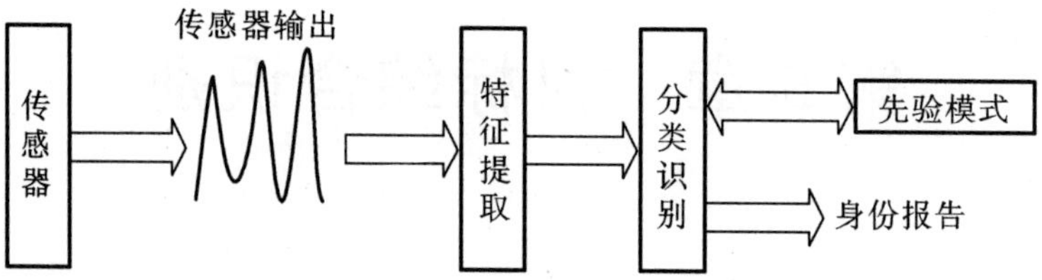

图 5-1 单传感器目标识别概念

图 5-2 给出了一个详细的目标综合识别思想框图。

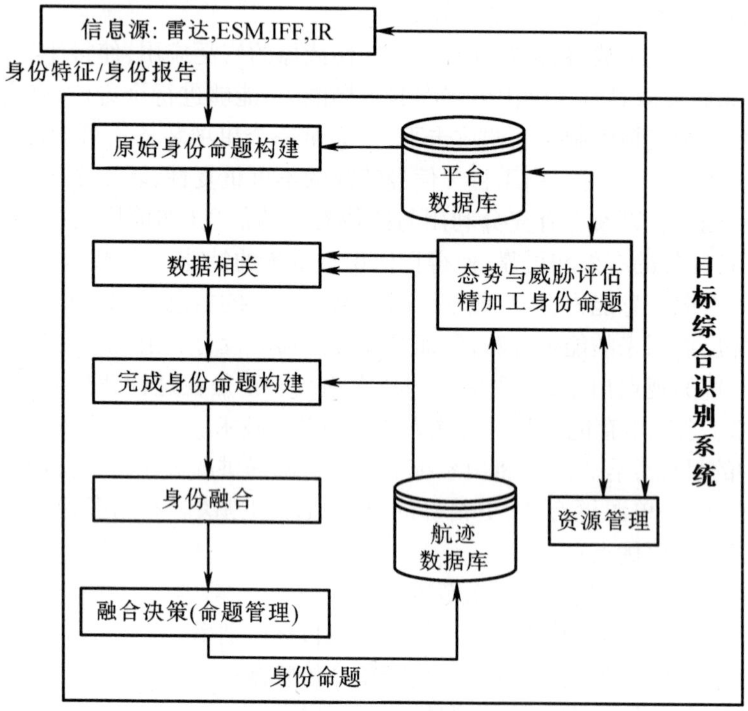

图 5-2 目标综合识别思想框图

如图 5-2 所示,目标综合识别系统首先利用信息源送来的身份特征或身份报告,结合平台数据库中的先验模式构建目标的原始身份命题,再将各身份命题结合航迹数据库中的位置信息进行相关处理,从而完成身份命题的构建。最后,对不同的可能存在矛盾的身份命题进行身份融合,并运用决策规则得到最终的身份命题。

对于多传感器目标综合识别来说,除了单传感器目标识别的两个主要功能外,还要将不同传感器的身份估计进行融合,也即是身份融合。因此目标综合识别应该包括三个主要步骤:特征提取、分类识别与身份融合。本章的后续章节将分别对这三个步骤加以阐述。

此外,不论是单传感器目标识别还是多传感器目标综合识别,在构建目标身份报告时,都要与先验模式进行比较分析,这些先验模式一般都存储在平台数据库中。关于平台数据库的构成在后续章节中也有介绍。

本书第三章与第四章介绍了位置融合,在实践中,位置融合和身份融合可能会同时或交替出现。从概念上讲,身份融合可以采用与位置融合相同的方式来完成,但是身份融合更加困难。首先,开发身份特征的物理模型非常困难,因此通常也不采用物理模型进行识别。例如,对于不同类型的飞机,依赖视线角所返回的 RCS(雷达截面)可以被模拟。类似地,原则上对不同类的人造目标(如坦克发动机,机动车辆等)也可以开发 IR(红外)频谱模型(强度依赖于波长)。这样,可以想像出身份估计处理类似于组合 IR 和雷达数据所进行的位置融合。该处理使用观测模型(即 RCS 模型和 IR 频谱模型),并将观测数据与预存数据相匹配来确定实体的身份。在实践中,这种做法是不可行的。每个模型都需要有效的计算资源,并且对于期望观测的每一类型的目标都要开发这些模型。很明显,在具有成千上万的可能识别目标的复杂的战术环境中,这样做是不可行的。

身份融合的第二个困难是身份通常是分层的。在最低的推理级别上,要识别的对象可能包含各种发射机(雷达、电台、定向波束)或物理实体(喷气飞机的发动机、坦克、舰船的一部分等)。在较高的推理级别上,是寻找战场实体(部队、分队)的身份。这样,身份就表示多个成分之间的复杂的内部关系。进一步说,身份推理的目标可能是模糊的,如敌方部队的企图等。

这些复杂性使身份融合处理比位置融合更加困难。

5.1.2 目标识别算法分类

目标识别算法很多,从众所周知的统计算法,如经典推理和贝叶斯方法,到特定的方法,如模板和表决法,以及引伸出的技术,如自适应神经网络。这些技术大相径庭,并且任一算法分类都有随意性。图 5-3 中提供了目标识别算法的一个构想的分类法。将目标识别算法大致分为三类:(1)物理模型;(2)基于特征的推理技术;(3)基于认识的模型。

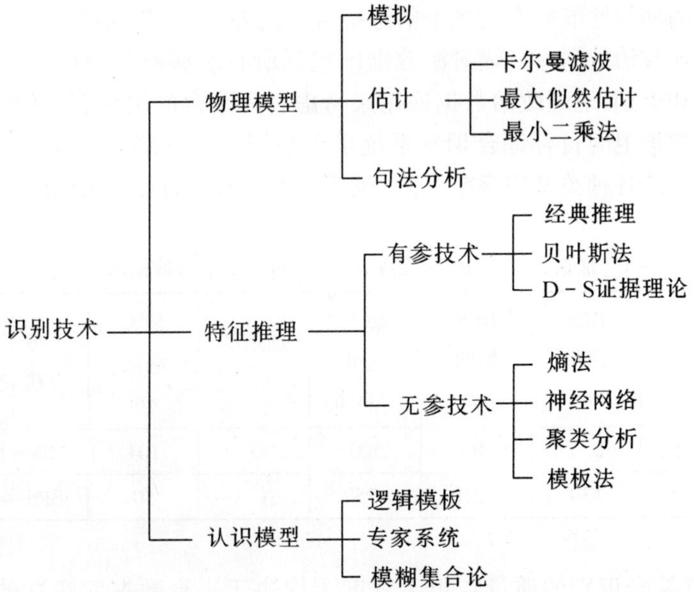

图 5-3　目标识别算法分类

物理模型力图精确地仿造可观测的传感器数据(如 RCS、IR 频谱等),并通过观测与实际数据的匹配来估计身份。该分类中的技术包括模拟和估计方法,如 Kalman 滤波。如我们在前面注意到的,身份模仿是很困难的,尽管在思想上利用经典估计技术实现身份估计是可能的。这些估计处理完全类似于位置数据融合。

基于特征的推理技术的目的是构造基于身份数据的身份说明,不使用物理模型,而是在身份数据和身份说明之间进行直接映射。我们把这些技术分为两大类:(1)有参技术,它需要关于身份数据的统计性质(如分布)的先验假设;(2)无参技术,其不需要先验统计信息。基于统计的技术包含经典推理、贝叶斯推理和 Dempster-Shafer 证据理论;无参技术包含模板法、自适应神经网络、聚类分析以及熵法。

基于认识的模型是目标识别算法的第三个主要分类。这类方法力图模仿人在识别身份时所进行的分析推理过程。这类技术包括逻辑模板、专家系统、模糊集合论。无论哪种方法,它们都是基于人进行信息处理以获得实体身份的结论的感性认识来实现。

5.2 平台数据库

要进行目标识别,必须要有能进行比较的先验模式。目标综合识别系统中的平台数据库中存放的就是各种潜在目标的可能身份特征信息。这些构成了可供分类器使用的先验模式集。平台数据库首先包含了一个全面的能被信源测量的物理参数数据库。原则上讲,这些物理参数是能够被信源直接或间接测量的实值变量,并附带着由信源或信源测量参数处理方法提供的测量精度。直接测量参数包括目标的 RCS、高度、宽度等,间接测量参数包括由航迹融合提供的目标速度、加速度等。平台数据库还存储着一些更直接有关目标身份的信息,例如:目标的类型、种类、级别和发射机型号等。这些信息属于非实值变量,无法提供对信源报告的误差估计。但是某种信度可以以对目标身份正确估计的信任程度的形式或者以某一算法的期望性能的形式赋予信源报告。此外,平台数据库中还包括一个辐射源数据库和一个地理政治数据库。辐射源数据库包括所有能够被 ESM(电子支援措施)检测到的辐射源名称和类别,地理政治数据库用来考虑各种平台的国籍、友好程度等。表 5-1 展示了加拿大巡逻护卫舰目标综合识别系统平台数据库的一部分。这一数据库包括能被系统中信源观测到的各种类型的潜在目标(包括各种类型的商业和民用的平台)。

表 5-1 加拿大巡逻护卫舰目标综合识别系统平台数据库的一部分

身份号码	类型	种类	RCS 前向 /m^2	RCS 侧向 /m^2	最大速度 /(km/h)	加速度 /(m/s^2)	最大高度 /m	发射机表	身份
18	空中	直升机	2.5	8	500	3	104	APN-510	EHI-101
19	海上	NVC	130	1 210	75	N/A	50	SPS-49	CVN Nimitz

事实上,目标综合识别的质量在很大程度上取决于平台数据库建立的完备程度。表 5-2描述了 C^3I 系统中目标综合识别系统用到的平台数据库的构成及其典型内容。

表5-2 平台数据库的构成

数据库	数据库典型内容
载体数据库	平台型号、平台名称、类型、种类、级别、物理形状与结构、所带发射机与武器装备信息等。载体平台包括空中、水面、水下目标。
目标特征数据库	图像特征:包括几何特征与结构特征等; 信号特征:包括时域特征、频域特征与复合特征等; 运动特征:包括目标速度、加速度等。
目标先验知识数据库	分类的目标先验数量、预测的目标位置和轨迹、战斗序列
辐射源数据库	辐射源型号、雷达类型,载频类型,载频值,频率捷变量,重频类型,重频值,重频抖动量,脉冲类型,脉冲宽度值,天线扫描类型,天线扫描周期,发射功率,天线增益等
通信参数库	通信设备编号,通信设备名称,通信设备种类,安装平台类型,频率,中心频率,电平,带宽,调制类型,基带特征,跳速,驻留时间,跳频个数,跳频步进频率,最大作用距离等
地理政治数据库	目标平台的国籍、友好程度等
传感器模型数据库	对于环境中的各种目标类型的检测识别性能数据

5.3 特征提取

5.3.1 特征与身份信息

在身份说明与识别过程中经常使用特征。特征是原始数据的一种抽象,其目的是提供一个简化的数据集合,该集合能精确、简化地表示原始信息。用于身份说明的特征很多。用于C^3I系统中的多传感器目标综合识别的目标身份特征主要分为图像数据特征与信号数据特征两大类。

5.3.1.1 图像数据特征

图像数据的典型特征包括几何特征、结构特征、统计特征及频域特征等。

(1)几何特征

几何特征是目标或一幅图像的主要特征,它能展现目标或图像的几何形状和尺寸。边缘是描述几何形状和尺寸特征向量中的重要元素。在图像处理中经常利用边缘特征进行边缘提取、边缘增强,更直观地反映目标/图像的几何形状,以便对图像进行有效的识别。实际上,边缘是由线段、圆弧、圆等基本元素组成的,它们之间的关系、几何尺寸等都是图像特征选择时所要考虑的重要因素。

(2)结构特征

结构特征能够在多维空间内描述目标/图像的几何形状和尺寸。特征向量中目标的各种几何形状,如球、圆锥、多面体等及其半径、表面积和构成这些几何体的线段方向及相互关系等,都是图像处理中用于特征提取的基本元素。结构特征最能显现图像各部分的比例关系。

(3)时域统计特征

时域统计特征主要指构成目标/图像的基本元素的数目和概率分布，及其统计参数，如均值、方差和高阶矩等。利用统计特征，可以从总体上加强对目标/图像的理解。图像信号的另一个时域特征是它的灰度，它在图像处理中得到了普遍应用。

(4)频域特征

频域特征主要包括频率的高低、频谱宽度、峰值位置、谱的形状等，当然也可以将其称为频域统计特征，可以用均值、方差及高阶矩描述。利用频域特征是目标识别的一种非常重要的手段。红外特征实际上也是频域特性，只不过它的波长很短，如只有几微米到十几微米。此外频域特征还包括颜色系统、黑体温度等。

(5)小波特征

小波特征主要是小波系数，它是图像处理和图像融合中经常利用的特征。

5.3.1.2　信号数据特征

信号数据特征主要包括时域特征、频域特征和复合特征等。

(1)时域特征

传感器输出的信号一般包括信号和噪声。对信号来说，主要是脉冲信号，其特征主要有：脉冲宽度(PW)、脉冲重复频率(PRF)或脉冲重复周期、脉冲幅度(PA)、多普勒频率(f_d)、脉冲的前、后沿的上升与下降时间、射频频率(RF)以及脉内调制方式(正弦波、线性调频和相位编码等)。对噪声来说，由于它是非周期信号，在幅度和相位上都是随机的，一般用噪声功率来表示，其开方便是均方根值。传感器给出的信号的另一个重要特征是它的信噪比，它直接影响系统的发现概率和其他特征的提取。

(2)频域特征

数据信号的频域特征一个是将时域脉冲进行傅氏级数展开所产生的傅氏系数，另一个是将时域脉冲信号进行傅里叶变换所得到的信号的频谱，其参数如频谱形状、谱宽、谱峰、均值等。时域的白噪声，在频域表现为均匀频谱，相关性较强的噪声一般在频域表现为一个低频谱，其形状可能是高斯的、全极点的或马尔柯夫型的。

(3)复合特征

复合特征主要包括信号的时频分析表达式、小波表达式和 Wigner – Villy 分布等。

在 C³I 系统中一般由诸如警戒雷达、电子支援措施(ESM)、敌我识别器(IFF)、红外传感器(IR)等多种类信源组成的目标综合识别系统。不同信源可探测到目标不同的特征信息。如 ESM 根据脉冲信号的时域特征如射频频率、脉冲宽度、脉冲重复周期和脉冲调制方式等对雷达信号进行分选。脉冲雷达根据所发射的时域信号特征进行信号检测。红外传感器利用喷气式飞机和火箭发动机的尾燃来发现该类目标。随着科学技术的发展，各类传感器所给出的图像信号和数据信号的各种特征将会得到充分利用，这也为目标综合识别和分类提供更多有用的信息。表 5 – 3 给出了一些信息源的有用特征。

表5-3　不同信息源的有用特征

传感器类型	信号形式	有用特征
ESM	接收的微波发射器的频率与时间关系	RF、PW、PRF、f_d、频率调制、幅度调制
微波雷达	单个脉冲、冲击脉冲、脉冲串、线性调频或相位编码宽脉冲、连续正弦波	f_d、RF、PW、PFR、RCS、图像、位置、速度等
红外成像	二维热辐射图像	形状、结构、辐射能量、热点的数量、内容
敌我识别器	属性信息报告	敌、我识别信息
声音传感器	声音发射体的频率和时间关系	f_d、多径、水泵和发电机频率以及特殊的噪声源
电视	可视二维图像	形状、结构、比例、大小、内部结构和内容
SAR	二维反向图像	形状、大小、纵横比、散射体的数量和内容
激光雷达	三维图像	f_d、大小、三维形状、散射体位置、结构
毫米波雷达	一维图像轮廓或二维偏振图像	f_d、散射体形状、大小、比例、结构

5.3.1.3　目标身份信息

不同传感器提供的信息根据其特点分成位置信息和身份信息。位置信息是指那些用来描述目标运动状态的动态参数，通常包括位置（经纬度，高度）、速度和加速度等；身份信息是有助于确立目标身份的有关信息。换言之，身份信息可看成是从多目标源得到的有助于区分目标的信息。根据可能的取值，目标身份信息可以进一步划分为传感器信号、属性信息和身份说明，如图5-4所示。

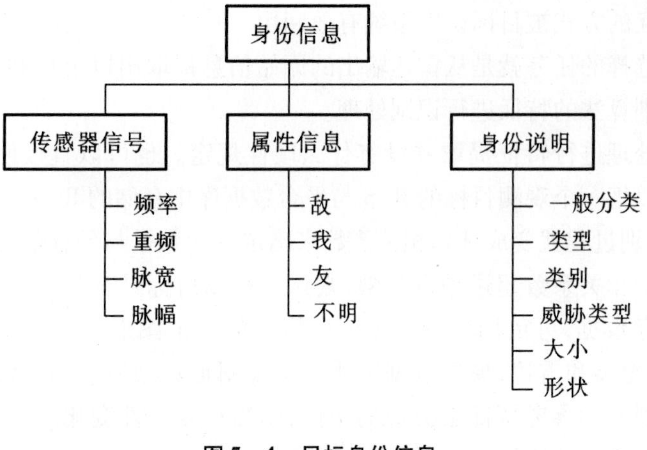

图5-4　目标身份信息

根据传感器获取的目标身份信息，可以推断目标的类型，进行目标识别。下面以雷达和ESM进行目标识别为例加以说明。

雷达可测得目标运动特征（航速、航迹）和几何特性（雷达反射截面积RCS与目标大小有关）。利用这些雷达信息与有关目标的经验知识合成，可以推断目标的类型。利用ESM对目标平台装备的雷达的辐射特征（载频、脉宽、重频、脉幅等）及其方位进行被动测量，加上有关雷达参数与雷达类型之间关系的知识可推断出目标平台的雷达装备情况,再利用有关雷达装备与平台类型之间关系的知识又可推断出目标平台类型。

5.3.2 特征提取与选择

特征提取与选择的基本任务是如何从许多特征中找出那些最具代表性或本质的特征。从传感器获得的信息有的可直接作为目标的原始特征,如目标的高度与RCS等,有的需要经过计算才能得到原始特征,如目标的速度、加速度等。有些直接测量的数据并不能作为原始特征,如识别对象是由红外成像设备传回的数字图像时,原始测量就是各点的灰度值,但很少有人用各点灰度作为特征,需要经过计算产生一组原始特征。原始特征的数量可能很大,或者说样本是处于一个高维空间中,通过映射(或变换)的方法可以用低维空间来表示样本,这个过程就是特征提取。从一组特征中挑选一些最有效的特征以达到降低特征空间维数的目的,这就是特征选择。

例如对空警戒雷达目标识别可资利用的特征有七类:

(1)RCS及其起伏特征。如均值、方差、极大值、极小值、极差等;

(2)波形特征。如波形宽度、凹陷度等,必要时可以向有经验的雷达操纵员请教;

(3)运动特征。如飞行速度、高度、编队形式、螺旋桨调制等;

(4)瞬时频响特征。如傅里叶系数、小波系数等;

(5)多周期关联特征。即将不同扫描周期得到的目标信息进行关联,以增加目标识别的信息来源;

(6)极化特征。前提是雷达的发射和接收极化是可变的;

(7)其他情报信息。如二次雷达情报、敌方飞机转场情报等其他侦察手段获取的情报,可以通过人机交互的方式被目标识别系统有效利用。

特征提取与选择的任务就是从雷达输出的原始信息提取出以上可利用的特征,并从中选择适合特定识别算法的特征进行识别处理。

为身份识别处理进行特征提取并没有什么硬性规定。也可以直接使用原始信号或图像数据。例如可以把一个观测目标的RCS与平台数据库中存储的RCS特征图形进行比较。在这种情况下,识别过程就变成计算相关系数来确定观测数据与预存的特征图形数据的相关问题。若计算的相关系数超过预设门限,则认为观测目标具有与预存数据同样的身份。若没有有效的预存数据,可借助物理模型产生模拟的特征图形数据。对某些类型的传感器,如红外图像传感器和雷达,模型数据可能比特征图形数据更有用,其理由是,实际数据可能仅适用于与观测的参考特征很类似的条件,而当观测条件变化时,就不能准确地进行预存特征与新观测之间的比较。

事实上,很少有人通过直接比较观测数据与预存特征来识别目标,这样的方法很耗费时间并且计算代价昂贵。此外,如果能够找到所表示的特征,并不总需要进行观测数据与预存特征的比较。这类似于识别一个大停车场中的一辆汽车,如果要通过系统地将该车照片与场内每辆车的照片进行比较,这项工作将是非常复杂与繁琐的。一个非常简单的方法是使用车牌号码作为特征来识别该汽车。即使停车场中的所有汽车具有相同的年代、颜色、形状和尺寸,使用车牌号也能够从所有汽车中识别出一辆汽车。

特征提取与特征选择是模式识别领域中的一个重要内容，有一系列方法解决这一问题。特征提取的方法有：

(1)距离度量特征提取法；

(2)概率度量特征提取法；

(3)散度准则特征提取法；

(4)最小熵特征提取法。

特征选择的方法有：

(1)最优搜索法；

(2)次优搜索法；

(3)模拟退火算法；

(4)遗传算法。

以上这些方法都是此领域的经典算法，可参见文献[5]中的描述，这里就不再赘述。

5.4　分类识别

目标综合识别的第二个主要功能是分类识别，也即是身份说明处理。如图5-5所示，表示具有分量X_1,X_2,X_3的一个三维特征向量X，可以被变换到三维空间中的可分离区域中，图中给出的两个区域A和B。若这两个空间区域表示两类独立实体的身份，则特征空间的区域A中的向量X的位置就构成了"X是实体A"的标识。因此使用特征向量进行身份说明处理类似于数据关联所用的处理方法。假设特征空间的维是无线电频率(RF)、脉冲持续时间(PD)、脉冲重复频率(PRF)，则利用传感器测量的三维数据即可识别出目标的身份。身份处理的困难出现在表示不同实体的特征空间区域相互覆盖，如当$X\in A\cap B$时，该模糊情况导致无法只依据基本观测特征说明一个唯一的身份。

身份说明处理需要使用模式识别技术，如相似系数法、模板法、聚类分析、自适应神经网络、物理模型或识别实体身份的基于知识的技术。这些技术在本章下面几节加以描述。这些技术中每一种都需要两个阶段的操作。在训练模式中，取自已知实体的数据用于确定把特征空间划分为多个区域的边界，每个区域确立一个目标或实体的身份(即对于模板是参数边界，对聚类分析是聚类边界)。在特征向量与身份之间建立了关系之后，就可以在识别或分类模式中使用模式识别技术。在该模式中，通过确定观测向量对特征空间中判定边界的位置就能够对各个特征向量进行分类。

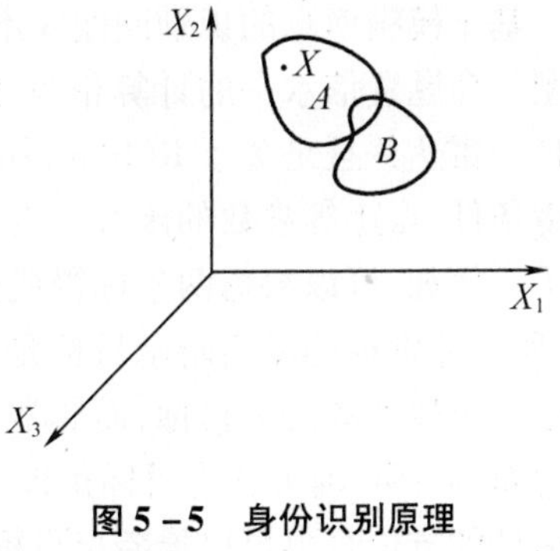

图5-5　身份识别原理

表5-4给出了通常使用的模式识别技术。这些技术包括相似系数法、参数模板、聚类分析、神经网络、物理模型和基于知识的方法。表中提供每种技术的简短描述，并且给出了身份说明的主要成分。

表 5－4　识别技术概观

识别技术	描　　述	身份说明的主要成分
相似系数法	利用特征向量度量两个目标相似程度	特征向量相对于目标向量的接近程度
参数模板法	在特征空间中确定先验边界以识别唯一的对象/身份	特征向量对于模板边界的位置
聚类分析	把数据组合为表示对象身份的自然聚类的技术	特征向量对于一个先验聚类的中心的接近程度
神经网络	模仿生物神经连接产生特征向量与身份分类之间的非线性变换	输入参数神经网络层与输出身份说明层之间的变换
物理模型	使用物理模型来预测作为对象身份函数的观测数据（如 RCS，IR 频谱）	观测数据与预测数据的匹配
基于知识的方法	借助规则、符号表达式、框架等表示对象的身份/特征	确定观测特征满足表达式的程度的推理技术

采用以上识别技术对特征向量进行分类识别处理后，就要给出目标的身份报告，也就是要构建目标的身份命题。在目标身份命题的构建过程中，一般把目标特征信息作为模糊逻辑变量进行处理，同时采用模糊机制来建立命题的置信水平。这是因为：

（1）无法根据目标速度、加速度和 RCS 等特征信息得到一个精确的判断，而且对于综合识别来说也是不必要的；

（2）只有当有关这些特征信息的信源报告与以前记录的情况发生了较大的变化时，才将其进行综合处理；

（3）速度、加速度等特征信息的测量值仅仅表示了目标有能力达到这一值（速度、加速度），并不对应于平台数据库中的某一门限值（如最大速度或最大加速度）。

基于模糊信息的识别问题并不是一个单纯的可测量问题，它必须通过模糊逻辑来建立模型。命题置信水平的计算依赖于信源报告，并且是一个多参数的函数。例如，信源报告来自一雷达并且是关于 RCS 的，那么置信水平可能是一个包括点迹信噪比、航迹方位、雷达环境条件、点迹等参数的函数。表 5－5 是一个典型的应用于警戒雷达目标身份命题构成的例子。例如，可以根据两坐标警戒雷达测量的距离值推断出目标的类型。因为地球是个球体，所以非常远的距离暗示目标是一个空中目标，相对近的距离暗示目标是一个空中目标或是一个较大的海上目标，而非常近的距离暗示目标类型不详（未知）。若估计出目标的速度为 60 km/h，则可认为目标是极快的海上目标或是极慢的空中目标（直升机类）。从 RCS 和估计的方位角也可以推断出目标的种类和大小。当目标的正面 RCS 为 10 m^2 时，则目标可能是一个很大的空中目标或是一个很小的海上目标。由于 RCS 的测量不一定精确，并且还与目标的方位有关，因此目标身份命题的构成过程还应该考虑其他可能的选择，例如，极大的和大的空中目标或极小的和小的海上目标。表中 $m\%$ 表示置信水平，1、2、…、36 分别表示平台数据库中身份命题代号。

表 5－5　利用警戒雷达测量的特征信息构成目标身份命题

雷达测量特征数据	测量值	模糊化	平台数据库的相关子集	$m\%$	未知的 $m\%$
距离	50 km	空中目标	{1,2,3,…,19}	60	10
		较大的海上目标	{20,21,22}	30	
反射截面 航迹方位	10 m² 175° （正面）	较大的空中目标＋较小的海上目标	{7,8,9,26,27}	60	10
		极大的空中目标＋小的海上目标	{15,16,32,33,34}	15	
		大的空中目标＋极小的海上目标	{10,11,12,35,36}	15	
速度	50 km/h	极慢的空中目标＋极快的海上目标	{8,1,2,32,20,21}	75	25

5.4.1　相似系数法

（1）数学模型

相似性系数模型是用于目标识别的最简单的模型之一，它是一种根据目标特征矢量度量两个目标相似程度的数学方法。相似性系数可以表示为：

$$R_{XY}=\frac{X\cdot Y}{X\cdot X-X\cdot Y+Y\cdot Y} \tag{5－1}$$

X,Y 为两个目标的特征矢量。式中各量分别为

$$X=\{x_1,x_2,\cdots,x_k\}$$

$$Y=\{y_1,y_2,\cdots,y_k\}$$

$$X\cdot X=\sum_{i=1}^{k}(x_i\cdot x_i)$$

$$X\cdot Y=\sum_{i=1}^{k}(x_i\cdot y_i)$$

$$Y\cdot Y=\sum_{i=1}^{k}(y_i\cdot y_i)$$

（2）相似系数模型特性

相似系数模型的几个特性的证明比较简单，这里就不予以证明了，直接给出结果：

①如果 $X=Y$，则 $R_{XY}=1.0$；

②规定 $X=0,Y=0$，令 $R_{XY}=0$；

③如果 $X\neq0,Y=0$，则 $R_{XY}=0$；

④如果 $X=0,Y\neq0$，则 $R_{XY}=0$；

⑤如果 $X>0,Y>0,X\neq Y$，则 $0<R_{XY}<1$。

（3）决策规则

已知两个目标的特征矢量：

$$X=\{x_1,x_2,\cdots,x_k\}$$

$$Y=\{y_1,y_2,\cdots,y_k\}$$

①如果 $R_{XY}\to1.0$，则目标 X 正确地被识别为目标 Y；

②如果 $R_{XY} \to 0.0$,则目标 X 与目标 Y 不属于同一个目标;

③如果 $R_{XY} \to 0.5$,则不进行决策。

假设 Y 为平台数据库中已知目标的特征矢量,而 X 是当前观测目标通过特征提取之后得到的特征矢量,则通过计算相似系数即可判断观测目标是否为已知目标类。

尽管相似系数模型比较简单,但在某些情况下很实用。

5.4.2 参数模板法

模式识别最基本的技术就是模板法,其思想比较简单。首先根据先验信息把多维特征空间分解为不同的区域,其中每一个表示一个身份类别,然后进行特征提取,形成特征向量,最后将其与特征区间进行比较,看是否落入特征区间。图 5 -6 给出了用 ESM 识别脉冲发射机的一个例子。

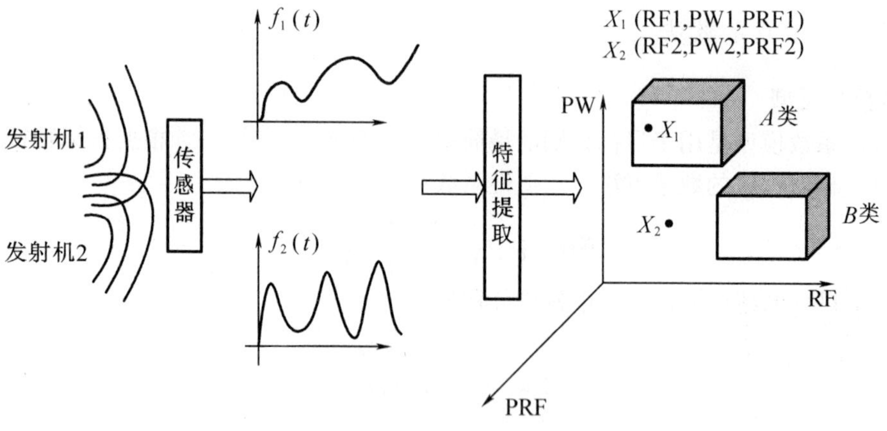

图 5 -6 参数模板法概念模型

图 5 -6 中有两个发射机(1 和 2)定时重复发射能量脉冲,接收发射机信号的是一个观测发射能量的 ESM 传感器,经过射频、中频处理和检波,输出幅度—时间脉冲序列。经过特征提取处理建立一个三维特征向量,由 RF、PW 和 PRF 组成,以表征观测到的数据。该特征提取利用自动峰值检测和表征技术。

将特征向量变换到由分量 RF、PW 和 PRF 组成的三维特征空间中。假设通过预先测量或分析建立了两个所关心的不同的发射机分类 A 和 B。在图中这两个发射机分类具有不同的互不覆盖边界。身份识别的处理过程就是观测数据(X_1 和 X_2)是否落入这两个特征空间边界内。在这个特殊的例子中,图 5 -6 给出观测的发射机 1 落入发射机类 A 的特征空间边界内,因此,观测 1 被说明为具有与发射机类 A 相同的身份。第二个观测 X_2,落到发射机类 A 和类 B 的特征空间边界之外。若没有其他信息,观测 X_2 只能说明为具有未知身份。

借助参数模板生成身份说明的过程类似于数据关联过程,即将特征向量的位置与特征空间中预先指定的位置进行比较。若观测 X_1 落到一个身份类别的边界附近或其内,则该观测就认为具有与其关联的身份类同样的身份。因此要计算相似性度量,并且每个观测都要与一个先验分类进行比较,这与航迹相关非常类似。

很明显,特征空间可用多种类型的边界来分划,例如,几何类(矩形或椭球体),统计类

(Bayes),或其他边界。使模板法变得复杂的一个因素是特征空间中所划分的范围相互覆盖。该覆盖引起了识别中的模糊性而无法求解。

模板法用于身份说明在概念上很简单,它也经常用于数据融合系统。该技术要求采用一种高效的计算方法,而这种方法强烈地依赖于特征的选择以及它们在特征空间中的相互关联分布。

5.4.3　聚类分析技术

聚类分析的基本思想非常朴素、直观和简单,它是根据各个待分类的模式特征相似程度进行分类的,相似的归为一类,不相似的作为另外一类。图 5 - 7 给出了聚类分析的概念模型。聚类分析包括两个基本内容:模式相似性度量和聚类算法。

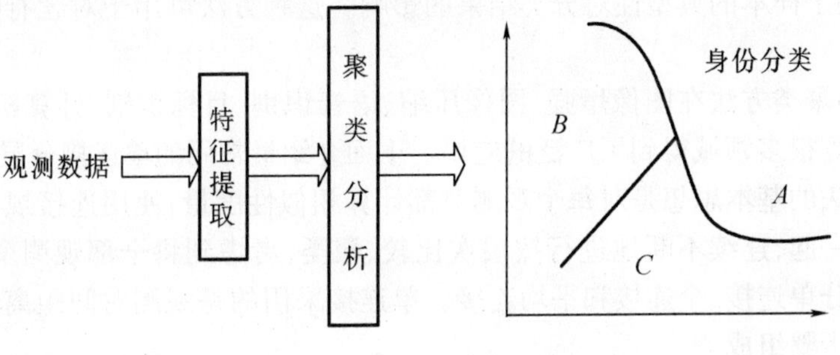

图 5 - 7　聚类分析概念模型

为了能划分模式的类型,必须首先定义模式相似性测度,以此来描述各模式之间特征的相似程度。表 5 - 6 给出了相似性测度的不同方法。具体的测度定义请参看文献[9]。

表 5 - 6　相似性测度分类

相似性测度分类	算法分类
距离测度	欧氏(Euclidean)距离;绝对值距离;切氏(Chebyshev)距离;明氏(Minkowski)距离;马氏(Mahalanobis)距离等
相似测度	角度相似系数(夹角余弦);相关系数;指数相似系数等
匹配测度	Tanimoto 测度;简单匹配系数;Dice 系数;Kulzinsky 系数等

上面给出的相似性测度算法各具特点,在实际使用时应根据具体问题进行选择。

建立了模式相似性测度之后,两个模式的相似程度就可用数值来表征了,据此便可以采用相应的聚类算法进行分类和识别。目前,已经提出了很多解决不同领域问题的聚类算法,大体上可以分成硬聚类方法、模糊聚类方法和可能性聚类方法。硬聚类方法将样本对各类的隶属度取成 0 和 1 两种值。取值为 0 表示该样本不属于这一类,取值为 1 表示该样本属于这一类。传统的硬聚类方法包括 C - 均值、ISODATA、FORGY 和 WISH 等方法。这些方法大体上可以分为两大类,即启发式和划分式。启发式方法将数据进行树状分类,可将数据分成若干个类。划分式则不同,它按照某种标准将数据划分成单一的结果。划分技术包括目标函数法、密度估计或模型搜索法、图结构法和最邻近法。硬聚类法具有计算开销小的优点，但缺点也非常明显。由于硬聚类割断了样本和样本之间的联系，无法表达样本间在性态和类属方面的中介性，使得聚类结果的偏差较大。

模糊聚类方法将样本对各类的隶属度扩展到[0,1]区间，它是以模糊集理论为基础的。模糊聚类能有效地对类与类之间有交叉的数据进行分类，所得到的结果明显地优于硬聚类。模糊聚类要求每个样本对各个类的隶属度之和为1，实际上这是对划分的概率约束。与硬聚类方法相比，模糊聚类的收敛速度要慢得多。模糊聚类大体上可分为基于相似关系的聚类法、基于数据集的凸分解法、基于目标函数的聚类法、基于模糊关系的传递闭包、聚类神经网络和基于各种优化算法的聚类方法。

可能性聚类方法也将样本对各个类的隶属度取成[0,1]区间，但可能性聚类方法不要求每个样本对各个类的隶属度之和为1。它不仅考虑到了各个样本对各个聚类中心的隶属关系，也考虑到了样本的典型性对分类结果的影响。这种方法可用于对含有噪声的数据进行聚类。

目前，各种聚类方法在图像增强、图像压缩、语音识别、目标识别、计算机视觉、生物科学和社会科学等很多领域得到了广泛的应用。下面介绍最常用的单连接分层凝聚法。

分层凝聚法的基本思想是对每个观测对都计算相似性度量，使用连接规则将最相似的观测对聚类到一起，连续不断地进行按层次比较、聚类，考虑到将全部观测聚类成一大类。分层凝聚规则分单连接、全连接和平均连接。单连接采用的是观测对间距离最小准则。该方法由下述各步骤组成。

(1)将属性特征向量数据集合起来或输入到该聚类处理中。

(2)将这些数据定标或规格化。一个典型的做法是将所有数据规格化到[0,1]中。进行数据定标是为了避免对聚类处理起支配作用的任意一个特征分量出现过大的情况。可使用各种不同的定标技术，包括使用逆标准差使属性向量标准化。

(3)对每个特征向量 $\boldsymbol{X}_j$，计算其对每个其他特征向量 $\boldsymbol{X}_k$ 的相似性系数，即产生一个相似性度量。如采用欧氏距离度量则可产生一个欧几里德距离度量：

$$s_{jk} = \left| \sum_{i=1}^{n} (x_{ji} - x_{ki})^2 \right|^{\frac{1}{2}} \tag{5-2}$$

这里 x_{ji} 是第 j 个特征向量的第 i 个分量，n 是特征向量的分量数、s_{jk} 是第 j 个与第 k 个特征向量的欧几里德距离。前面所述的任一种相似性度量都可用来取代(5-2)。由此可构建一个对称的相似矩阵：

$$\boldsymbol{S} = \begin{bmatrix} 0, s_{12}, s_{13}, \cdots, s_{1m} \\ s_{21}, 0, s_{23}, \cdots, s_{2m} \\ \vdots \qquad\qquad \vdots \\ s_{m1}, s_{m2}, s_{m3}, \cdots, 0 \end{bmatrix} \tag{5-3}$$

这里 $S_{jk}(j=1,2,\cdots,m;k=1,2,\cdots,m)$ 是第 j 个与第 k 个特征向量之间接近程度的一个度量值。我们假设共有 m 个特征向量。

(4)应用聚类规则，单连接层次法形成一个序列，建立一个层次树，在树的底部是 m 个不同的聚类，每个聚类由一个单一观测组成。在下一级上是 $(m-1)$ 个聚类等等。这个可能聚类的层次持续到顶部，所有观测都被聚类到一个单一聚类中。

图5-8表示了这个思想。图中是一个二维特征空间的5个数据点，该简图绘出了特征

向量间的欧几里德距离，并给出了一个层次树。在底部级上，所有观测都当作独立的聚类，聚类方法搜索该对称矩阵以寻找 S_{jk} 的最小值（即两个最接近的目标），并将这些目标聚类到一个单一聚类中。该过程持续到所有目标都包含到一个单一的大聚类中。具体的聚类过程见图5-9。

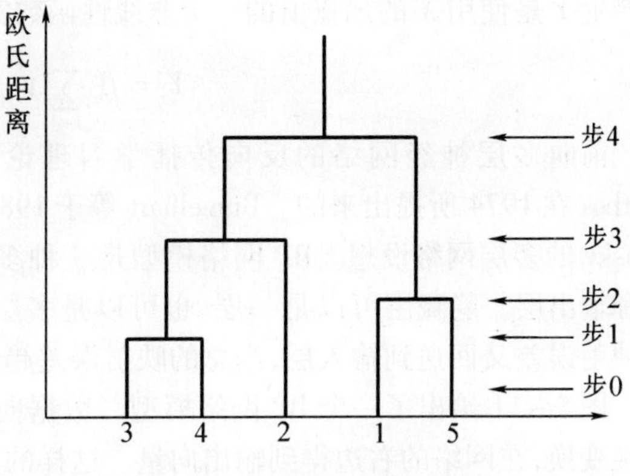

图5-8 单连接层次树示意图

在单边接法中，每个层次迭代在组合两个聚类 i 和 j 从而生成聚类 k 之后，聚类 k 与其他聚类 m 之间的相似性由下述度量来确定：

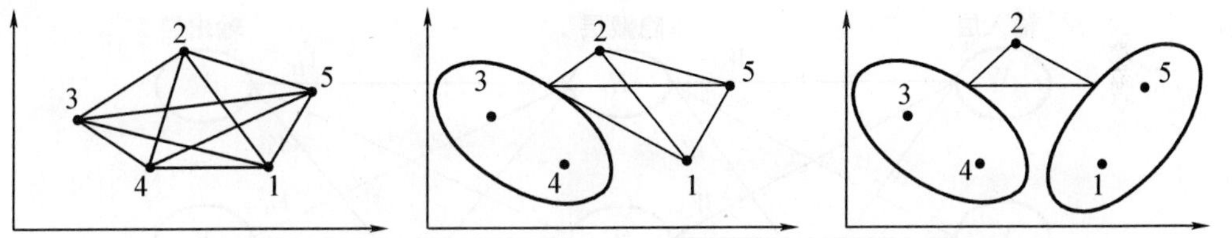

图5-9 单连接分层凝聚法聚类过程

$$S_{km} = \min(S_{im}, S_{jm}) \tag{5-4}$$

也就是说，聚类隶属的新的备选物可以依据最接近的已有组的任意成员，而参加到一个已有组之中，因此，仅在两个情况之间需要单一连接以对它们进行合并。

聚类分析是一个有价值的工具集，它能发掘数据中的新的关系，以导出识别范例。因此，由于聚类算法的启发性质，使得它们的应用存在很大的潜在倾向性。一般，按比例调整数据、选择相似性度量标准、选取聚类算法，有时甚至输入数据的量级等都可能对获得的聚类产生重大影响。因此使用聚类算法必须评价它们对形成有意义的身份聚类的有效性和可重复的能力，这样用户才能对这些结论进行唯一的评价。

5.4.4 神经网络技术

人工神经网络系统是硬件或软件系统，是模仿生物神经系统的过程。一个神经网络由多层处理元素或节点组成，它们用各种方式连接起来。图5-10是一个神经网络的单节点处理思想图。每个节点都接收来自前面一层的 n 个节点的输入。这些输入 $X_1, \cdots, X_n$

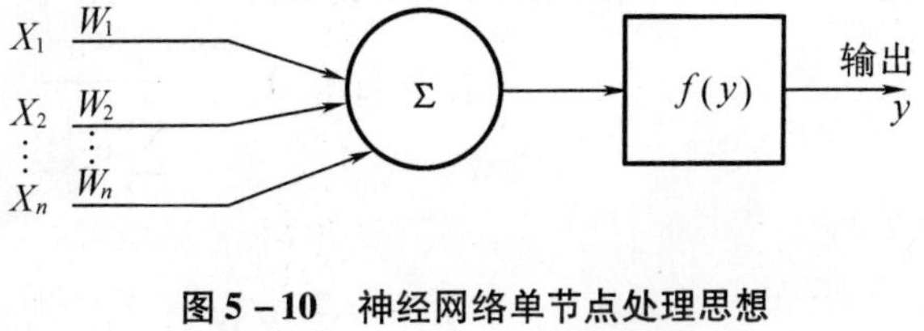

图5-10 神经网络单节点处理思想

在该处理元素中被组合，以产生一个输出 Y，它又依次作为该网络下一层的输入。组合各 X_i 以产生 Y 是使用 X 的加权值的一个非线性函数实现的：

$$Y = f\left(\sum_{j=1}^{n} W_j X_j - \theta_i\right) \tag{5-5}$$

前向多层神经网络的反向传播学习理论（Back - Propagation，缩写为 BP）最早由 Werbos 在 1974 所提出来的。Bumelhart 等于 1985 年发展了反向传播网络学习算法，实现了 Minsky 的多层网络设想。BP 网络模型是一种多层感知器模型，它分为三层：输入层、隐藏层和输出层。隐藏层可以是一层，也可以是多层。输入信息通过隐藏层被映射到输出层，而映射误差又回送到输入层，当总的映射误差趋近于零时，完成映射。

图 5 - 11 给出了一个 BP 网络模型。数据向量从该网络的左边输入，神经网络完成非线性变换，在网络的右边得到输出向量。这样的变换能够产生从数据到聚类分析技术形成的身份类别的一类变换，这样的神经网络可以用来把多传感器数据变为一个实体的联合身份说明。

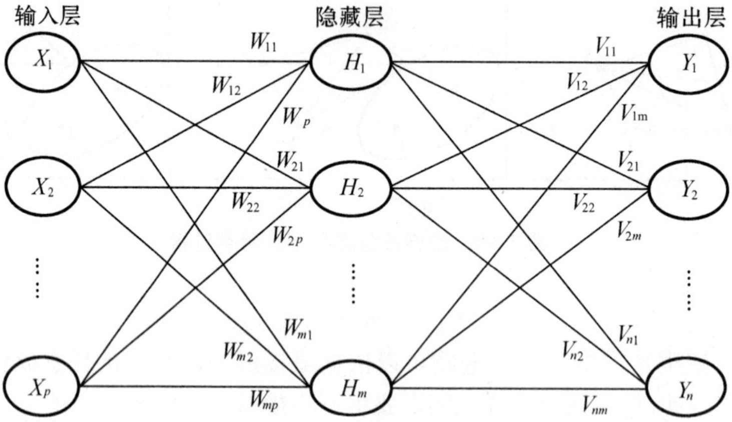

图 5 - 11 BP 网络模型

图中 $W_{m\times p}$ 是输入层和隐藏层之间的加权矩阵；$\boldsymbol{V}_{n\times m}$ 是隐藏层和输出层之间的加权矩阵；H_i 是隐藏层的激活能量，可表示为阶梯函数、反曲函数等，这里采用反曲函数如下：

$$H_i = \frac{1}{1 + e^{-S_i}} \tag{5-6}$$

式中，

$$S_i = \sum_{j=1}^{p} W_{ij} X_j \qquad i = 1,2,\cdots,m$$

Y_i 是输出层目标出现的概率，可以表示为

$$Y_i = \frac{e^{-U_i}}{\sum_{k=1}^{n} e^{-U_k}} \tag{5-7}$$

式中，

$$U_i = \sum_{j=1}^{m} V_{ij} H_j \qquad i = 1,2,\cdots,n$$

由式(5－7)得输出函数的两个特性：

(1) $Y_i \geqslant 0 \quad \forall i$

(2) $\sum_{i=1}^{n} Y_i = 1$

由于输出层 Y_i 满足上面(1)和(2)两个方程，可以证明，三层 BP 模型的输出层 Y_i 是一个真正的概率密度函数。具体的证明略。

将 BP 网络用于目标识别和分类时，实际上存在两种不同的网络模型：训练 BP 模型和工作 BP 模型。训练 BP 模型和工作 BP 模型的结构都有三层，即输入层、隐藏层和输出层，在三层上也都有相同的元素数目。也就是说都有相同的结构，但有不同的算法和目标。训练 BP 模型试图教会网络识别确定目标，估计网络的最佳加权矩阵，也就是计算输入层和隐藏层之间的加权矩阵以及输出层和隐藏层之间的加权矩阵。工作 BP 模型的目的是利用来自训练模型的加权矩阵对未知目标进行识别工作。

应用工作 BP 模型的方法如下：

(1)应用来自训练 BP 模型的最佳加权矩阵对工作 BP 模型的加权矩阵进行初始化；

(2)将特征元素送到工作 BP 模型的输入层；

(3)在隐藏层估计激活能量；

(4)在输出层计算概率矢量；

(5)在输出层具有最大概率的目标是所识别的目标。

BP 算法的识别成功率依赖于来自训练 BP 模型的最佳加权矩阵和所使用的训练数据等因素。其特有问题是无法预测收敛所需要的迭代步数，一般需要迭代上千次才能收敛。

对于身份融合来说，神经网络比传统的聚类方法要好，特别是当输人数据带有噪声，以及数据丢失时更是如此。然而，在如下几个方面还必须深入研究：

(1)网络模型的选择；

(2)层数和节点数的选取；

(3)导出训练策略；

(4)神经网络与传统分类方法相结合。

5.4.5　物理模型

建立身份说明的直接方法是使用物理模型。该技术是依据一个物理模型设法直接计算实体的特征信号(即时域信号、数据、频域数据或图像)。图 5－12 给出了这个思想。图中一个传感器观测一个对象或目标，产生一个观测特征信号或图像。身份说明的处理过程是将该观测数据与预存的特征信号(来自平台数据库)或与一个模拟信号(由物理模型产生的)进行比较。该比较过程可能包含预测与观测数据之间的相关处理。如果相关系数超过一个预设门限，则认为身份匹配成立。

物理建模预测一个实体的信号必须基于备选对象的物理表征进行，对每个对象或对象类型可能需要不同的物理模型。物理建模的例子包括利用物体内部的成分来预测高温对象的红外频谱和利用电磁环境模型以模拟复杂对象的 RCS。其他例子是使用数字信号模拟来预测发射机的发射。

物理模型可能很复杂，需要很大的软件程序，这也是物理模型不经常使用的一个原因。即使物理模型比较简单或利用预先设定的信号数据，观测模型及预处理也可能很复杂。例

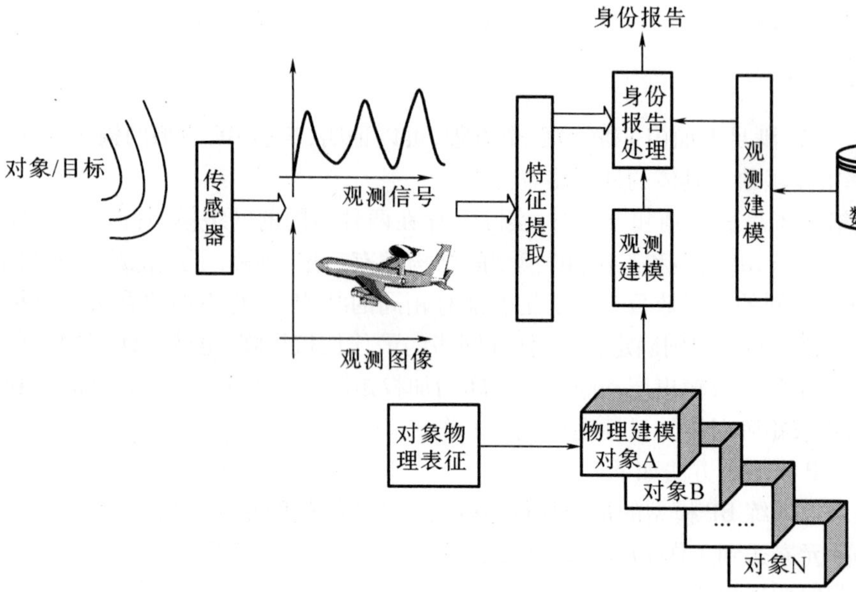

图 5-12 物理建模的身份识别思想

如,使用图像传感器进行遥感就是这样。假设我们已有简单的模型如二维几何绘图或真实的实体照片,我们要利用自动身份说明处理来识别它们,原则上可以直接进行识别处理,只须简单地将观测的图像与模型或预存照片进行比较就可以了。然而为了将观测数据与预测的模型进行匹配需要进行图像上的大量数据处理,如传感器几何校对、检测器校对、平台的几何校正、高速变换补偿与动态范围调整等。

对身份说明的物理建模通常由于巨大的计算量使其应用受到限制。然而,在非实时系统研究中,物理建模是很有用的。该方法对于研究潜在的物理现象也是很有价值的。

5.4.6 基于知识的方法

基于知识的技术,如专家系统和逻辑模板可以用来进行身份说明处理。这些方法避开了物理模型,而力图仿效人类在进行身份识别中所使用的认识途径。专家系统是计算机程序,它使用知识表示技术和推理处理进行推断,以获得所需要的结论。逻辑模板技术把5.4.2节描述的参数模板扩展到容许出现逻辑条件和关系的情况。

基于知识的技术可以基于原始传感器数据也可依赖抽象出来的特征。在每种情况都存在基于知识方法的两个通用方面:(1)知识表示技术;(2)推理方法,以处理信息并获得所要求的结论。知识表示技术包括下述三种。

(1)规则:IF-THEN 语句描述证据(即观测数据的存在)与所引起的行动(即身份说明、附加数据请求等)之间的关系。

(2)框架:复杂的数据结构,用来识别对象属性、关系、表征。

(3)剧本:描述安排和行动,用来描述现实世界的情况或事件。可以使用这些知识表示来定义复杂的物理实体。所收集的规则、框架或剧本知识的集合称为知识库。

基于知识的系统使用推理技术对照一个预存的知识库来处理传感器观测,以完成身份说明处理。所使用的各种推理技术包括布尔逻辑、决策树、模糊逻辑以及处理数据的其他方法,以获得有效的结论。这些技术中任一种都能够掺入观测数据中的不确定性,就像知识库中的不确定性一样。

可以应用于身份说明的专用知识表示和推理技术的重点是确定对象的属性和对象之间的相互关系。一个例子是基于人类语言结构的语法规则法。语法规则法能确定复杂对象或实体的元素和这些元素之间实际的相互关系,该方法类似于建立实际语句的规则,即对语言的基本元素(即词)和生成句子的词间关系规则(即该语言的语法)进行规定。识别处理首先是收集一个实体的基本分量数据,然后对照知识库处理这些数据,若条件符合则确定对象或实体的身份。图5-13给出了基于知识的身份识别思想。

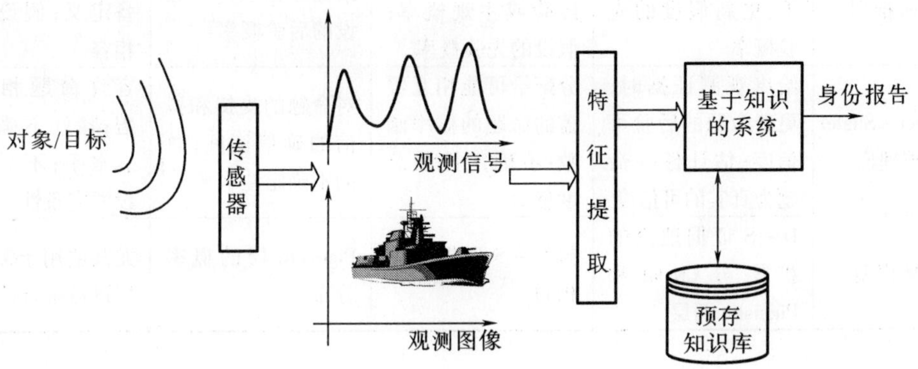

图5-13　基于知识的身份识别思想

5.5　身份融合

本节主要介绍目标综合识别中的决策级身份融合算法。决策级身份融合是处理来自多传感器的身份说明,以获得一个联合的身份说明。图5-14给出了决策级身份融合思想。

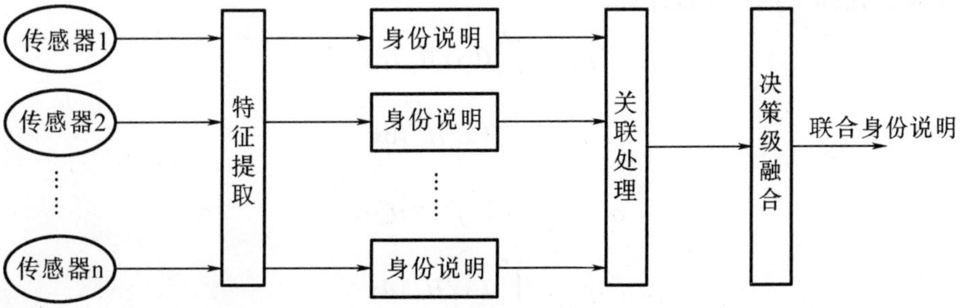

图5-14　决策级身份融合思想

图中表示多传感器观察一个物理实体、对象或事件,每个传感器都进行预处理,包括特征提取和身份说明,以给出观测实体的一个身份说明。然后对来自多个传感器的身份说明进行关联处理,并输入到决策级身份融合处理模块,经身份融合得到联合身份说明。

决策级身份融合方法包括经典推理、Bayes 推理、Dempster - Shafer 证据理论、TBM 模型等。表 5 - 7 给出了决策级身份融合处理方法的概括说明。具体的方法将在余下各节加以描述。

表 5 - 7　决策级身份融合方法概述

方法	核心处理	输入	输出	短评
经典推理	计算给定假设条件下观测的联合概率	经验或经典概率统计的总体分布	在选择的假设条件下,误差的概率	仅处理两个假设
Bayes 推理	给出观测证据情况下,更新假设的先验概率	给定假设的观测的经验或主观概率;假设的先验概率	给出证据条件下假设的后验概率	需要备选假设的完备定义;假设必须相容
Dempster - Shafer 证据理论	给出观测证据时,更新命题的后验可信度;估计任一命题为真实的可信度	分配给可能相互覆盖的命题的概率函数;不确定性的总度量值	对命题的支持和拟信的确信区间;总的不确定性水平	容许命题相互覆盖;容许不确定性总水平;不需要假设的完备性
TBM 模型	D - S 证据理论的扩展,分 Credal 和 Pignistic 两层	与 D - S 证据理论相同	Pignistic 层的概率分布	尤其适用于需要逐层进行融合的系统

5.5.1　经典推理

经典推理方法使用经验概率模型,用二值假设检验的方法,在已知先验概率的条件下对事件的存在与否进行判别。在身份说明的经典方法中,我们假设观测数据(如 RCS、IR 频谱等)是要识别身份的 N 个可能对象之一所引起的结果。假设检验就是回答下述问题:若假设是正确的,那么这些观测数据是由目标 N 产生的吗?我们定义如下两个假设:

(1)H_0 表示观测数据不是目标 N 引起的事件,有概率密度函数 $f(x/H_0)$;

(2)H_1 表示观测数据是目标 N 引起的事件,有概率密度函数 $f(x/H_1)$。

于是就存在如下四种可能结果:

$$
\begin{aligned}
p_d &= \int_T^{\infty} f(x/H_1)\,\mathrm{d}x \\
\beta &= \int_0^{T} f(x/H_1)\,\mathrm{d}x \\
\alpha = p_f &= \int_T^{\infty} f(x/H_0)\,\mathrm{d}x \\
p_2 &= \int_0^{T} f(x/H_0)\,\mathrm{d}x
\end{aligned}
\tag{5-8}
$$

其中,

T——识别门限;

p_d——目标 N 存在的情况下,正确识别目标的概率,称为识别概率,在信号检测中称为发现概率;

β——目标 N 存在的情况下,没有识别出目标的概率,称为漏识别概率;

α——目标 N 不存在的情况下，识别出目标 N 的概率，显然，它是错误识别概率，在信号检测中称为虚警概率；

p_2——目标 N 不存在的情况下，正确识别出不是目标 N 的概率。

经典推理的一个例子是发射机识别问题。假设已知两个不同型号的雷达，其脉冲重复区间(PRI)的概率密度函数如图 5－15 所示。两类雷达用 E_1 和 E_2 表示。经典推理就是证实或拒绝一个提出的身份假设。这样，若我们观测到一个脉冲重复区间 $PRI_{观测}$，我们就力图确定所观测的雷达是否是类 E_1 或 E_2。

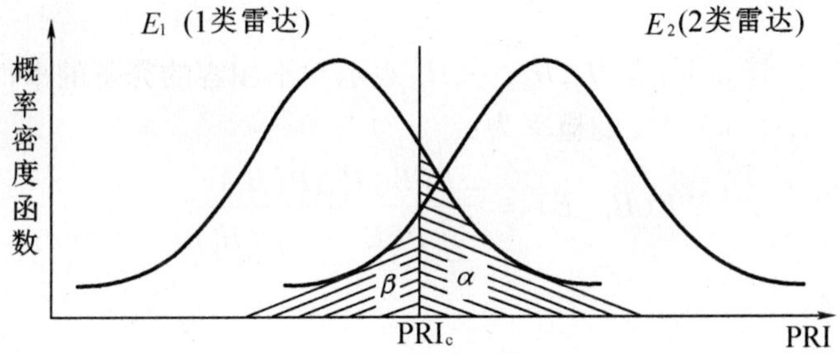

图 5－15　经典推理识别雷达发射机

经典推理从选择 PRI 的一个临界值 PRI_c 开始。若 PRI 观测值大于 PRI_c（PRI 观测 > PRI_c），则我们说该证据不能拒绝雷达是 E_2 类的假设。反之若 PRI 观测 < PRI_c，则我们说该证据不能拒绝该雷达是 E_1 类的假设。要注意的是，经典推理所提供的是给定观测实体的身份假设时的信息，即提供的是传感器观测的概率。在此例中，由于 PRI 捷变的覆盖，该判定度量标准可能仍会导致错误的身份说明。特别是图 5－15 指出存在一个有限的概率 α，其表示对 E_1 类雷达观测的 PRI 将大于 PRI_c，即把 E_1 类雷达判断为 E_2 类雷达的错误概率：

$$\alpha = \int_{PRI_c}^{\infty} f(x/H_0)\,dx$$

还存在一个有限的概率 β，它表示对 E_2 类雷达观测的 PRI 将小于 PRI_c，即把 E_2 类雷达判断为 E_1 类雷达的错误概率：

$$\beta = \int_{0}^{PRI_c} f(x/H_1)\,dx$$

这些错误识别误差分别称为 1 类和 2 类误差。PRI_c 的值由分析员选择出来。一般可改变其值使 1 类或 2 类误差达极小，但始终存在一个有限的错误识别概率。

正确识别出 E_1 类雷达和 E_2 类雷达的概率分别为：

$$p_1 = \int_{0}^{PRI_c} f(x/H_0)\,dx$$

$$p_2 = \int_{PRI_c}^{\infty} f(x/H_1)\,dx$$

经典推理方法可以推广到来自传感器的多维数据情况。但是这需要先验知识并计算多维概率密度函数。对于实际应用来说，这是一个严重的缺陷。经典推理技术的其他缺陷如下：

(1)同时只处理两个假设（即假设 H_0 及与此假设对立的 H_1）；

(2)对多变量数据出现复杂性;

(3)经典推理没有利用先验似然估计的优点。

5.5.2 Bayes 推理

Bayes 推理取名来自英国牧师 Thoms Bayes。他卒于 1760 年,而他撰写的一篇论文于 1763 年才发表,其中包含的公式就是今天大家熟知的 Bayes 定理。Bayes 推理技术解决了使用经典推理方法感到困难的一些问题。Bayes 推理是在给出前面对假设的似然估计和增加的证据(观测)情况下、更新假设的似然函数。该技术可以基于经典概率,也可基于主观概率进行。

Bayes 推理处理步骤如下:设 $H_1,H_2,\cdots,H_n$ 表示互不相容的完备的事件,在事件 E 出现的情况下,$H_i(i=1,2,\cdots,n)$出现的概率为:

$$P(H_i \mid E) = \frac{P(E \mid H_i)P(H_i)}{\sum_j P(E \mid E_j)P(H_j)} \tag{5-9}$$

并且

$$\sum_j P(H_i) = 1$$

其中 $P(H_i \mid E)$——给出证据 E 的条件下,假设 H_i 为真的后验概率;

$P(H_i)$——假设 H_i 为真的先验概率;

$P(E \mid H_i)$——给定 H_i 为真的条件下,证据 E 为真的概率。

事实上,

$$\sum_j P(E \mid H_j)P(H_j) = P(E) \tag{5-10}$$

是证据 E 的先验概率。

图 5-16 给出了 Bayes 融合过程。

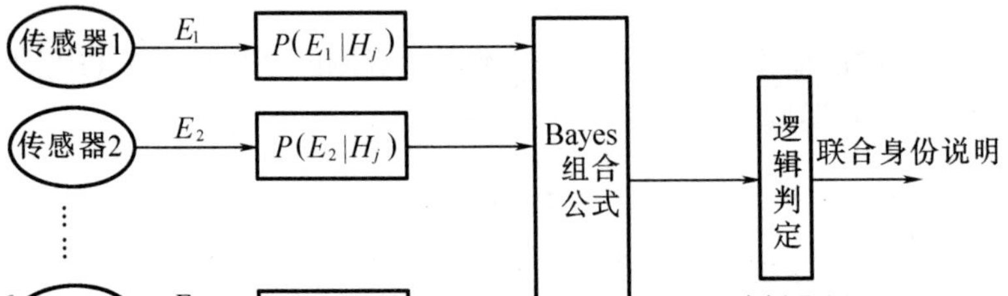

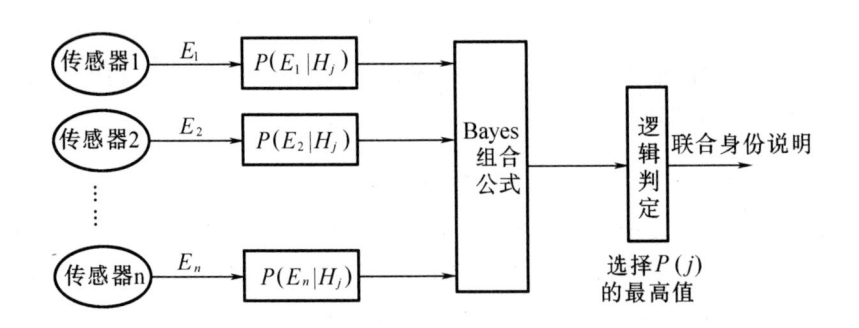

图 5-16 Bayes 融合过程

图中,$E_i,i=1,2,\cdots,n$,为 n 个传感器所给出的证据或身份假设;$H_j,j=1,2,\cdots,m$,是可能的 m 个目标。假设 n 个传感器同时对一个未知实体或目标进行观测,所获得的信息包括 RCS、PRI、PW 和 IR 频谱等数据。于是就可以得到融合步骤:

每个传感器把观测空间的数据转换为身份报告,输出一个未知实体的证据或身份假设 $E_i,i=1,2,\cdots,n$;

对每个假设计算概率

$$P(E_i \mid H_j), i=1,2,\cdots,n; j=1,2,\cdots,m$$

利用 Bayes 公式计算

$$P(O_j)=P(H_j \mid E_1,E_2,\cdots,E_n)=\frac{P(E_1,E_2,\cdots,E_n \mid H_j)P(H_j)}{P(E_1,E_2,\cdots,E_n)} \tag{5-11}$$

最后,应用判定逻辑进行决策,其准则为选取 $P(H_j \mid E_1,E_2,\cdots,E_n)$ 的极大值作为输出,这就是所谓的极大后验概率(MAP)判定准则:

$$P(O_k)=\max_{1\leq i\leq m}\{P(O_j)\} \tag{5-12}$$

与经典推理方法相比,Bayes 推理有如下优点:

(1)能够确定给出证据情况下假设为真的概率,相比之下经典推理只能为我们提供在给出一个接受的假设之下把观测归属于一个对象或事件的概率;

(2)容许使用假设确实为真的似然性的先验知识;

(3)允许使用主观概率作为假设的先验概率和给出假设条件下的证据概率。它不需要概率密度函数的先验知识,使我们能够迅速地实现 Bayes 推理运算。

但 Bayes 推理也有其缺陷,主要包括:

(1)定义先验似然性很困难;

(2)当存在多个可能假设和多个条件相关事件时,变得很复杂;

(3)要求各竞争的假设是互不相容的;

(4)缺乏分配总体不确定性的能力。

5.5.3　Dempster-Shafer 证据理论方法

Shafer 和 Dempster 对 Bayes 理论进行了推广,使其应用于笼统的不确定性水平情况。Dempster-Shafer(D-S)方法使用概率区间或不确定性区间以依据多个证据确定假设的似然性。证据理论可处理由不知道所引起的不确定性。当所有假设是互不相容(即对所有,H_i 与 H_j 不覆盖)并且假设集合是完备的,则这两种方法会产生相等的结果。

5.5.3.1　证据理论基本概念

(1)识别框架

设 $\boldsymbol{U}$ 表示 $\boldsymbol{X}$ 所有可能取值的一个完备集合,且所有在 $\boldsymbol{U}$ 内的元素间是互不相容,则称 $\boldsymbol{U}$ 为 $\boldsymbol{X}$ 的识别框架。

(2)基本概率赋值(BPA)

设 $\boldsymbol{U}$ 为一识别框架,则函数 m: $2^{\boldsymbol{U}}\to[0,1]$ 在满足下列条件

①$m(\varnothing)=0$

② $\sum_{A\subseteq 2^U} m(A) = 1$

时,称 $m(A)$ 为 A 的基本概率赋值。$m(A)$ 表示对命题 A 的精确信任程度,表示对 A 的直接支持。其中$\varnothing$为空集。

(3)信任函数

设 $\boldsymbol{U}$ 为一识别框架,m: $2^{\boldsymbol{U}}\to[0,1]$ 是 $\boldsymbol{U}$ 上的基本概率赋值,如果函数 Bel 满足如下条件:

$$
\begin{aligned}
&Bel(\varnothing)=0\\
&Bel(U)=1\\
&Bel(A)=\sum_{B\subseteq A}m(B)\quad(\forall A\subseteq U)
\end{aligned}
\tag{5-13}
$$

称该函数是 U 上的信任函数。

(4)焦元与核

若识别框架 U 的一子集为 A,具有 $m(A)>0$,则称 A 为信任函数 Bel 的焦元,所有焦元的并称为核。

(5)似真度函数

设 U 是一识别框架,定义 Pl: $2^U\rightarrow[0,1]$为

$$
Pl(A)=1-Bel(\bar{A})=\sum_{B\cap A\neq\varnothing}m(B) \tag{5-14}
$$

Pl 称为似真度函数。$Pl(A)$表示不否定 A 的信任度,是所有与 A 相交的集合的基本概率赋值之和,且有 $Bel(A)\leqslant Pl(A)$,并以 $Pl(A)-Bel(A)$表示对 A 不知道的信息。规定的信任区间($Bel(A)$,$Pl(A)$)描述 A 的不确定性,如图 5-17 所示:

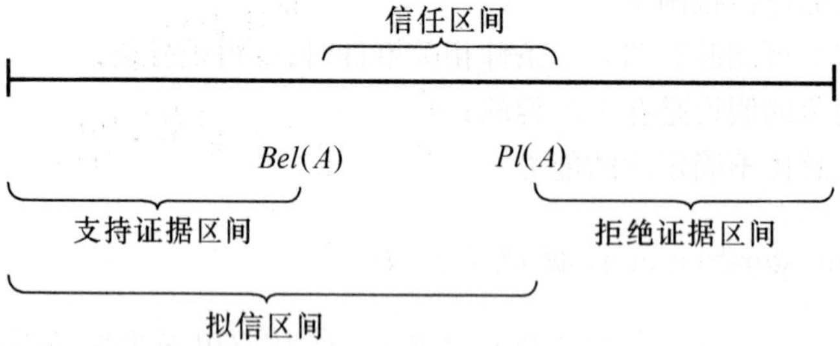

图 5-17 置信区间分布图

5.5.3.2 证据理论的组合规则

证据理论给出了多源信息的组合规则,即 Dempster 组合规则。它综合了来自多源的基本概率赋值,得到了一个新的基本概率赋值作为输出。组合规则用⊕表示。

假设 Bel_1 与 Bel_2 是同一识别框架 U 上的两个信任函数,m_1 和 m_2 分别是其对应的基本概率赋值,焦元分别为 $A_1,\cdots,A_k$ 和 $B_1,\cdots,B_r$,应用组合规则 $m(C)=m(A)\oplus m(B)$,则组合输出为:

$$
m(C)=\begin{cases}\dfrac{\sum\limits_{A_i\cap B_j=C}m_1(A_i)\cdot m_2(B_j)}{1-K}, & \forall C\subset U\quad C\neq\varnothing\\ 0, & C=\varnothing\end{cases} \tag{5-15}
$$

其中

$$
K=\sum_{A_i\cap B_j=\varnothing}m_1(A_i)\cdot m_2(B_j)
$$

在式中,若 $K\neq1$,则 m 确定一个基本概率赋值;若 $K=1$,则认为 m_1、m_2 矛盾,不能对基本概率赋值进行组合。对于多个证据的组合,可采用上式对证据进行两两组合。

5.5.3.3　决策规则

经过多个证据的组合后，得到最终的基本概率赋值，这时就要进行识别决策，即决定哪一个假设是真的，或者说是最逼真的。这里介绍一种基于基本概率赋值的决策规则。

设 $\exists A_1, A_2 \subset U$，满足

$$m(A_1) = \max\{m(A_i), A_i \subset U\} \tag{5-16}$$
$$m(A_2) = \max\{m(A_i), A_i \subset U \text{ 且 } A_i \neq A_1\}$$

若有：

$$\begin{cases} m(A_1) - m(A_2) > \varepsilon_1 \\ m(U) < \varepsilon_2 \\ m(A_1) > m(U) \end{cases} \tag{5-17}$$

则 A_1 即为判决结果，其中 $\varepsilon_1, \varepsilon_2$ 为预先设定的门限。

5.5.3.4　算法应用

身份融合中的命题有两种情况，一种是命题互不相容，一种是命题相容。对于命题互不相容的身份融合，可简化 Dempster 组合规则，使计算量大为减少。对于命题相容的身份融合，则只有通过式(5-15)来进行融合。下面就两种情况分别加以讨论。

(1)互不相容身份命题的时空融合

身份融合包括时域和空域两方面的融合，时域融合指对每一个信息源在不同时刻传来的有关目标身份信息的基本概率赋值进行融合，空域融合指不同信息源在同一时刻有关目标身份信息的基本概率赋值进行融合。一般情况可先对每一信息源进行时域融合，然后对多信息源进行空域融合。

①单信息源时域融合

设有 M 个信息源，识别框架大小为 N，记第 i 个信息源到 $(k-1)$ 时刻为止关于目标的互不相容身份命题的累积基本概率赋值为 $m_j^i(k-1), i=1,\cdots,M, j=1,\cdots,N$，分配给识别框架的累积不确定性 $\theta^i(k-1) = 1 - \sum_{j=1}^{N} m_j^i(k-1)$。在 k 时刻，信息源 I 得到了关于目标的新的基本概率赋值 $\overline{m_j^i(k)}$，关于目标识别的不确定性为 $\overline{\theta^i(k)} = 1 - \sum_{j=1}^{N} \overline{m_j^i(k)}$。利用 Dempster 组合规则，可得到 k 时刻为止关于目标识别的累积基本概率赋值 $m_j^i(k)$ 和累积不确定性 $\theta^i(k)$，如表 5-8 所示：

表 5-8　互不相容身份命题的时域融合

	$\overline{m_1^i(k)}$	$\overline{m_2^i(k)}$	$\cdots$	$\overline{m_N^i(k)}$	$\overline{\theta^i(k)}$
$m_1^i(k-1)$	$m_1^i(k-1)\cdot\overline{m_1^i(k)}$	$m_1^i(k-1)\cdot\overline{m_2^i(k)}$	$\cdots$	$m_1^i(k-1)\cdot\overline{m_N^i(k)}$	$m_1^i(k-1)\cdot\overline{\theta^i(k)}$
$m_2^i(k-1)$	$m_2^i(k-1)\cdot\overline{m_2^i(k)}$	$m_2^i(k-1)\cdot\overline{m_2^i(k)}$	$\cdots$	$m_2^i(k-1)\cdot\overline{m_N^i(k)}$	$m_2^i(k-1)\cdot\overline{\theta^i(k)}$
$\vdots$	$\vdots$	$\vdots$	$\cdots$	$\vdots$	$\vdots$
$m_N^i(k-1)$	$m_N^i(k-1)\cdot\overline{m_N^i(k)}$	$m_N^i(k-1)\cdot\overline{m_2^i(k)}$	$\cdots$	$m_N^i(k-1)\cdot\overline{m_N^i(k)}$	$m_N^i(k-1)\cdot\overline{\theta^i(k)}$
$\theta^i(k-1)$	$\theta^i(k-1)\cdot\overline{m_1^i(k)}$	$\theta^i(k-1)\cdot\overline{m_2^i(k)}$	$\cdots$	$\theta^i(k-1)\cdot\overline{m_N^i(k)}$	$\theta^i(k-1)\cdot\overline{\theta^i(k)}$

由于命题是互不相容的，故对于$j\neq l$，$m_j^i(k-1)\cdot\overline{m_l^i(k)}$，对应冲突命题，由 Dempster 组合规则可得 k 时刻关于目标识别的累积基本概率赋值

$$m_j^i(k)=\frac{m_j^i(k-1)\cdot\overline{m_j^i(k)}+m_j^i(k-1)\cdot\overline{\theta^i(k)}+\theta^i(k-1)\cdot\overline{m_j^i(k)}}{1-K^i(k)} \tag{5-18}$$

其中，

$$K^i(k)=\sum_{j\neq l}m_j^i(k-1)\cdot\overline{m_l^i(k)}$$

k 时刻关于目标识别的累积不确定性为

$$\theta^i(k)=\frac{\theta^i(k-1)\cdot\overline{\theta^i(k)}}{1-K^i(k)}$$

重复以上过程就可得到信息源 i 在时域身份融合结果。

以上讨论的是单信息源对单目标的时域身份融合，对于多信息源系统则要对每个信息源进行时域身份融合，对于多目标则还要对每个目标进行融合，方法同上。

②多信息源空域融合

依据本课题假设，每个信息源在同一时刻得到目标识别的累积基本概率赋值和累积不确定性，这时需要对 M 个信息源的时域累积信息按 Dempster 组合规则进行空域融合。由上面的推导与表 5－7 可得信息源 i 和信息源 l 在时刻 k 的时空融合结果为：

$$m_j^{il}(k)=\frac{m_j^i(k)\cdot m_j^l(k)+m_j^i(k)\cdot\theta^l(k)+\theta^i(k)\cdot m_j^l(k)}{1-K^{il}(k)} \tag{5-19}$$

其中，

$$K^{il}(k)=\sum_{j\neq n}m_j^i(k)\cdot m_n^i(k)$$

k 时刻关于目标识别的累积不确定性为

$$\theta^{il}(k)=\frac{\theta^i(k)\cdot\theta^l(k)}{1-K^{il}(k)}$$

重复以上过程就可得到 M 个信息源在时刻 k 的时空域身份融合结果。

以上讨论的是两个信息源对单目标的时空域身份融合，对于多信息源系统则要对多个信息源进行时空域身份融合，也可对多信息源两两进行融合。对于多目标则还要对每个目标进行融合，方法同上。

(2)相容身份命题的时空融合

对于相容身份命题的时空融合，不能采用上面所述的方法简化 Dempster 组合规则，必须用式(5－15)的组合规则进行。实际应用中可采用分布式的多信息源身份融合方法，即各信息源先单独进行时间域的身份融合，得到 k 时刻的累积基本概率赋值，然后对不同信息源 k 时刻的身份信息进行空间域的身份融合。因为同一信息源在不同时刻所得到的身份命题始终是相同的，故对于同一信息源的时域身份融合，其身份命题始终是不相容的。可采用上节所描述的时域身份融合方法，简化 Dempster 组合规则。但对于多信息源同一时刻的空域身份融合则还是用式(5－15)的 Dempster 组合规则进行计算。具体的多信息源身份融合逻辑如图 5－18 所示。

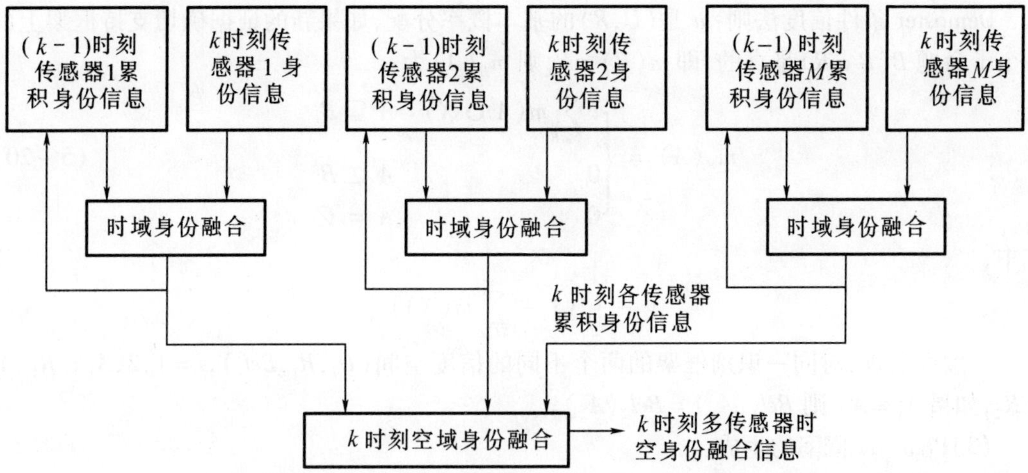

图 5-18　分布式多信息源时空身份融合逻辑

5.5.4　TBM 模型

Philippe Smets 提出的可传递信度模型(TBM - The Transferable Belief Model)是 D - S 证据理论模型的一个扩展,它主要研究了 D - S 证据理论模型的动态部分,即信度更新问题。TBM 模型是一个双层模型,即 Credal 层和 Pignistic 层:在 Credal 层上模型获取信度并对其进行量化、赋值和更新处理;在 Pignistic 层上它将 Credal 层上的信度转化成 Pignistic 概率,并由此做出决策。Credal 层先于 Pignistic 层,在 Credal 层上随时可以对信度进行赋值和更新,而 Pignistic 层仅在需要做出决策时才出现。TBM 模型模仿了人类的思维和行为的区别,即模仿了"推理"(表明信度如何受证据影响的)和"行为"(从多个可行的行为方案中选择一个似乎是最好的)的差别,从数据融合的角度看,TBM 模型是一种层次化的递进模型,体现了数据融合系统的层次化描述特征,它尤其适用于需要逐层进行数据、特征或决策融合的融合系统。

(1)定义

假设识别框架 U,Π 是它的一个划分,R 是由 Π 中元素建立的 U 的一个布尔代数子集,$\cap$是其中的交运算,$\cup$是并运算。称 Π 中的元素为 R 的原子,对于 $A \in R$,$|A|$表示 A 中包含的 R 中的原子的个数,称(U,R)为一个命题空间。对于每一个命题都对应于 U 的一个子集。对于包含事实的集合 A,基本信度分配 $m(A)$反映了决策者持有的证据对 A 的支持程度。

对于命题空间(U,R),定义 $Bel(A) = \sum_{\varnothing \neq x \subseteq A} m(A)$ 为信度函数,它表示分配到 A 的总的合理信度。(U,R,Bel)称为信度空间。对于$\forall A \in R$,如果 $m(A) > 0$,则称 A 为焦元。对于当前的信度分配 $m(A)$,如果有新的证据支持命题 B 是真实的,那么信度分配 $m(A)$则传递到命题 $A \cap B$ 上,该模型因此而得名称可传递信度模型(TBM - The Transferable Belief Model)。

(2)Credal 层信度的量化

Credal 层的理论基础是 Dempster 条件信度法则,它处理当前获得的证据,对信度进行量化和更新处理。Credal 层的状态——信度分配是 Pignistic 层做出决策时的依据。

Dempster 信度组合法则见 5.5.3.1 节中的式(5－15)，这里不再赘述。

Dempster 条件信度法则：m 是(U,R)的基本概率分配，如果新的证据确切支持框架上的一个子命题 $B(B\in R)$是真的，即 $m(B)=1$，则 $m_B(A)$为：

$$m_B(A)=\begin{cases}c\sum\limits_{X\subseteq B}m(A\cup X) & A\subseteq B\\ 0 & A\not\subset B\\ 0 & A=\varnothing\end{cases} \tag{5-20}$$

式中，

$$c=1/\left(1-\sum_{X\subseteq B}m(X)\right)$$

一致性公理：对同一识别框架的两个不同的信度空间(U_i,R_i,Bel_i)，$i=1,2$，$A_1\in R_1$、$A_2\in R_2$，如果 $A_1\equiv A_2$，则 $Bel_1(A_1)=Bel_2(A_2)$。

(3) Pignistic 概率的生成

Credal 层先于 Pignistic 层，在 Credal 层上随时可以对信度进行赋值和更新，而 Pignistic 层仅在需要做出决策时才出现。如果当前要在 Pignistic 层做出一个决策，这就需要考虑证据和决策的一致性问题，以此保证 Pignistic 层的决策是以 Credal 层获得的信度支持为依据。因此，Pignistic 层应该首先由 Credal 层的信度函数构造出一个合理的概率分布，然后以此概率分布为依据做出最终决策。

假设一信度空间(U,R,Bel)，$A\in R$，并且 $A=A_1\cup A_2\cup\cdots\cup A_n$，基本可信数 $m(A)$反映了对 A 本身的信度大小，但由于缺乏更多的信息支持，信度无法分配到更进一步的 A 的子命题 A_i 上，如果必须对这 n 个元素构造一个概率分布时，可将 $m(A)$等量地分配到 A 中的各个原子，$m(A_i)=m(A)/n$。

假设一信度空间(U,R,Bel)，m 为 Bel 对应的基本信度分配(BPA)，$BetP(\cdot;m)$是 R 上的 Pignistic 概率分布，假设：

①对 $\forall x\in R$，$BetP(x;m)$仅依赖 $m(X)$，其中 $x\subseteq X\in R$；

②对 $\forall x\in R$，$BetP(x;m)$对 $m(X)$是连续的，其中 $x\subseteq X\in R$；

③G 是 U 上的一个变换，对 $X\subseteq U$，$G(X)=\{X(x)\mid x\in R\}$，$m'=G(m)$是变化后的基本信度分配，即 $X\in R$，$m'(G(X))=m(X)$，则对 $\forall x\in R$，$BetP(x;m)=BetP(G(x);G(m))$；

④信度空间(U,R,Bel)，假设事实 $\overline{\omega}\notin X\in R$，对信度空间$(U',R',Bel')$，其中$(U'=U-X,R')$是非 X 子集的 R 中的元素构建的布尔代数，则对 $x\in R'$，$BetP(x;m)=BetP'(x;m')$，$BetP(X;m)=0$

定理：(U,R)是决策空间，m 是 R 上的一个基本信度分配，$|A|$表示 A 中包含的 R 中的元素个数，在满足上述假设情况下，对 $\forall x\in R$：

$$BetP(x;m)=\sum_{x\subseteq A\in R}\frac{m(A)}{|A|} \tag{5-21}$$

推论：如果 Bel 是一概率分布 P，则 $BetP=P$。

$BetP$ 是一个概率分布函数，称它为 Pignistic 概率分布函数，称根据上述定理定义的信度转化为 Pignistic 信度转化。

5.6　应用举例:基于电子侦察和光学成像侦察的目标综合识别算法

5.6.1　基于电磁特征与光学成像特征的模板匹配算法

单传感器目标识别是通过对目标特征参数的观测,并和数据库中已知特征参数按照某种方式进行匹配来确定待识别目标类别的,这实际是一个模板匹配过程。由于观测环境的复杂以及军事保密的需要,使得传感器获得的目标特征具有较大的模糊性,引入模糊集理论中隶属函数来表征目标的特征参数,可以形象地描述模糊性。

电子侦察观测的是工作频率、重复频率等反应平台雷达配备情况的电磁特征信号,对射频调制方式、脉冲变化方式的数字离散参数来说,其隶属函数可采用枚举型定义,例如雷达的射频调制方式共有 n 种调制方式,某型号雷达采用其中的第 i 种($i\in[1,n]$)射频调制方式,则相应隶属函数定义如下:

$$\mu(u)=\begin{cases}1 & u=i\\ 0 & u\neq i\end{cases} \tag{5-22}$$

对于工作频率、平台的长、宽尺寸等连续模型参数来说,选取正态型函数作为传感器测量值的隶属函数(如公式(5-23));选取中间型正态分布函数作为库中特征参数的隶属函数(如公式(5-24))。

$$\mu_1(u)=\exp\left(-\left(\frac{u-x}{\sqrt{2}\sigma_1}\right)^2\right) \tag{5-23}$$

$$\mu_2(u)=\begin{cases}\exp\left(-\left(\dfrac{u-a}{\sqrt{2}\sigma_2}\right)^2\right) & u<a\\ 1 & a\leqslant u\leqslant b\\ \exp\left(-\left(\dfrac{u-b}{\sqrt{2}\sigma_2}\right)^2\right) & u>b\end{cases} \tag{5-24}$$

其中 σ_1、σ_2 表示 $\mu_1(u)$ 和 $\mu_2(u)$ 的展开度,x 表示该参数的测量主值。$[a,b]$ 表示数据库中该特征参数值的主值区间。

在确定观测特征函数形式后,要进行样本匹配。由于电子侦察和光学成像的模糊匹配方法类似,因此这里只讨论电子侦察的模糊匹配方法。

假设模板库中共有 N 个雷达类(识别框架),每个雷达特征向量由工作频率、重复频率、脉冲宽度等 k 个特征参数描述。一般不同特征参数在目标识别中的权重是不一样的,根据实际经验选取加权值$\{\lambda_1,\lambda_2,\cdots,\lambda_k\}$。假设第 i 类($i=1,2,3,\cdots,N$)雷达在第 j 个特征参数上的取值为 θ_{ij},x_j 表示被识别的雷达在第 j 个特征参数上的模糊观测值,$\widetilde{\Theta}_{ij}$ 和 $\widetilde{X}_j$ 分别是以 θ_{ij} 和 x_j 为真值的模糊数。雷达辐射源识别实际上就是要把观测模糊数 $\widetilde{X}_j$ 归入到一个与它最相似的由特征模糊数 $\widetilde{\Theta}_{ij}$ 构成的模糊数向量 $\widetilde{\Theta}_i$ 所属的雷达类别中去。可应用前文定义的不同特征的隶属函数,采用模糊集贴近度算法度量 $\widetilde{\Theta}_{ij}$ 和 $\widetilde{X}_j$ 之间的贴近度,本文采用格贴近度算法计算两模糊集的贴近度 d_{ij},即

$$d_{ij}=(\widetilde{X}_j\otimes\widetilde{\Theta}_{ij})\wedge(1-\widetilde{X}_j\times\widetilde{\Theta}_{ij}) \tag{5-25}$$

其中，

$$\tilde{X}_j \otimes \tilde{\Theta}_{ij} = \vee(\mu_{\tilde{X}_j}(x_j) \wedge \mu_{\tilde{\Theta}_{ij}}(\theta_{ij}))$$
$$\tilde{X}_j \times \tilde{\Theta}_{ij} = \wedge(\mu_{\tilde{X}_j}(x_j) \vee \mu_{\tilde{\Theta}_{ij}}(\theta_{ij})) \tag{5-26}$$

分别表示 $\tilde{X}_j$ 和 $\tilde{\Theta}_{ij}$的内积与外积。

上式中的∧与∨分别为模糊集运算中的交与并运算，具体意义如下式：

$$\mu_{\tilde{X}_j}(x_j) \wedge \mu_{\tilde{\Theta}_{ij}}(\theta_{ij}) = \min[\mu_{\tilde{X}_j}(x_j), \mu_{\tilde{\Theta}_{ij}}(\theta_{ij})]$$
$$\mu_{\tilde{X}_j}(x_j) \vee \mu_{\tilde{\Theta}_{ij}}(\theta_{ij}) = \max[\mu_{\tilde{X}_j}(x_j), \mu_{\tilde{\Theta}_{ij}}(\theta_{ij})]$$

根据选取的各特征参数的加权值，则可求得待识别雷达与第 i 类雷达的总贴近度为：

$$d_i = \sum_{j=1}^{k} \lambda_j d_{ij} \tag{5-27}$$

其中，

$$\sum_{j=1}^{k} \lambda_j = 1$$

对不同的 $d_i(i=1,2,\cdots,N)$值，应用择近原则有：

$$d_m = \max_j\{d_i\} \tag{5-28}$$

则认为待识别雷达属于第 m 类。

5.6.2　基于电子侦察和光学成像侦察的决策级身份融合

采用 TBM 模型的电子侦察与光学成像侦察的目标综合识别算法流程如图 5-19 所示。首先将归一化后的电子侦察识别结果作为雷达类型识别的 BPA，再根据雷达-平台配属关系，利用一致性公理，将电子侦察识别结果转化为平台类型识别，在识别模型 Credal 层上进行信度更新；然后利用归一化后的光学成像侦察识别结果，更新识别模型的 Credal 层的信度分配；最后，在 Pignistic 层上做出综合决策，最终给出平台目标身份识别结果。

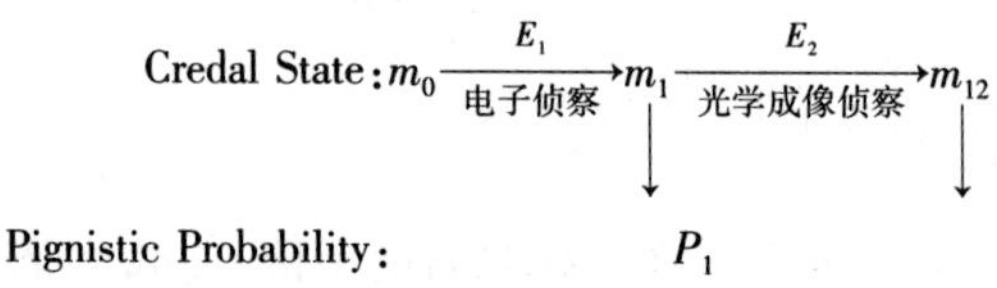

图 5-19　TBM 模型识别算法流程

假设当前标准库中辐射源识别空间$\{r_1,r_2,r_3,r_4\}$，平台识别空间$\{h_1,h_2,h_3,h_4,h_5,h_6,h_7,h_8\}$，分别表示航空母舰、两栖攻击舰、辅助舰、指挥舰、导弹驱逐舰、巡洋舰、护卫舰和扫雷舰。

已知

$$m_0(\{h_1,h_2,h_3,h_4,h_5,h_6,h_7,h_8\})=1$$

假设电子侦察探测辐射源型号，识别结果为：

$$m_1(\{r_1\})=0.01, m_1(\{r_2\})=0.18, m_1(\{r_3\})=0.01, m_1(\{r_4\})=0.8$$

假设利用雷达-平台配属关系表，根据一致性公理得出电子侦察对目标平台的 BPA 是：

$$m_1(\{h_2,h_8\})=0.01, m_1(\{h_1,h_2,h_4,h_6\})=0.18$$

$$m_1(\{h_1,h_4,h_5,h_7\})=0.01, m_1(\{h_2,h_3\})=0.8$$

由于吨位相近的舰船尺寸相差不大(如两栖攻击舰长、宽分别为 253.7 m 和 42.7 m，辅助舰的长、宽分别为 229.7 m 和 32.5 m)，光学成像侦察给出的 BPA 限制为：

$$m_2(\{h_1\})=0.05, m_2(\{h_2,h_3\})=0.65, m_2(\{h_4,h_5\})=0.25$$

$$m_2(\{h_6,h_7\})=0.04, m_2(\{h_8\})=0.01$$

方法 1：D－S 证据理论

运用 D－S 证据理论组合规则，对 m_1 和 m_2 进行组合，如表 5－9 所示。其中，h_{23}(0.65)表示 $m(\{h_2,h_3\})=0.65$，依此类推。$\varnothing$(0.2)表示两命题没有交集的 BPA 为 0.2。

表 5－9　m_1 和 m_2 组合情况

		m_1			
		$h_{28}(0.01)$	$h_{1246}(0.18)$	$h_{1475}(0.01)$	$h_{23}(0.8)$
m_2	$h_1(0.05)$	$\varnothing(0.0005)$	$h_1(0.009)$	$h_1(0.0005)$	$\varnothing(0.04)$
	$h_{23}(0.65)$	$h_2(0.0065)$	$h_2(0.117)$	$\varnothing(0.0065)$	$h_{23}(0.52)$
	$h_{45}(0.25)$	$\varnothing(0.0025)$	$h_4(0.045)$	$h_{45}(0.0025)$	$\varnothing(0.2)$
	$h_{67}(0.04)$	$\varnothing(0.0004)$	$h_6(0.0072)$	$h_7(0.0004)$	$\varnothing(0.032)$
	$h_8(0.01)$	$h_8(0.0001)$	$\varnothing(0.0018)$	$\varnothing(0.0001)$	$\varnothing(0.008)$

m_1 和 m_2 两批证据的不一致因子 K 为：

$$K=0.0005+0.04+0.0065+0.0025+0.2+0.0004+0.032+0.0018+0.0001+0.008=0.2918$$

于是可得组合后的 BPA 为：

$$m_{12}(\{h_1\})=(0.009+0.0005)/(1-K)=0.0134$$

$$m_{12}(\{h_2\})=(0.0065+0.117)/(1-K)=0.1744$$

$$m_{12}(\{h_2,h_3\})=(0.52)/(1-K)=0.7343$$

$$m_{12}(\{h_4\})=(0.045)/(1-K)=0.0635$$

$$m_{12}(\{h_4,h_5\})=(0.0025)/(1-K)=0.0035$$

$$m_{12}(\{h_6\})=(0.0072)/(1-K)=0.0102$$

$$m_{12}(\{h_7\})=(0.0004)/(1-K)=0.0006$$

$$m_{12}(\{h_8\})=(0.0001)/(1-K)=0.0001$$

方法 2：TBM1

首先利用信度组合规则组合证据，得到方法 1 的结果，即：

$$m_{12}(\{h_1\})=0.0134, m_{12}(\{h_2\})=0.1744$$

$$m_{12}(\{h_2,h_3\})=0.7343, m_{12}(\{h_4\})=0.0635$$

$$m_{12}(\{h_4,h_5\})=0.0035, m_{12}(\{h_6\})=0.0102$$

$$m_{12}(\{h_7\})=0.0006, m_{12}(\{h_8\})=0.0001$$

然后在 Pignistic 层求得 Pignistic 概率：

$$BetP(h_1;m)=0.0134, BetP(h_2;m)=0.5415$$

$$BetP(h_3;m)=0.3672, BetP(h_4;m)=0.0652$$

$$BetP(h_5;m)=0.001\,8, BetP(h_6;m)=0.010\,2$$
$$BetP(h_7;m)=0.000\,6, BetP(h_8;m)=0.000\,1$$

方法 3:TBM2

由光学成像侦察给出的 BPA 值,根据最大判决规则,假设 $m_2(\{h_2,h_3\})=1$,首先在 Credal 层利用条件信度法则,量化证据得:

$$m_{12}(\{h_1,h_3\})=0.816\,3, m_{12}(\{h_2\})=0.183\,7$$

然后在 Pignistic 层求得 Pignistic 概率:

$$BetP(h_2;m)=0.591\,9, BetP(h_3;m)=0.408\,1$$

三种方法的识别结果比较见图 5-20。

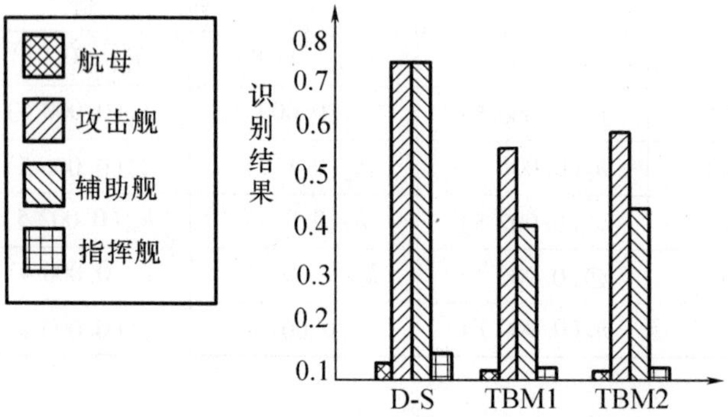

图 5-20 识别结果比较

由上图可以看出,由于传感器本身性能的限制,使得由原始证据无法区分攻击舰和辅助舰。从决策的角度看,此时运用 D-S 证据理论算法得到的识别结果不能做出识别判决。如果采用本文 5.5.3.3 节中基于基本概率赋值的决策规则,设定目标类型与其他类型的 BPA 之差 >0.18,则 TBM2 方法可以作出决策。如果设定 >0.16,则 TBM1 和 TBM2 两种方法都可以等到最终结论。

参 考 文 献

[1] 刘同明,夏祖勋,解洪成.数据融合技术及其应用[M]. 北京:国防工业出版社,2000.
[2] 何友,王国宏等.多传感器信息融合及应用[M]. 北京:电子工业出版社,2000.
[3] J. Llinas, E. Waltz. Multi-Sensor Data Fusion[M]. Norwood, Ma:Artech House, 1990.
[4] 边肇祺,张学工.模式识别[M]. 北京:清华大学出版社,2000.
[5] 郭桂蓉,庄钊文,陈曾平.电磁特征抽取与目标识别[M]. 长沙:国防科技大学出版社,1996.
[6] 孙涛,张宏建.目标识别中的信息融合技术[J].自动化仪表,2001(2):1~4.
[7] 孙文峰.雷达目标识别技术述评[J].雷达与对抗,2001(3):1~8.
[8] 孙即祥.现代模式识别[M].长沙:国防科技大学出版社,2002.
[9] Smets Ph. The Combination of Evidence in the Transferable Belief Modal[J]. IEEE Trans

on Pattern Analysis and Machine Intelligence,1990(12):447 ~458.

[10] Smets Ph. Kennes R. The Transferable Belief Model[J]. Artificial Intelligence, 1994,(66):191 ~234.

[11] 王元斌,夏学知. 多传感器综合目标识别技术研究[J]. 舰船电子工程,2004(4):8 ~11.

[12] 杨万海. 多传感器数据融合及其应用[M]. 西安:西安电子科技大学出版社,2004.

[13] 王壮,郁文贤,庄钊文,等. C3I 系统中的目标综合识别技术[J]. 系统工程与电子技术,2001(1):5 ~8.

[14] 刘祎,张留山. 数据库在数据融合系统中的应用[J]. 舰船电子对抗,2004(4):30 ~34.

[15] 康耀红. 数据融合理论与应用[M]. 西安:西安电子科技大学出版社,1997.

[16] Ahmed A A. A New Technique for Combinating Multiple Classifiers Using The D – S Theory of Evidence. JAIR – 17,2002.

[17] Sentz K. Combinating of Evidence in D – S Theory. SAND – 0853,2002.

第6章　态势评估和威胁评估

6.1　有关数据融合层次关系模型的讨论

多传感器的数据融合与单传感器信号处理或其他低层次的数据处理相比,具有更复杂的层次结构,它已经不再是对人类信息处理方式的低水平模仿,而是要充分有效地利用多传感器的资源,更大程度地获得被测目标和环境的信息。透视数据融合的概念在国内外的发展,有关数据融合层次结构的研究,历史上曾出现过以下模型。

6.1.1　White 模型

1988 年,White 针对一般的军事指挥系统,提出了一个著名的数据融合处理模型,该模型把数据融合的过程分为三级:

第一级:位置的融合和标识估计;

第二级:敌我军事态势评估(SA,Situation Assessment);

第三级:敌方兵力的威胁评估(TA,Threat Assessment)。

该模型的基本原理和思想如图 6-1 所示:

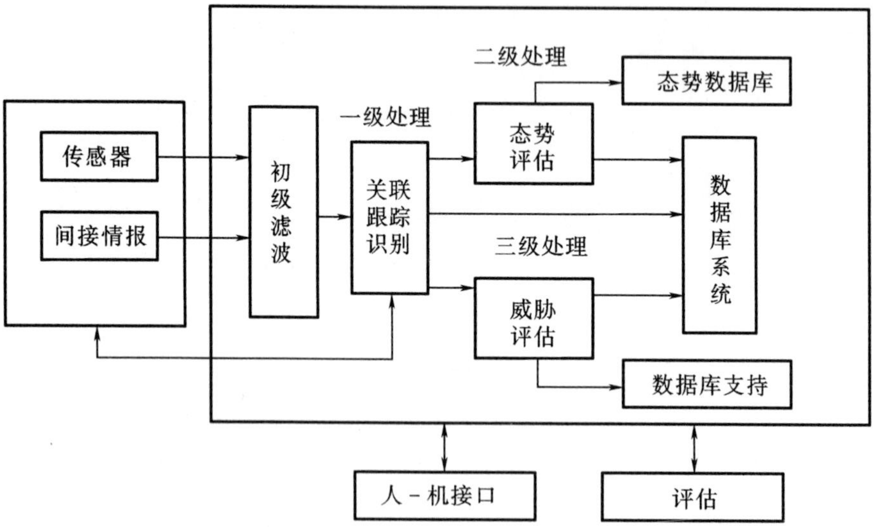

图 6-1　White 数据融合处理

从图中我们可以看出,一级处理主要是对数据进行跟踪、相关和识别处理,二级处理侧重于态势评估,三级处理则进行威胁评估,整个数据融合过程要经过这三级处理后产生最后的评估结果。White 的这个模型强调数据融合处理中的各个步骤,而不强调计算机上的结构形式。融合处理从一级推移到三级,经过这三个层次的处理,融合的结果将从一些特殊情况归结到一般情况,数据融合过程将按照这一模型的框架逐步细化。

6.1.2　JDL 模型

1992 年,美国国防部 JDL(Joint Directions of Laboratories)数据融合研究小组 DFS(Data Fusion Subpanel)也给出了一个数据融合处理模型,该模型为数据融合研究提供了一个框架和共同的参考。这个模型说明了数据融合所包括的主要功能以及过程中各个组成部分之间的相互关系,它将数据融合的处理过程分为四级(图 6-2):

一级融合:对目标状态和属性的估计;

二级融合:战场态势评估,对一级融合产生的战斗序列的解释或所代表的模式的评估,主要是评估目标行为在上下文中的抽象意义;

三级融合:敌方威胁评估,推理敌方的意图和目的,量化判断敌方对己方的危害程度;

四级融合:过程评估,用于改进当前数据融合活动所需的有关事项。

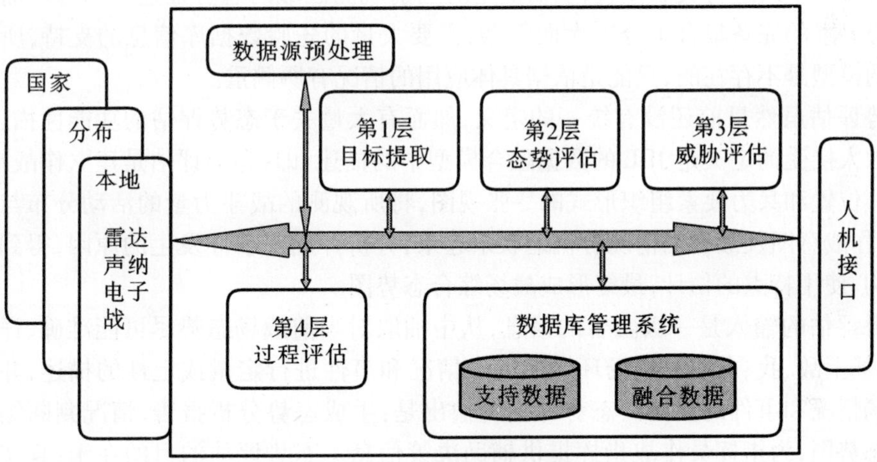

图 6-2　JDL 数据融合处理模型

6.1.3　其他

关于数据融合的层次划分,国内的有关专家也有不少说法。在《多传感器数据融合及其应用》一书中将数据融合的处理过程分成五个层次,即检测级融合、位置级融合、属性(目标识别)级融合、态势评估与威胁估计。这也是目前为业界认可的较合理的一个划分。

无论从上述哪种模型,我们都可以看到:数据融合的初级阶段属于运动状态和身份估计,态势评估和威胁评估是数据融合中提供高级层次服务的部分,属于决策级融合。

为了叙述方便起见,在本章中主要依照 White 模型即三级模型进行讨论。

6.2 态势评估

6.2.1 态势评估的概念

为了搞清态势评估的概念,我们先来看看态势究竟是个什么含义。

态势是指一次战役或战斗中,在作战地域内敌我双方投入的兵力编成、兵力和武器部署等情况和地形、气象情况以及影响作战的战场环境等诸多因素的总称。态势是一个整体和全局的概念,任何单一的情报或情况都不能称其为态势。在军事词语词典中将态势定义为:军队部署或行动所构成的形态和阵势。态势有有利和不利之分,有利的态势和有利的环境条件密切相关,也与正确的指挥密不可分。

态势评估在不同应用系统中有不同的定义,目前还没有一个一致而完备的描述。通常的看法是,通过将反映抽象行为模式的所有检测目标的空间、时间和类别等特征,与已经确定的各种行为模式进行关联比较,从而确定对当前观测区域的态势描述与估计。需要说明的是态势要素的完备集合十分庞大而复杂,需要大量的先验数据库信息的支持,所以一致而完备的模型是不存在的,只能是依据具体应用的情况有所侧重。

态势评估虽然目前还没有统一的定义,然而有大量关于态势评估的功能性描述,比较为大多数人接受的定义是 JDL 的数据融合模型中的描述,即:态势评估是建立作战活动、事件、时间、位置和兵力要素组织形式的一张视图,将所观测的战斗力量的活动分布与周围环境、敌方作战意图及敌机动情况有机地联系起来,分析并确定事件发生的原因,得到关于敌兵力结构、使用特点的估计,最终形成战场综合态势图。

态势评估的输入是一级融合的信息,从中抽取对当前战场态势尽可能准确、详细的感知,对战场上敌、我、友军及战场环境的综合情况和事件进行定量或定性的描述,并产生对未来战场情况和事件的预测。态势评估的输出是:生成态势分析报告、情况判断结论和战场综合态势图,为指挥员作战指挥提供辅助决策信息。态势评估的目的在于:真实反映当前战场的态势,提供事件、活动的预测,并由此为指挥员提供最优决策的依据。态势评估是一种能够把固定和运动物体(目标)的分布与环境数据、理论数据以及所谓的性能数据(如武器攻击性能、传感器观测性能等)联系起来的过程。为了正确估计包括敌方行动路线和杀伤力等因素在内的敌方战斗计划,态势评估不仅需要多层视图(红、白、蓝),而且要把对敌方力量的估计量化,进而识别产生观测事件和行动的可能态势。

6.2.2 态势评估的过程

态势评估是军事智能决策过程中重要的环节,它以军事知识和军事经验为基础,自适应地对急剧动态变化的战场场景进行监控,按照军事专家的思维方式和经验,自动对多源数据进行分析、推理和判断,做出对当前战场情景合理的解释,为军事指挥员提供较为完整准确的当前态势分析报告。Endsley 在文献[5]中描述了在高度动态变化环境下态势信息的处理过程:信息能够在不同层次上以适当的形式被多角度自动化地处理;对信息的了解是时间、空间域中的当前态势元素被察觉、认识、理解并被预测的处理过程,图 6-3 中表示了这个过程。据此,为态势评估建立一个如下的模型:

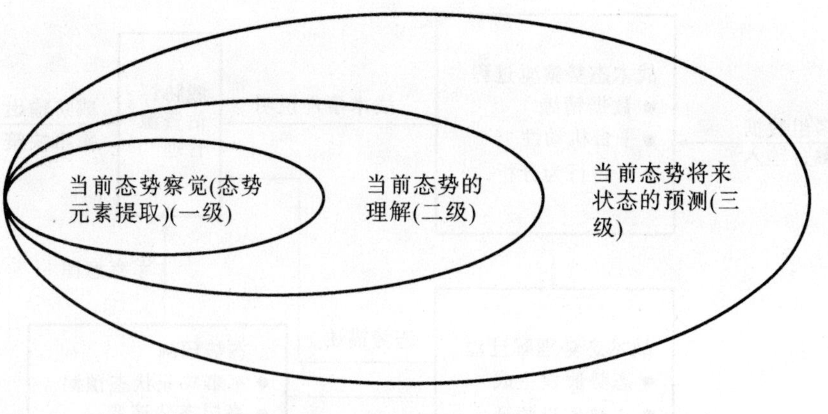

图6-3　态势评估过程

这个模型在基于知识的基础上,将态势评估分为三级结构:战术态势察觉、战术态势理解、未来态势预测。

(1)战术态势察觉(或称态势元素提取)是由几个相关的过程组成,分别是态势数据预处理、态势关联和态势事件检测。

(2)战术态势理解是根据对态势实体行为及态势事件的检测,来解释当前态势情况,判断敌方的战场部署,对敌方意图和作战计划进行识别。在态势形成阶段,融合系统以尽可能客观的方法和形式对战场态势的基本情况进行客观描述,该层次的工作与数据融合的第一层次工作基本是类似的,因此从广义上说,态势形成与数据融合中的元素状态融合和元素识别融合是相通的,而根据态势形成的结果来分析和理解当前态势则是态势评估的核心工作。

(3)未来态势预测是指基于对当前态势的理解,对未来可能出现的态势情况进行预测。即已知 t 时刻的态势 $S(t)$,求解 $S(t+T)$。对于态势实体,可利用其位置预测、活动的可能范围、事件的可能演变和惯用战术等,进行综合分析和判定从而得出未来态势。

在以上三级的每一级中,又根据不同的问题域来实现不同的功能,三个模块共同完成对态势的评估,其结果作为威胁评估及资源管理的输入。

图6-4表示一个完整的态势评估过程。

6.2.3　态势评估中各级推理模式及特点

(1)态势评估的一级评估为态势察觉。态势察觉的主要功能是:在一级融合生成的态势数据库中提取描述威胁单元属性的态势元素,也就是完成态势特征提取。

态势评估接受来自一级融合的输入。态势察觉的输入为某特定时刻 t 当前战场环境下的诸威胁单元(如舰艇、飞机、武器平台等)信息,可表示为:

$$S(t)=\{P_1(t),P_2(t),\cdots,P_n(t)\} \tag{6-1}$$

其中 $P_i(t)(i=1,2,\cdots,n)$ 为第 i 个威胁单元在该时刻的状态信息集合,以多元组形式给出

$$P_i(t)=\langle T,N,I,E,L,S_t,R,W,\cdots\rangle \tag{6-2}$$

式中　T——采集到该批目标数据的时间;

N——目标批号,它是目标的唯一标识符;

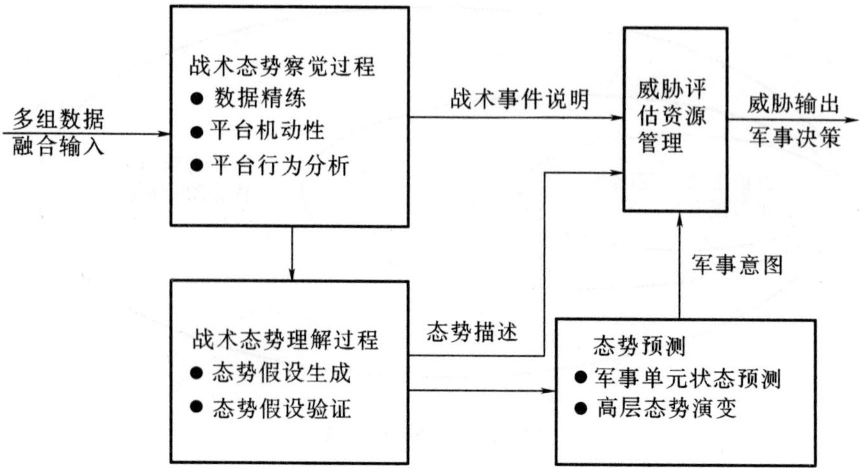

图 6-4　态势评估功能图

I——敌我属性，包括敌、我、不明或中立方；

E——实体类型，如战斗机、驱逐舰等；

L——目标的空间位置；

S_t——目标状态，包括目标的速度和加速度矢量；

R——辐射源，包括雷达、电台和干扰机等的信息状态及相应的可信度；

W——武器载荷。

所谓态势察觉就是将 $P_i(t)$ 与历史态势和领域中事件模式类特征模板进行比较、分析、判断，从而提取出所关心的战场态势元素。态势察觉过程可记作：

$$\boldsymbol{T}:\boldsymbol{X}_{SN}\times\boldsymbol{X}_{DB}^{SL}\rightarrow\boldsymbol{X}_{\varnothing}^{SK} \tag{6-3}$$

其中，$\boldsymbol{T}$ 表示态势元素提取过程，$\boldsymbol{X}_{SN}$ 表示一级融合输出向量 $\{S(0),S(1),\cdots,S(i),\cdots\}$，它描述了威胁单元在各个时刻的属性信息及行为信息；$\boldsymbol{X}_{DB}^{SL}$ 描述了军事专家关于态势特征的认识，在数学形式上表示为一个相应的特征矩阵，在物理实现中则体现为一个领域事件的特征数据库，该数据库可由知识工程师和领域专家来建立；$\boldsymbol{X}_{\varnothing}^{SK}$ 表示与态势类型 K 相关的特征向量。

态势察觉过程得到的战场军事事件是对态势评估有意义的事件，对作战环境下典型战场军事事件的检测，构成了态势评估的基础。

(2)态势评估的二级评估是态势理解。在态势理解中要根据一级评估生成的态势特征集结合领域专家的军事知识对当前态势进行解释，用于判断敌方战场活动（进攻、防御、行军、欺骗、集结等）和行动企图（穿插、迂回、逃跑等），是对敌方意图和作战计划的识别。

态势理解过程，可记作在已知军事知识 $K=(K_1,K_2,\cdots,K_m)$ 和当前实时数据信息 $D=(D_1,D_2,\cdots,D_n)$ 的情况下得到态势 $H(H_1,H_2,\cdots,H_p)$ 的假设结果 $P(H/K,D)$，P 表示每个备选假设（态势）有一个不确定的概率关联值或置信度。在这个过程中，军事领域知识起着决定作用，根据知识建立态势特征与态势识别的对应关系，形成对当前态势的分类识别：设态势空间 $\theta=\{a,b,c,\cdots\}$，其元素为战场空间中可能出现的全部态势分类，$M=\{x,y,z,\cdots\}$ 为当前态势推理中得到的态势特征集合，表示战场空间中所出现的事件。所谓态势理解实际

上就是求解态势特征集合 M 与态势空间 θ 的对应关系 f:

$$f:M\to\theta \tag{6-4}$$

由此对态势特征进行分类识别

$$M\mid f=\{\tilde{X}\mid \tilde{X}=f^{-1}(a)\} \tag{6-5}$$

其中

$$\tilde{X}=f^{-1}(a)=\{x\mid x\in M,f(x)=a\} \tag{6-6}$$

即由态势 a 可适用的情况所构成的态势特征子集合。

从以上可以看出,态势理解过程高度依赖军事领域知识,需要依靠丰富的领域知识建立对应识别规则来进行试探性地求解,应用基于知识的推理算法来完成。为此,建立适用的军事事例库及先验模板是必须的。由于态势评估的功能主要是根据不断到来的数据逐步达到对敌方意图和作战计划的辨别,因此可以将它归为一个多假设动态分类问题。

(3)态势评估的三级评估是态势预测。态势预测是基于已评估的当前态势,对未来可能出现的态势情况进行预测,即已知 t 时刻的态势为 $S(t)$,在局势可变的考虑周期 T 内对局势进行预测,得到:$\{S(t+T),S(t+2T),\cdots,S(t+nT)\}$。对应于不同级别的预测,可以是多实体军事单元的未来状态的预测,也可以是高层全局态势演变的预测,例如:由攻击状态变为防御局势。

从以上可以看出态势评估问题的特点:首先,态势提取处理和态势分析,是用态势元素的当前值的形势来描述态势,实质上是数据融合处理过程;其次,态势分析所要识别的战场情景是通过定性的战斗原则、战术性能及用兵方式等军事领域知识来进行识别分类的,即领域问题的特点是基于知识的,问题的求解过程是应用知识推理的过程;最后,态势评估问题是一个动态的按时序处理的过程,在时间延续上对态势演变的估计也是至关重要的。

6.2.4　态势评估研究的任务、目的和现状

6.2.4.1　态势评估研究的任务和目的

一般说来,目前态势评估研究面临的主要任务是:

(1)进行态势评估信息处理过程的研究,即态势评估的功能模型研究;

(2)进行态势评估推理框架与算法的研究,即态势评估数学模型的研究;

(3)建立态势评估所需知识库,即研究军事知识提取与表示方面的问题;

(4)进行态势评估的软件架构与系统软件设计的研究,即态势评估系统模型的建立问题。

态势评估要达到的目的是:真实地反映战场态势,提供战场事件、活动的准确预测,为指挥员的作战决策提供依据。

6.2.4.2　态势评估的研究现状

由于态势评估所涉及的对象多、范围广,且理论基础薄弱,所以要构建一个性能优良的系统来支持它相当困难。目前,国外已经有实用的态势评估系统;而在我国这方面的工作才刚刚起步,主要的工作还停留在实验阶段。

国外对态势评估技术的研究,自上世纪 70 年代中后期开始至今已有近 30 年的时间,许多国家在态势评估的理论体系和系统实现方法等方面都做了大量的工作,取得了较大的进展。在这一领域进行研究,首先需要汇集态势评估多方面的知识,包括考虑地理环境、兵力结构、社会政治等多方面的因素,建立较完备可用的数据库;另一方面,要建立算法和推理

机制，现有的研究结果表明：仅使用单一的数学方法很难达到这一目标，可能要谋求专家系统、黑板模型等其他技术来综合解决问题。一些技术已经被用于开发实验室原型或接近实战应用的融合系统中，美国国防部在优先发展的关键技术中，将条件事件代数理论、规划识别理论、Bayes 因果网络的研究列为数据融合技术基础理论的研究课题。比较典型的系统有：早期 Moshe Ben－Bassat 的模式类态势识别系统和基于专家系统的态势模型框架研究；G. W. Hopple 等人的 IPB 系统〔战场情报准备系统——IPB 是一个为指挥员提供敌人过去、现在活动并估计其进一步的企图和行为的多传感器数据融合系统〕；David F. Nobel 的基于计划模板的态势辅助系统；Azarewicz J. 的多代理计划识别模板匹配战术态势评估系统；Carling, R. L. 的海上实时知识基态势评估系统；Zhang W. X. 的模板匹配态势警觉模型；空战中的单平台多传感器决策为主（RPD）态势评估模型以及主要用于军事态势仿真和计划识别的 Multi－Agent 模型等。这些系统都部分地实现了态势评估的某些功能，它们的发展代表了对态势评估问题研究的过程。从海湾战争来看，美国已经有比较成熟的联合作战态势评估系统，比如，ASAS（全源分析系统）实际上就是面向多源信息融合及态势评估的群体决策支持系统。

国内对数据融合的研究基本还停留在一级融合方面，对态势评估与威胁评估的研究虽然说刚刚起步，但也有了一些初步的成果。这些模型都是从态势评估的某一方面出发，在某一局部上对态势评估作了一些研究，还没能提出具体的态势评估因果推理算法。目前大部分的研究结果应该说只包含了态势评估功能的一部分，并且各功能的复杂性和适用性随着应用领域的不同而各不相同，加上态势评估依赖一级融合的输入，必须有一套完善的一级融合子系统做支撑，这使得国内在态势评估方面未能全面展开。国内目前态势评估的理论研究还没有统一的、能为大家普遍接受的成果；在工程实践中主要是使用建立军事专家系统、运用黑板结构来实现面向具体军事领域（如防空）的态势、威胁评估系统。态势评估的理论研究和工程实现还在深入的发展之中，尚没有一个公认的较为完善的理论方法与体系框架。要构建一个具有实用价值、可实现和可操作性强的态势评估系统，还需大量的理论研究和工程实践经验。

实际上，对于具体的 C^3I 系统而言，进行态势评估的研究应该从战术态势入手。因为相对于战役、战略态势评估，战术态势评估系统涉及面较窄，评估对象较少，规则较为明晰，过程也较为简单，而它又是前二者建设的前提和基础，所以当前对于态势评估的研究应把重点放在战术级上。战术态势评估主要应从作战视图中敌我态势优劣的评估、敌作战计划的估计以及己方相应对策的推荐等三个功能模块方面开展工作。对于这三类的功能模块，需要知识工程和人工智能的支持，很多判断要紧密依靠知识库。

由于数据融合涉及军事保密问题，在国内外有关态势评估的文献里，描述实验室里简单原型的多，综述性和说明框架的文献多，而给出较完备理论、可操作性强的方法及对性能评估的少，还没有一个统一的、能为大家普遍接受的观点；另外，在真实军事环境下的态势评估需要有关武器装备特性数据、作战知识条例手册、军事专家经验、各种地理、地图数据及气象信息等，要全面获取这些数据以建立相关的数据库和知识库都有一定的难度。

6.2.5 态势评估的输出

根据态势评估的目的和功能模型，态势评估的输出应该包括：

（1）红方视图，即己方态势，包括己方兵力编成、位置分布和武器配备情况；

(2)蓝方视图,即敌方态势,包括敌方兵力编成、位置分布和武器配备情况;

(3)白方视图,主要指地理、气象等战场环境态势。包括红蓝双方的阵地情况,地形、地物环境,含山川、河流、湖泊、桥梁和机场等信息;气象信息,含温度、雨、雾、雪及未来气象信息。

将以上信息显示在电子地图和其他形式的人机界面上,形成动态的战场综合态势图;人机界面的显示信息根据输入数据的变化动态更新,其更新频率应根据系统性能、战术要求和系统的技术状态来决定。

态势评估系统除了应该能实时自动生成态势评估的结果外,还应该具有友好的人机接口。态势评估的输出结果除了以态势评估报告这种常用的文字形式输出外,一般还要在电子地图上直观显示,电子地图上要具备常用的地图操作功能(如可根据需要更换电子地图、可以进行地图的整体或局部放大、可以进行地图的整体漫游等),配有完备的军标标识库,提供功能完善的手工标绘工具;在人机界面上还可以配备一些表页,以文字的形式专门显示一些比较关键的特征数据信息。

最后,好的态势评估系统还应该能针对当前态势情况生成关于已方兵力部署和武器配备情况的建议报告,为指挥员的决策提出直接而具体的建议。

6.3 威胁评估

6.3.1 威胁评估的概念

威胁评估是关于敌方兵力的杀伤能力和对己方目标威胁程度的估计。威胁评估在态势评估的基础上,综合敌方的破坏力、机动能力、运动模式及行为企图的先验知识,得到敌方的战术含义,估计出作战事件发生的破坏程度或严重性,并对敌作战意图作出提示与警告。威胁评估的重点是定量表示敌方作战能力和对己方的威胁程度。威胁评估也是一个多层次视图的处理过程,除了要估计敌方目标的威胁能力以外,还要充分考虑到己方的薄弱环节。

威胁评估是数据融合过程中的第三级融合,它是根据当前战场态势评估敌方力量的杀伤力和危险性,进而判断危险的敌方意图并报警。与作为二级融合的态势评估相区别,战场态势评估的结果是输出敌方行为的模式,而威胁评估则产生定量的威胁能力,并提出敌方兵力的企图。和态势评估一样,威胁评估目前也没有一个一致而完备的定义。通常认为威胁评估的任务是依据态势评估的结果,进一步估计出事件的各种损伤程度和严重性;威胁评估就是要解决如何根据当前的态势,对所检测到的敌方目标企图及其威力进行定量描述。

6.3.2 威胁评估的内容和处理步骤

威胁评估包括以下内容:

(1)威胁评估要素提取;

(2)敌方意图估计;

(3)敌打击目标估计;

(4)威胁等级确定。

威胁评估的功能结构如图 6－5 所示。

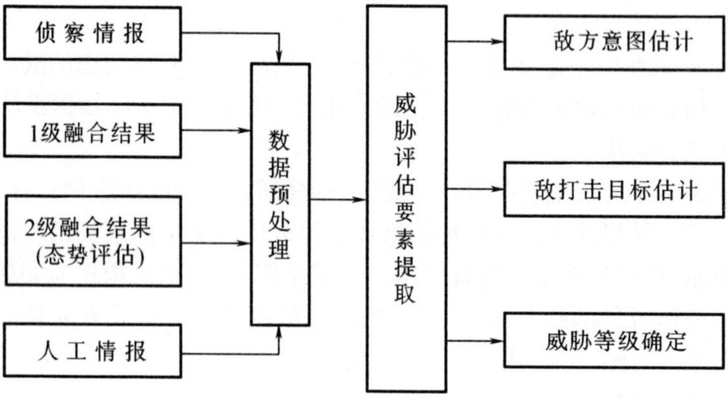

图 6－5　威胁评估功能结构图

进行威胁评估的对象，是系统中经过识别后属性为非我的目标，即属性为敌的目标和属性为不明的目标。

6.3.2.1　威胁评估要素提取

威胁评估是一个非常复杂的问题。如何确定威胁等级以及确定威胁等级时要考虑的因素均是十分重要的问题。因为要考虑的因素很多，所以只能考虑主要因素而忽略次要因素。当前敌方的兵力分配，敌我双方的作战能力，地理、气象环境对武器性能的影响等，再加上敌平台隐身、伪装等欺骗行为，都会影响对敌方作战意图的判断，也给作出正确的威胁评估带来很大困难。特别是当前高技术手段被普遍采用，战场态势变化迅速，考虑到评估的实时性就更应该考虑主要因素。

在实际应用中，根据可获取数据的实际情况、可操作性和实时性的要求，威胁评估需要提取和考虑的主要要素如下。

(1)己方运动目标和其他保护目标的位置、重要性和保护能力。这里所说的保护目标，包括己方的指挥所、通信中心、发射场、机场、水库、电站、道路交通设施、军事基地和大型的企业及重要的水电民用设施等。威胁评估时，需要根据保护目标的重要程度，将保护目标划分为几个等级加以处理。这些数据和相应的等级信息都要事先存入与威胁判断有关的战术数据库中。

(2)敌方目标的平台类型。根据敌平台类型，就可以查询平台数据库，找到该类平台作战能力的描述。例如，已经知道敌平台类型为某种类型的隐身战斗轰炸机，通过查询平台数据库，找到该类型飞机的描述，便可知道该飞机的概况，如它的性能参数、携带武器类型、主要无线电设备性能，还可获得平台的电子战能力和硬武器的杀伤、摧毁能力等有关数据。对这些数据进行综合分析，就能得出该种平台进攻能力的有效描述。

(3)敌平台数量。根据敌平台的数量、位置和类型，可以判断出总的攻击能力。

(4)敌方目标与己方目标之间的距离。显然，敌方目标离己方目标越近，对己方目标的威胁程度越高。

(5)敌方目标的到达时间。到达时间，是指敌方目标从当前位置到达己方保护目标所需要的时间。根据到达时间，可以判断出敌方目标要经过多长时间才能对己方目标实施有效攻击。到达时间越短，该敌方目标的威胁程度越高。到达时间可以根据平台速度和当前位置进行计算。

(6)敌方目标与己方目标的相对运动方向，这是描述敌方目标是否朝己方目标运行的因素。

(7)敌方目标携带武器的数量、性能等配备情况。根据敌方目标平台所携带的武器类型，通常按杀伤力将其划分为四个威胁等级，即最高、次最高、高和低。可以将四个等级依次对应为带有核攻击能力的平台、载有常规导弹和激光制导炸弹的平台、载有重型炸弹或集束炸弹的平台和其他常规平台。

(8)敌我双方探测器、武器的作用距离。

(9)己方武器抗击的反应时间。

6.3.2.2　威胁评估的功能描述

1. 敌作战意图估计

目前，能否从态势评估的结果估计出敌作战企图还存在比较大的疑问。一般认为，敌方企图和作战方案只能从通信侦察情报或其他人工情报、上级通报等途径获得。威胁评估则希望从作战地域敌人配置、活动等情况中得到敌方意图的一些有益评估。

估计敌方的作战意图，可以从以下几个方面加以考虑：

(1)从敌方部队的运动状态进行评估；

(2)从事件或活动的模式进行评估；

(3)从关键兵力元素的作战准备情况进行评估；

(4)敌方作战条令。

2. 敌打击目标估计

根据敌平台的进攻能力、速度、航向以及敌战略、战术意图和作战目标，推断出敌平台的可能行为。通过当前敌我兵力的配置、目标位置、敌我相对状态、敌方企图任务等可以判断敌方可能攻击的目标，确定攻击与被攻击、威胁与被威胁关系，使我有关方面及早制定对策。

3. 威胁等级确定

威胁等级确定的处理步骤如下。

(1)确定威胁等级所需要考虑的主要因素。对于类型不同的威胁目标，所要考虑的主要因素各不相同，在确定威胁等级时应该综合考虑各种因素的影响。对某个具体的敌方目标来说，并不一定要考虑所有的因素，要根据其具体平台来决定考虑哪些因素。比如，对于携带导弹的平台，由于它可以用导弹对攻击目标实施远距离攻击，此时到达时间就没有太大的意义；但如果平台携带的是炸弹，此时考虑到达时间就有重要的意义，因为它只有到达攻击目标上空才能对目标实施有效攻击。所以，在建立威胁评估知识源中的规则时，需要根据不同的平台类型，应该考虑不同的威胁因素。

(2)根据所提供的敌方信息，确定其隶属函数，然后根据各因素的关系和对威胁的影响程度，确定相应因素的加权系数，综合评判对目标的威胁隶属度。

(3)各因素隶属函数的分析，包括：目标距离威胁隶属函数模型、目标速度威胁隶属函数模型、目标类型威胁隶属函数模型、目标航向与己方保护目标相对位置威胁隶属函数模型、到达时间威胁隶属函数模型和所携带武器的威胁隶属函数模型等。

(4)威胁等级评判。在系统的情报综合过程中,通常根据系统的实用性与方便性、模型处理的可行性与实时性的要求以及指挥员的思维习惯等因素综合考虑,将属性为敌和不明的来袭目标的威胁等级划分为 4 级:强、中、弱、无,也依次称为 1,2,3,0 级威胁。1 级威胁的战术含义是敌方目标的威胁程度较大、防御时间紧迫,己方应立即对其采取防御措施;2 级威胁的战术含义是敌方目标的威胁程度适中,己方防御时间较充分,或虽然威胁程度较大,但与 1 级目标相比有足够的防御时间;3 级威胁的战术含义是敌方目标的威胁程度较小,己方有充足的防御时间,短时间内无需对其采取防御措施;0 级威胁的战术含义是敌方目标距离相当远,在相当长时间内对己方目标不构成威胁。

6.3.2.3 威胁等级的确定和输出

1. 威胁等级的确定方法

(1)根据敌威胁目标的类型,对影响威胁判断的几个主要因素,根据实际应用的要求分别确定几个门限值。不同类型的威胁目标,要考虑的主要因素是不一样的。

(2)针对每个因素,将所确定的门限值按照从小到大的顺序组成该因素的门限范围。

(3)计算敌我双方目标的实际值,并与该类因素的门限范围进行比较,看落在哪个门限的范围内。

(4)根据每类因素的比较结果综合判定威胁目标的威胁等级。

在指挥系统人机界面的表页上,通常需要对敌方目标的威胁等级进行排序,以帮助指挥员对敌情的危险情况有更深入和更精确的认识,以便进行后面的决策。一般情况下的排序原则是:类型不同的威胁目标分别排序;在同类型目标中再按照威胁等级大小排序。那么处于同一类型、威胁等级也相同的目标又如何排序呢?这里就要用到所谓"威胁排序值"来解决这一问题。

威胁排序值,是为了便于对威胁目标进行排序,在威胁等级的基础上对实际威胁程度大小的一种更精确的量化描述。威胁排序值可以表示为影响威胁评估几个主要因素的增函数,它的取值根据目标类型的不同可以表示为几个威胁要素的线性组合。在类型相同、威胁等级也相同的威胁目标中,威胁排序值越小表示威胁程度越高。

2. 威胁等级的输出

为了让指挥员直观地查看目前受到的威胁情况,威胁评估的输出一般在指挥系统人机界面的表页上显示出来,与威胁目标有关的所有威胁信息的详细情况也应该显示出来,这些信息也应该随着目标数据的更新而及时动态地变化。比如,当威胁目标靠近己方目标时威胁会越来越大,目标远离时威胁会逐渐减弱。随着威胁目标的运动和整个态势对峙状态的变化,威胁目标可能由先威胁己方的某一个目标转移到威胁己方的另外一个目标。

6.4 结 束 语

数据融合的重要作用使其在世界各军事强国都得到了广泛地重视,目前已成为各国军事技术领域中一个优先发展的方向。对于数据融合中的一级融合,由于数据处理的目标非常明确(如获得最优的位置估计),这时可以采用一些精确的解法。但是,当数据处理的目标是对战场态势和威胁进行估计时,因为涉及到许多不同性质的因素而且强烈依赖于各种战略战役目标的需要,难以用一种统一的数学模型来准确描述,因此求解策略很大程度上是一种创造性的工作,想要给出一种"完备"而且"正确"的方法是很困难的。

态势评估和威胁评估属于数据融合的高级阶段，它们的任务是从大量散乱的、密集的情报信息中，进一步提取指挥员关心、战场上影响战役战斗进程的重要情况和事件信息，并进行评估、分析和预测，这是一个去粗取精、去伪存真的智能化分析处理过程。由于态势评估是面向多种军事领域的、多层次的，因此，在实际的现有数据融合系统中，都部分地实现了数据融合模型中描述的功能，大多同时包括了态势、威胁评估这两层，即在实际的数据融合系统中，态势评估和威胁评估并不截然分开，其中态势评估是通过识别敌军的行为模式来推断敌军意图，并对临近时刻的态势变化给予预测；而威胁评估是根据态势评估所提供的信息，依据一定的规则和知识，以量化的形式给出态势中威胁目标的威胁大小。由于态势评估和威胁评估至今没有一个统一的定义，致使在某些领域中出现概念上的交叉和重叠，甚至有人认为两者是等价的。但实际上，它们在概念上既有联系，也有区别，且区别多于联系。态势评估不仅需要多层视图描述战场中部队的编制结构和整个战斗环境要素，而且要把敌方力量的估计量化，这种量化工作是正确估计敌人行动路线和杀伤力所需要的。然而，也可以把态势评估看成是估计敌人战斗计划的一种方法，亦即估计敌人正在做什么，企图达到什么目的。态势评估的任务还包括识别产生观测事件和行动的可能态势。一般来说，这涉及到按照某种概率或可信度对假设进行分类。而威胁评估则是利用态势评估产生的多层视图定量地估计威胁的程度。它一般是把能力估计与意图估计结合起来进行处理，因此它融合了态势评估的结果，是对战场态势进一步抽象的估计。但从广义上来说，态势评估包含了威胁评估、防御评估、使命评估、行动效果评估等内容，因此威胁评估可以认为是态势评估的一个子集。所以对于不同的应用场合，它们之间的关系也是不同的。

目前用于态势评估和威胁评估（STA）的方法有很多，比如期望模板技术、品质因数技术、使用 Bayes 网、模糊逻辑技术和专家系统等，其中专家系统在 STA 中的应用前景最为看好。专家系统是指在某一特定的领域内，利用专家知识来解决应用问题的智能程序。它与一般的应用程序不同，它将问题求解与所需的知识分开，单独构成知识库，并使用推理机制像专家一样解决问题。C^3I 系统的信息融合具有求解问题的数据和领域知识都不完备的特点，搜索空间大，数据和状态会随时间变化，求解知识需不断扩充。由于态势评估和威胁评估系统的知识库相对独立，专家系统处理起来非常方便，而描述战场目标、军事单位大概相对位置、部队企图和作战目标，若不采用近似推理，则更是无法进行。专家系统在工程应用上经过 20 多年的发展，其推理基础、系统设计和开发工具已经比较成熟，因此，运用专家系统来求解数据融合领域中的态势评估和威胁评估问题是非常适宜的。

数据融合技术的不断发展将帮助人们在军事以及其他领域中解决许多以前难以解决的难题，但是，作为一种新兴的复杂技术，目前尚没有形成完善的理论体系，有很多关键技术需要我们去研究。我们相信，态势评估和威胁评估的理论和方法将随着现代科学技术的不断发展越来越成熟，在通过情报信息察觉敌方意图和辅助指挥员制定作战对策方面，数据融合将发挥越来越重要的作用。

参考文献

[1] 孟宪尧，白广来，刘维来，等. 数据融合技术与船舶自动化的发展[J]. 世界海运，2002(04)：1～3

[2] Waltz E, Llinas J. Multisensor Data Fusion[M]. Boston：Artech House，1990

[3] 赵宗贵,耿立贤,周中元. 多传感器数据融合[M]. 南京:机械电子工业部第二十八研究所,1993
[4] Endsley M R. Toward a Theory of Situation Awareness in Dynamic System[J]. Human Factors,1995,35(1):76~85
[5] 康耀红. 数据融合理论与应用[M]. 西安:西安电子科技大学出版社,1997
[6] 何友. 多传感器数据融合及其应用[M]. 北京:电子工业出版社,2000
[7] 程岳,王宝树,李伟生. 实现态势评估的一种推理方法[M]. 计算机科学,2002 Vol. 29 No (6):111~113
[8] 程岳,王宝树. 数据融合中态势评估的知识及黑板模型实现[J]. 计算机工程与应用,2002(17):238~241
[9] 何树权,钱健民. 专家系统在数据融合技术中的应用研究[J]. 火控雷达技术,2003(03):67~74
[10] 梁百川,梁小平. 数据融合中的态势评估[J]. 舰船电子对抗,2003. 26(1):12~15
[11] 孔祥忠. 战场态势评估和威胁评估[J]. 火力与指挥控制,2003(12):91~94,98
[12] 宋元,章新华. 战场态势评估的理论体系研究[J]. 情报指挥控制系统与仿真技术,2004(2):43~47
[13] 李加祥,王延章. 面向防御的舰载威胁评估模型[J]. 舰船科学技术,2004(03):43~46
[14] 梁百川. 态势评估技术及其算法研究[J]. 航天电子对抗,2004(03):61~65
[15] 杨万海. 多传感器数据融合及其应用[M]. 西安:西安电子科技大学出版社,2004
[16] 孙兆林,马志齐. 用于态势估计的贝叶斯网络方法[J]. 情报指挥控制系统与仿真技术,2005(08):15~18